工业和信息化精品系列教材

Java高级程序设计实战教程

第2版 | 微课版

戴远泉 程宁 胡文杰 ◉ 主编
丰婉伊 钟军 董慧慧 ◉ 副主编

PRACTICAL TUTORIAL OF JAVA ADVANCED PROGRAMMING

人民邮电出版社
北京

图书在版编目（CIP）数据

Java高级程序设计实战教程 ： 微课版 / 戴远泉，程宁，胡文杰主编. -- 2版. -- 北京 ： 人民邮电出版社，2022.8
工业和信息化精品系列教材
ISBN 978-7-115-58341-3

Ⅰ. ①J… Ⅱ. ①戴… ②程… ③胡… Ⅲ. ①JAVA语言—程序设计—教材 Ⅳ. ①TP312.8

中国版本图书馆CIP数据核字(2021)第259516号

内 容 提 要

本书是在读者初步掌握 Java 的基础知识和技能之后，进一步学习 Java 高级编程的指导用书，主要内容包括 Java 编码规范、Java 集合框架、Java 反射机制、Java 泛型机制、Java 序列化机制、Java 多线程机制、Java 网络编程、Java 数据库编程、Java 设计模式、综合实训等。本书能够帮助读者逐步领会 Java 的编程思想，并掌握 Java 的编程技能，为进一步学习 Java EE 框架技术奠定扎实的基础。

本书可作为应用型本科和高职高专院校计算机科学与技术、软件技术、大数据技术、云计算技术应用等计算机类专业学生学习“Java 高级程序设计”课程的教材，也可作为 Java 应用开发培训班的教材和“1+X”大数据应用开发（Java）职业技能等级证书的培训教材，还可作为 Sun 公司认证 Java 程序员（SCJP）考试的辅导用书。

◆ 主　　编　戴远泉　程　宁　胡文杰
副 主 编　丰婉伊　钟　军　董慧慧
责任编辑　桑　珊
责任印制　焦志炜

◆ 人民邮电出版社出版发行　　北京市丰台区成寿寺路 11 号
邮编　100164　　电子邮件　315@ptpress.com.cn
网址　https://www.ptpress.com.cn
大厂回族自治县聚鑫印刷有限责任公司印刷

◆ 开本：787×1092　1/16
印张：19　　2022 年 8 月第 2 版
字数：486 千字　　2022 年 8 月河北第 1 次印刷

定价：59.80 元

读者服务热线：(010)81055256　印装质量热线：(010)81055316
反盗版热线：(010)81055315
广告经营许可证：京东市监广登字 20170147 号

第2版前言

PREFACE

Java是由Sun公司于1995年5月推出的程序设计语言和Java平台的总称。

以Sun公司公布的Java框架结构为标准，Java语言以Java2为中心，可分为以下3个组成部分。

（1）Java SE（Java Platform，Standard Edition），该版本以前称为J2SE。Java SE允许开发和部署在桌面、服务器、嵌入式环境和实时环境中使用的Java应用程序。Java SE包含了支持Java Web服务开发的类，并为Java Platform，Enterprise Edition（Java EE）提供基础。

（2）Java EE（Java Platform，Enterprise Edition），该版本以前称为J2EE。Java EE帮助开发和部署可移植、可伸缩且安全的服务器端Java应用程序。Java EE是在Java SE的基础上构建的，它提供Web服务、组件模型、管理和通信API，可以用来实现企业级的面向服务体系结构（Service-Oriented Architecture，SOA）和Web 2.0应用程序。

（3）Java ME（Java Platform，Micro Edition），该版本以前称为J2ME。Java ME为在移动设备和嵌入式设备（比如手机、掌上电脑、电视机顶盒和打印机）上运行的应用程序提供一个健壮且灵活的环境。Java ME包括灵活的用户界面、健壮的安全模型、许多内置的网络协议以及对可以动态下载的连网和离线应用程序的丰富支持。

Java语言已是目前世界上流行的高级编程语言之一，正被广泛应用于计算机软件的开发，尤其是Web领域。自诞生以来，Java迅速成为开发互联网应用程序的首选编程语言。

当前，应用型本科和高职高专院校开设的“Java语言程序设计”课程相对应的教材主要讲述Java语言的基本语法（包括Java语言基础、数据类型、Java类和对象），“J2EE框架技术”课程对应的教材主要内容是Servlet、JSP、SSH（Struts+Spring+Hibernate）及SSM（Spring+Spring MVC+MyBatis）等企业级应用。从“Java语言程序设计”到“J2EE框架技术”课程之间出现了空白区，“Java高级程序设计实战教程”填补了此空白区。本书在Java基础知识之上讲解Java的高级技术和在实际Java项目的开发中所需的知识及其应用实例，在Java基础和Java EE应用之间起承前启后的作用。

本书特色如下。

（1）结构体系完整：本书体系完整，设计10个知识领域，每个知识领域都涉及在实际软件开发中重要的或是频繁使用的知识点。

（2）实例源于真实：本书每个知识领域知识点对应的实例都源于或接近于真实项目，类的设计符合Java编程思想。

（3）讲解循序渐进：本书中对涉及的每个知识领域的知识点的讲解都由浅入深、循序渐进地展开。

第2版前言

PREFACE

（4）符合认知规律：本书采用“应用场景—相关知识—使用实例—实训项目—拓展知识—拓展训练”的方式进行知识点的讲解，并配有课后小结、课后习题。

本书内容如下。

本书设计了 10 个知识领域，每个知识领域的知识点都在实际软件项目中得到大量应用。

知识领域 1：Java 编码规范，讲解如何编写符合规范、规则、惯例和模式的代码。

知识领域 2：Java 集合框架，讲解 List、Set 和 Map 等集合的使用。

知识领域 3：Java 反射机制，讲解 Java 反射机制的相关知识和应用。

知识领域 4：Java 泛型机制，讲解泛型的相关知识及应用，包括泛型类、泛型方法和泛型接口及使用泛型编写通用型数据访问对象（Data Access Object，DAO）层。

知识领域 5：Java 序列化机制，讲解序列化的相关知识及应用，包括对象序列化和 JSON 序列化。

知识领域 6：Java 多线程机制，讲解多线程的相关知识及应用，主要包括线程的创建和启动、线程的生命周期以及多线程的同步机制和应用等。

知识领域 7：Java 网络编程，讲解网络编程的相关知识及应用，包括基于 TCP 网络编程和基于 UDP 网络编程。

知识领域 8：Java 数据库编程，讲解 Java 数据库编程的相关知识及应用，包括使用 JDBC 访问数据库和使用第三方组件访问数据库。

知识领域 9：Java 设计模式，讲解 Java 设计模式的相关知识及应用，选取两种常见设计模式：建造者设计模式和抽象工厂设计模式。

知识领域 10：综合实训，讲解一个完整的实训项目——“餐饮管理系统”，使用软件工程的思想进行需求分析、系统分析、系统设计、编码、测试等。

此次修订更换了第 1 版中部分案例，增加了相关的图示和说明，增强了本书的可阅读性。另外，本书增加了 Java 设计模式的相关内容。

本书由戴远泉、程宁、胡文杰任主编，丰婉伊、钟军、董慧慧任副主编，书中的每个使用实例、实训项目、拓展训练的例程代码都经过反复调试与测试，都能成功运行。

由于编者水平有限，书中难免存在疏漏之处，欢迎广大读者批评指正。

编者

2022 年 6 月

目录

CONTENTS

目录

CONTENTS

目录

CONTENTS

目录

CONTENTS

知识领域1 Java编码规范

知识目标

1. 了解常见和著名的 Java 编码规范。
2. 理解 Java 源文件组织规范。
3. 理解类和接口声明规范。
4. 理解注释规范。
5. 理解命名规范。
6. 理解排版规范。
7. 了解其他编码约定。

能力目标

熟练使用 Java 编码规范编写 Java 代码。

素质目标

1. 培养学生良好的职业道德。
2. 培养学生阅读设计文档、编写程序文档的能力。
3. 培养学生规范、严谨的工作态度。
4. 培养学生良好的编程习惯。

1.1 应用场景

行业标准在任何领域都是非常重要的，尤其是在编程领域中。一个大型的软件项目一般是由一个团队来完成的，编程语言、工具、方法和技术具有多样性和复杂性，如果没有约束，可能会带来一系列问题，所以专业 Java 程序员应该非常熟悉 Java 编码规范。

编码规范是程序编码所要遵循的规则，保证代码的正确性、稳定性、可读性。规范的代码有以下作用。

- 规范的代码可以促进团队合作。
- 规范的代码可以减少 bug。
- 规范的代码可以降低软件维护成本。
- 规范的代码有助于代码审查。
- 养成编写规范的代码的习惯，有助于程序员自身的成长。

掌握好的编码规范是一个程序员的基本修为，更能体现一个程序员的逻辑思维。

1.2 相关知识

Java 编码规范是针对 Java 语言的一套指导原则，Java 编码规范大体上包括 Java 源文件组织规范、类和接口声明规范、注释规范、命名规范、排版规范等。

1.2.1 Java 源文件组织规范

Java 源文件就是存放 Java 源代码的文件。每个 Java 源文件都包含一个单一的公共类或接口。Java 源文件由以下 4 个部分组成且必须按顺序进行组织。

- 文件注释。
- 包语句。
- 引入语句。
- 类和接口声明。

其样例如图 1-1 所示。

```
BeeLine.java
1  /**
2   * @Title: BeeLine.java
3   * @Package com.daiinfo.javaadvanced.knowl.training
4   * @Description: 线段类
5   * @Copyright: Copyright (c) 2019-2021
6   * @company www.daiinfo.net
7   * @author 戴远泉
8   * @date 2020年11月6日 下午9:14:19
9   * @version V1.0
10  */
11
12 package com.daiinfo.javaadvanced.knowl.training;
13
14 import java.awt.geom.Line2D;
15
16 /**
17  * @ClassName: BeeLine
18  * @Description: TODO(这里用一句话描述这个类的作用)
19  * @author 戴远泉
20  * @date 2020年11月6日下午9:14:19
21  */
22
23 public class BeeLine {
24     Point start;
25     Point end;
26
27     public BeeLine() {
28
29     }
```

图 1-1 Java 源文件组织结构样例

其中，首先是文件注释。所有的源文件在开头都有一段注释，注释中列出文件的版权声明、文件名、功能描述，以及创建、修改记录等。

其次是包语句，即 package 语句，作用是声明类所在的包。

再次是引入语句，即 import 语句，作用是引入包中的类。

最后是类和接口声明，每个源文件中可以有多个类，但是只能有一个 public 修饰的类。

1.2.2 类和接口声明规范

通常情况下建议类和接口的成员按如下结构和顺序进行组织。

```
public class 类名 extends 父类 implements 接口 {
    常量部分
    静态变量部分
    成员变量部分
    构造方法部分
    finalize 部分
    成员方法部分
    静态方法部分
}
```

表 1-1 描述了 Java 类和接口中的成员声明的各个部分的说明和顺序。

表1-1 Java类和接口中的成员声明的各个部分的说明和顺序

序号	类 / 接口声明的各部分	说明
1	类 / 接口文档注释 (/**……*/)	该注释中所需包含的信息
2	类 / 接口的声明	类头
3	类 / 接口实现的注释 (/*……*/)	该注释应包含任何有关整个类或接口的信息，而这些信息又不适合作为类 / 接口文档注释
4	常量	公共的、静态的、不可改变的，必须具有初始值（一旦赋值，不可改变）
5	类的静态成员变量	首先是类的公共变量，随后是保护变量，再是包级别的变量 (没有访问修饰符)，最后是私有变量
6	成员变量	首先是公共级别的，随后是保护级别的，再是包级别的（没有访问修饰符），最后是私有级别的
7	构造方法	应该用参数个数递增的方式写（比如：参数多的写在后面）
8	成员方法	这些方法应该按功能而非作用域或访问权限分组。例如，一个私有的类方法可以置于两个公有的实例方法之间，其目的是更便于用户阅读和理解代码

Java 类和接口中的成员声明顺序样例如图 1-2 所示。

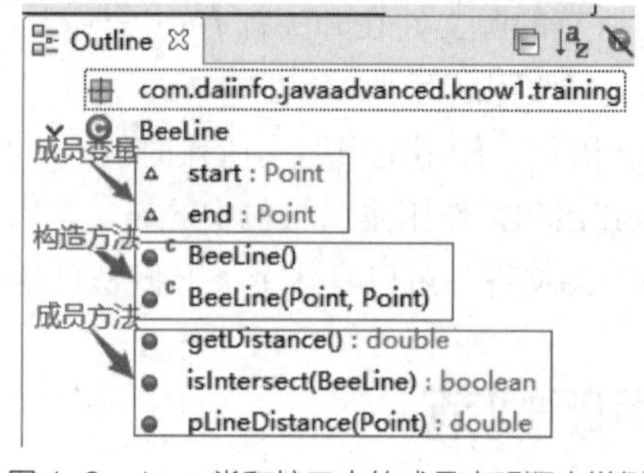

图 1-2 Java 类和接口中的成员声明顺序样例

1.2.3 注释规范

1. 注释的类型

注释的类型分为代码注释和文档注释。代码注释有单行注释和多行注释。文档注释包括源文件注释、类注释、接口注释、方法注释等。

2. 代码注释规范

代码注释是对变量的定义和分支语句（条件分支、循环等）等的注释。单行注释形式为：

```
// 变量说明
```

多行注释是在有处理逻辑的代码中添加的注释。其形式为：

```
/*
* 注释内容
* 注释内容
*/
```

3. 文档注释规范

文档注释（Document Comment）通常是对程序中某个类或类中的方法进行的系统性的解释说明，开发人员可以使用 JDK（Java Development Kit，Java 开发工具包）提供的 javadoc 工具将文档注释提取出来生成一份 API（Application Program Interface，应用程序接口）帮助文档。

文档注释与代码注释的最大区别在于起始符号是 /** 而不是 /* 或 //。其形式为：

```
/**
* 注释内容
* 注释内容
*/
```

文档注释作用在源文件、类和接口、成员方法、成员属性等上，分别称为源文件注释、类和接口注释、方法注释、属性注释等。

（1）源文件注释主要用于说明文件名、包名、作者、版本、版权等信息。

（2）类和接口注释中的类注释用于说明整个类的功能、特性等，它应该放在所有的 import 语句之后，class 定义之前。这个规则也适用于接口注释。

（3）方法注释用于说明方法的定义，比如说明方法的参数、返回值及方法的作用等。方法注释应该放在它所描述的方法前面。

（4）属性注释。默认情况下，javadoc 只对公有属性和受保护属性产生注释文档。

4. 注释的使用规则

（1）基本注释必须要添加，包括以下几种。

- 类和接口的注释。
- 构造方法的注释。
- 方法的注释。
- 全局变量的注释。
- 字段和属性的注释。

（2）必加的特殊注释包括以下几种。

- 典型算法必须有注释。
- 在代码逻辑不明晰处必须有注释。
- 在代码修改处加上修改标识的注释。
- 在循环和条件分支组成的代码中加注释。
- 为他人提供的接口中必须加详细注释。

1.2.4 命名规范

Java 命名规范包括包命名规范、类和接口命名规范、方法命名规范、常量命名规范和变量命名规范等。除了遵循 Java 命名规范外，还可以遵循自己的命名规范。

1. 包命名规范

包命名采用反域名命名规则，全部使用小写字母。一级包名为 com，二级包名为公司名，三级包名为项目名，四级包名为模块名或层级名，根据实际情况也可采用五级、六级包名。

形式：com. 公司名 . 项目名 . 模块名。

例如：com.alibaba.ai.util。

模块名的含义如表 1-2 所示。

表1-2　模块名的含义

模块名	含义	举例
util	公共工具方法类	SPHelperUtil、TimeUitl、FileUtil 等
adapter	一些适配器的类	ArticleAdapter、FansAdapter，HistorAdaper 等
base	一些共同类的基类	BaseActivity
bean	一些实体对象类	StudentBean、LonginBean、ArticleBean 等
config	最顶级的配置类	MyApp（继承了 Application）
model	某个页面或对象的操作类	UserModel、ArticleModel、TopicModel 等
service	服务类	PaymentOrderService
ui	所有页面的类	MainActivity、HomeActivity、FansListActivity 等

2. 类和接口命名规范

类和接口命名采用如下规范。

- 使用意义完整的英文描述，见名知意。
- 使用 UpperCamelCase 规则，即大写驼峰规则。
- 使用名词。
- 添加有含义的后缀。

如果模块、接口、类、方法使用了设计模式，在命名时需体现出具体模式，可加上不同的后缀，如 Event、Factory 、Adapter、Dao、Service 等，来表达额外的意思。将设计模式体现在名字中，有利于阅读者快速理解架构的设计理念。类名后缀含义如表 1-3 所示。

表1-3　类名后缀含义

后缀	含义	举例
Service	表明服务类，里面包含给其他类提供业务服务的方法	PaymentOrderService
Impl	表明实现类，而不是接口	PaymentOrderServiceImpl
Inter	表明接口	LifeCycleInter
Dao	表明封装了数据访问方法的类	PaymentOrderDao
Action	表明直接处理页面请求、管理页面逻辑的类	UpdateOrderListAction
Listener	表明响应某种事件的类	PaymentSuccessListener
Event	表明某种事件	PaymentSuccessEvent
Servlet	表明 Servlet	PaymentCallbackServlet
Factory	表明用于生成某种对象工厂的类	PaymentOrderFactory
Adapter	表明用于连接某种以前不被支持的对象的类	DatabaseLogAdapter
Job	表明某种按时间运行的任务	PaymentOrderCancelJob
Wrapper	表明包装类，为了给某个类提供其没有的功能	SelectableOrderListWrapper
Bean	表明 POJO	MenuStateBean

3. 方法命名规范

类和接口中的方法命名采用如下规范。

- 使用意义完整的英文描述。
- 使用 lowerCamelCase 规则，即小写驼峰规则。
- 使用“动词 + 宾语”结构。

方法名中的前缀“动词”往往表达特定的含义，如 create、delete、add、remove、init 等。方法名前缀含义如表 1-4 所示。

表1-4　方法名前缀含义

前缀	含义	举例
create	创建	createOrder()
delete	删除	deleteOrder()
add	创建，暗示新创建的对象属于某个集合	addPaidOrder()
remove	删除	removeOrder()
init	初始化，暗示会做诸如获取资源等特殊动作	initializeObjectPool()
destroy	销毁，暗示会做些诸如释放资源的特殊动作	destroyObjectPool()
open	打开	openConnection()
close	关闭	closeConnection()
read	读取	readUserName()
write	写入	writeUserName()
get	获得	getName()
set	设置	setName()
prepare	准备	prepareOrderList()
copy	复制	copyCustomerList()
modify	修改	modifyActualTotalAmount()
calculate	数值计算	calculateCommission()
do	执行某个过程或流程	doOrderCancelJob()
dispatch	判断程序流程转向	dispatchUserRequest()
start	开始	startOrderProcessing()
stop	结束	stopOrderProcessing()
send	发送消息或事件	sendOrderPaidMessage()
receive	接收消息或事件	receiveOrderPaidMessgae()
respond	响应用户动作	respondOrderListItemClicked()
find	查找对象	findNewSupplier()
update	更新对象	updateCommission()

4. 常量命名规范

常量命名采用如下规范。

- 单词全部大写。
- 单词之间使用下画线分隔。
- 表示类型的名词放在词尾，以提升辨识度。

例如：

```
static final int NUMBER = 5;
static final int TERMINATED_THREAD_COUNT=10 ;
```

5. 变量命名规范

变量（包括类变量和实例成员变量）命名采用如下的规范。

- 使用 lowerCamelCase 规则，即小写驼峰规则。
- 使用名词和名词短语。

例如：computedValue、index。

1.2.5 排版规范

（1）程序块要采用缩进风格编写，缩进的空格数为 4 个（按一次 Tab 键）。

（2）在函数体的开始、类和接口的定义以及 if、for、do、while、switch、case 语句中的程序都要采用缩进风格编写。

（3）较长的语句、表达式或参数（大于 120 个字符）要分成多行书写，在低优先级操作符处划分新行，操作符放在新行之首。

（4）if、for、do、while、case、switch、default 等语句自占一行，且 if、for、do、while 等语句中的执行语句都要加花括号 {}。

（5）分界符（如花括号 { 和 }）应各独占一行并且同一层级的分界符应位于同一列，同时与引用它们的语句左对齐。

（6）不允许把多个短语句写在一行中，即一行只写一条语句。

（7）相对独立的程序块之间、变量说明之后必须加空行。

（8）对齐时只使用 Tab 键，不使用 Space 键。

（9）在两个以上的关键字、变量、常量进行对等操作时，在操作符之前、之后或者前后要加空格。

1.3 使用实例：Java 编码规范使用实例

1. 任务描述

微课

Java 编码规范使用实例

应用 Java 编码规范编写程序。

某公司分为多个部门，每个部门有一个经理和多个员工，员工的基本信息包括所在部门、职务、职称以及工资记录等。每个员工根据职称发基本工资。员工的工资由基本工资、日加班工资、应扣除日缺勤工资等组成。编写计算公司员工月工资的应用程序。

任务需求如下。

（1）采用 Java 命名规范命名类、方法、成员变量。

（2）采用 Java 类和接口声明规范重新排列类成员。

（3）添加注释，包括文档注释和代码注释。

（4）格式化排版。

2. 任务分析、设计

问题域中涉及多个类，员工类 Employee、职员类 Staffer、经理类 Manager，Staffer 类和 Manager 类继承 Employee 类。

Staffer 类继承 Employee 类，并重写计算工资的方法。

Manager 类继承 Employee 类，并重写计算工资的方法。

EmployeeTest 类为主类，创建 Staffer 类和 Manager 类的对象，分别调用其计算工资的方法并实现结果输出。

其类图如图 1-3 所示。

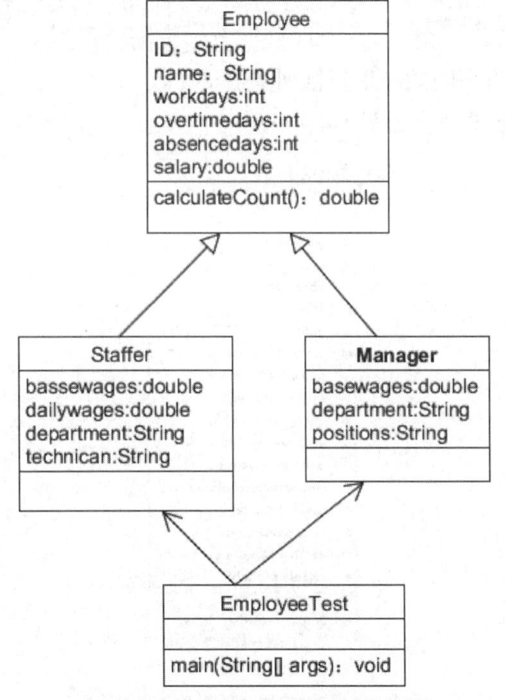

图 1-3　Java 编码规范使用实例类图

3. 任务实施

（1）命名类、方法、成员变量。

类的命名。采用类和接口命名规范命名各个类，如下。

- 员工类 Employee。
- 职员类 Staffer。
- 经理类 Manager。
- 测试类 EmployeeTest。

方法的命名。采用方法命名规范命名类中的方法。

Employee 类中有一个方法，用于计算员工的工资。这里将它命名为 calculateCount，代码如下：

```
double calculateCount(int workdays, int overtimedays, int absencedays) {
    double count = 0.0;
    count = 80.0 * workdays + 80 * overtimedays - 30 * absencedays;
    return count;
}
```

成员变量的命名。

Employee 类中有多个成员变量，用来描述员工的属性，其命名采用成员变量的命名规范，即使用意义完整的英文描述、lowerCamelCase 规则、名词和名词短语结构。代码如下：

```
String ID;
String name;

int workdays;           // 工作天数
int overtimedays;       // 加班天数
int absencedays;        // 缺勤天数
double salary;          // 月工资
```


（2）采用 Java 类的成员声明顺序重新排列类成员。

按类成员声明顺序重新排列，如图 1-4 所示。

图 1-4　按类成员声明顺序重新排列

（3）添加文档注释。

在源文件、类和接口、方法、构造方法等前面输入"/**"，按 Enter 键换行。如果没有设置注释模板，则需要输入注释标签从而创建注释。

源文件注释。在文件最开始位置创建如下的源文件注释：

```
/**
* @Title: Employee.java
* @Package com.daiinfo.javaadvanced.know1.example
* @Description: 员工类，实体类，只包含成员属性及 setter 和 getter 方法
* @Copyright: Copyright (c) 2019-2021
```

```
 * @company www.daiinfo.net
 * @author 戴远泉
 * @date 2020 年 11 月 6 日 下午 9:25:47
 * @version V1.0
 */
```

类和接口注释。在类和接口前面创建如下的类和接口注释：

```
/**
 * @ClassName: Employee
 * @Description: 员工类，为实体类
 * @author 戴远泉
 * @date 2020 年 11 月 6 日下午 9:25:47
 */
```

方法注释。在方法前面创建如下的方法注释：

```
/**
 *
 * @Title: calculateCount
 * @Description: 计算员工的工资
 * @param @param workdays 工作天数
 * @param @param overtimedays 加班天数
 * @param @param absencedays 缺勤天数
 * @param @return 返回月工资总数
 * @return double
 * @throws
 */
```

（4）格式化排版。

使用快捷键进行排版，快捷键如下。

全选：Ctrl+A。

格式化代码：Ctrl+Shift+F。

```
Console ☒
<terminated> EmployeeTest [Java Ap
Maneger[张三,经理,3060.0]
Staff[王好,会计师,2200.0]
```

图 1-5　运行结果

4. 运行结果

最后运行程序，得到图 1-5 所示的结果。

1.4 实训项目：应用 Java 编码规范编写应用程序

实训工单　应用Java编码规范编写应用程序

任务名称	应用 Java 编码规范编写应用程序	学时		班级	
姓名		学号		任务成绩	
实训设备		实训场地		日期	

续表

实训任务	1. 根据如下要求，编写应用程序 （1）编写一个点类 Point，包含两个属性 x 和 y，并编写无参、有参构造方法。 （2）编写一个线段类 Bee Line，包含起点 start、终点 end，并写构造方法，如 Bee Line(Point start, Point end)。 （3）编写线段类 Bee Line 的成员方法：求线段的长度、判断两条线段是否相交、求一点到该线段（或延长线）的距离。 （4）编写测试类，测试成员方法的正确性。 2. 分析、设计类并画出类图 3. 规范类名、方法名、变量名等，使其符合 Java 命名规范 4. 规范 Java 源文件组织 5. 添加文档注释、类注释、方法注释等 6. 对源代码规范排版
实训目的	1. 掌握类的封装、类作为方法的参数引用的用法 2. 掌握分析、设计类的方法 3. 掌握类名、方法名、变量名的命名规范 4. 掌握 Java 源文件组织规范 5. 掌握文档注释、类注释、方法注释等 6. 掌握排版规范及其他编码惯例等 7. 掌握查阅 Java API 帮助文档的方法
相关知识	1. 面向对象的特征 2. 华为公司或阿里巴巴公司的 Java 编码规范 3. Java 设计模式 4. Java API 帮助文档

决策计划	根据任务要求，提出分析方案，确定所需要的设备、工具，并对小组成员进行合理分工，制定详细的工作计划。
	1. 分析方案
	（1）分析、设计类。
	设计点类，class Point{
	成员属性：x、y；
	构造方法 Point(double x，double y)；
	setter 及 getter 方法 }
	设计线段类，class Bee Line{
	成员属性：start,end；
	构造方法 Bee Line(Point start,Point end)；
	setter 及 getter 方法；
	成员方法：
	求线段的长度 double length()；
	判断两条线段是否相交 boolean intersect()；
	求一点到该线段（或延长线）的距离 double distance(Point p)。
	查阅 Java API 帮助文档,Java 提供了 Line2D 静态类,使用该类的方法可求两线段是否相交、点到直线的距离。
	编写测试类，class Test{ }
	（2）规范类名、方法名、变量名等，使其符合 Java 命名规范。
	（3）规范 Java 源文件组织
	（4）添加文档注释、类注释、方法注释等。
	（5）对源代码规范排版。
	2. 需要的实训工具
	
	3. 小组成员分工
	
	4. 工作计划

续表

<table>
<tr><td>实施</td><td>1. 任务

2. 实施主要事项

3. 实施步骤</td></tr>
<tr><td>评估</td><td>1. 请根据自己的任务完成情况，对自己的工作进行评估，并提出改进意见
（1）
（2）
（3）
2. 教师对学生工作情况进行评估，并进行点评
（1）
（2）
（3）
3. 总结
（1）
（2）
（3）
4. 综合考评</td></tr>
</table>

实训阶段过程记录表

序号	错误信息	问题现象	分析原因	解决办法	是否解决

实训阶段综合考评表

<table>
<tr><th colspan="2">考评项目</th><th>自我评估</th><th>组长评估</th><th>教师评估</th><th>备注</th></tr>
<tr><td rowspan="4">素质考评（40 分）</td><td>劳动纪律（10 分）</td><td></td><td></td><td></td><td></td></tr>
<tr><td>工作态度（10 分）</td><td></td><td></td><td></td><td></td></tr>
<tr><td>查阅资料（10 分）</td><td></td><td></td><td></td><td></td></tr>
<tr><td>团队协作（10 分）</td><td></td><td></td><td></td><td></td></tr>
<tr><td>工单考评（10 分）</td><td>完整性（10 分）</td><td></td><td></td><td></td><td></td></tr>
<tr><td rowspan="4">实操考评（50 分）</td><td>工具使用（5 分）</td><td></td><td></td><td></td><td></td></tr>
<tr><td>任务方案（10 分）</td><td></td><td></td><td></td><td></td></tr>
<tr><td>实施过程（30 分）</td><td></td><td></td><td></td><td></td></tr>
<tr><td>完成情况（5 分）</td><td></td><td></td><td></td><td></td></tr>
<tr><td>小计</td><td>100 分</td><td></td><td></td><td></td><td></td></tr>
<tr><td>总计</td><td colspan="5"></td></tr>
</table>

1.5 拓展知识

Java 的注释有代码注释和文档注释。文档注释是定义文件、类和方法等默认使用的注释。

1. 常用的 Java 文档注释标签

- @author 表示作者，适用范围：文件、类、方法。
- @param 表示输入参数的名称说明，适用范围：方法。
- @return 表示输出参数说明，适用范围：方法。
- @since 表示编译该文件所需要的 JDK 版本，适用范围：文件、类。
- @version 表示注释对象的版本号，适用范围：文件、类、方法。
- @see 表示链接目标，用于参考。该注释标签会在 Java 文档中生成一个超链接，可链接到参考的内容。
- @throws 表示方法可能抛出的异常，适用范围：方法。
- @deprecated 表示标识对象已过期，适用范围：文件、类、方法。
- @link 表示链接地址，链接到一个目标，用法类似 @see。

此外还有 @serial、@serialField、@serialData、@docRoot、@inheritDoc、@literal、@code 等几个不常用的标签，感兴趣的读者可以查看 Jave API 帮助文档。

2. Java 文档注释标签的使用顺序

Java 文档注释标签的使用顺序如下：

```
* @author
* @version
* @param
* @return
* @exception
* @see
* @since
* @serial
* @deprecated
```

3. 设置注释模板

在 IDE（Integrated Development Environment，集成开发环境）中通过设置注释模板可以减少手动输入的工作量。Eclipse 中设置注释模板的方法是：依次单击“Window→Preferences→Java→Code Style→Code Templates”，然后展开“Comments”节点。

在“Window→Preferences→Java→Code Style→Code Templates”下可导入 / 导出注释模板。

1.6 拓展训练：Eclipse 设置注释模板

一、实验描述

Eclipse 作为 Java IDE，可以通过设置自动添加 javadoc 注释信息，如 @author 作者名、@version 版本标识、@date 日期等，在创建类或新增方法时自动添加注释信息。

本实验讲述如何在 Eclipse 中设置 Java 注释模板。

二、实验目的

（1）理解 Eclipse 注释模板类型、注释标签。

（2）熟练设置 Eclipse 注释模板。

三、分析设计

1. 文档注释类型

Java 文档注释的类型如下。

- Files：文件注释。
- Types：类型注释。
- Fields：字段注释。
- Constructors：构造方法注释。
- Methods：方法注释。
- Overriding methods：重写方法注释。
- Delegate methods：代理方法注释。
- Getters：getter 方法注释。
- Setters：setter 方法注释。

2. 常用的 Java 文档注释标签

常用的 Java 文档注释标签如下。

- @version：版本号，适用范围为文件、类、方法。
- @Description：对类或方法等进行功能描述。
- @author：作者，适用范围为文件、类、方法。
- @throws：异常，标识出方法可能抛出的异常。
- @date：日期，格式为 date{time}。
- @param：输入参数的名称说明。
- @return：返回值（输出参数说明）。
- @see reference：查看引用。

- @override：重写。
- ${tags}：展示方法参数和返回值。

四、实验步骤

1. 进入注释模板设置界面

在 Eclipse 中，依次单击“Window→Preferences→Java→Code Style→Code Templates→Comments”，进入注释模板设置界面，如图 1-6 所示。

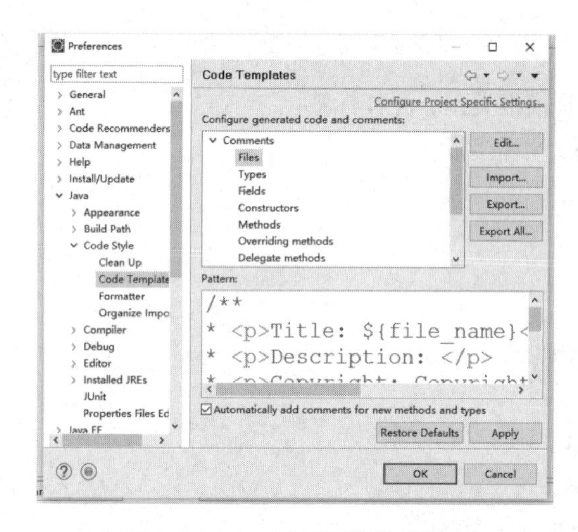

图 1-6　Eclipse 注释模板设置界面

2. 设置 Files 注释模板

单击“Files”，再单击“Edit”，编辑源文件注释，代码如下：

```
/**
 * <p>Title: ${file_name}</p>
 * <p>Description: </p>
 * <p>Copyright: Copyright (c) 2019</p>
 * <p>Company: www.daiinfo.net</p>
 * @author 戴远泉
 * @date ${currentDate:date('yyyy-MM-dd HH:mm:ss')}
 * @version 1.0
 */
```

3. 设置 Types 注释模板

单击“Types”，再单击“Edit”，编辑类和接口注释，代码如下：

```
/**
 * <p>Title: ${type_name}</p>
 * <p>Description: </p>
 * @author 戴远泉
 * @date ${currentDate:date('YYYY-MM-dd HH:mm:ss')}
 * @version V1.0
 */
```

4. 设置 Constructor 注释模板

单击“Constructor”，再单击“Edit”，编辑构造方法注释，代码如下：

```
/**
 * ${tags}
 */
```

5. 设置 Methods 注释模板

单击“Methods”，再单击“Edit”，编辑方法注释，代码如下：

```
/**
 * @Title: ${enclosing_method}
 * @Description: ${todo}（这里用一句话描述这个方法的作用）
 * @param: ${tags}
 * @return: ${return_type}
 * @throws
 */
```

6. 设置 Fields 注释模板

单击“Fields”，再单击“Edit”，编辑属性注释，代码如下：

```
/**
 * @Fields ${field} : ${todo}（用一句话描述这个变量表示什么）
 */
```

如果想要修改上面的注释模板，依次改很麻烦。要想简化修改操作，可新建下面的配置文件：新建一个 XML 文件，命名为 codetemplates（名字可以任意命名）把下面的代码复制到该 XML 文件中即可。

```
<?xml version="1.0" encoding="UTF-8"?>
<templates>
    <template
        autoinsert="false"
        context="filecomment_context"
        deleted="false"
        description="Comment for created Java files"
        enabled="true"
        id="org.eclipse.jdt.ui.text.codetemplates.filecomment"
        name="filecomment">
    /**
     * @Title: ${file_name}
     * @Package ${package_name}
     * @Description: ${todo}（用一句话描述该文件做什么）
     * @author ${user}
     * @date ${date} ${time}
     * @version V1.0
     */
    </template>
    <template
        autoinsert="false"
        context="typecomment_context"
        deleted="false"
        description="Comment for created types"
```

```
        enabled="true"
        id="org.eclipse.jdt.ui.text.codetemplates.typecomment"
        name="typecomment">
/**
 * @ClassName: ${type_name}
 * @Description: ${todo}(这里用一句话描述这个类的作用)
 * @author ${user}
 * @date ${date}
 *
 * ${tags}
 */
</template>
<template
        autoinsert="false"
        context="fieldcomment_context"
        deleted="false"
        description="Comment for fields"
        enabled="true"
        id="org.eclipse.jdt.ui.text.codetemplates.fieldcomment"
        name="fieldcomment">
/**
 * @Fields field:field:{todo}(用一句话描述这个变量表示什么)
 */
</template>
<template
        autoinsert="false"
        context="constructorcomment_context"
        deleted="false"
        description="Comment for created constructors"
        enabled="true"
        id="org.eclipse.jdt.ui.text.codetemplates.constructorcomment"
        name="constructorcomment">
/**
 * 创建一个新的实例 ${enclosing_type}
 *
 * ${tags}
 */
</template>
<template
        autoinsert="false""
        context="methodcomment_context"
        deleted="false"
        description="Comment for non-overriding methods"
        enabled="true"
        id="org.eclipse.jdt.ui.text.codetemplates.methodcomment"
        name="methodcomment">
/**
 * @Title: ${enclosing_method}
 * @Description: ${todo}(这里用一句话描述这个方法的作用)
 * @param ${tags} 参数
 * @return ${return_type} 返回类型
 * @throws
 */
```

```
    </template>
    <template
        autoinsert="true"
        context="overridecomment_context"
        deleted="false"
        description="Comment for overriding methods"
        enabled="true"
        id="org.eclipse.jdt.ui.text.codetemplates.overridecomment"
        name="overridecomment">
    /* (非 Javadoc)
     * <p>Title: ${enclosing_method}</p>
     * <p>Description: </p>
     * ${tags}
     * ${see_to_overridden}
     */
    </template>
    <template
        autoinsert="true"
        context="delegatecomment_context"
        deleted="false"
        description="Comment for delegate methods"
        enabled="true"
        id="org.eclipse.jdt.ui.text.codetemplates.delegatecomment"
        name="delegatecomment">
    /**
     * ${tags}
     * ${see_to_target}
     */
    </template>
    <template
        autoinsert="false"
        context="gettercomment_context"
        deleted="false"
        description="Comment for getter method"
        enabled="true"
        id="org.eclipse.jdt.ui.text.codetemplates.gettercomment"
        name="gettercomment">
    /**
     * @return ${bare_field_name}
     */
    </template>
    <template
        autoinsert="true"
        context="settercomment_context"
        deleted="false"
        description="Comment for setter method"
        enabled="true"
        id="org.eclipse.jdt.ui.text.codetemplates.settercomment"
        name="settercomment">
    /**
     * @param paramtheparamthe{bare_field_name} to set
     */
    </template>
</templates>
```

然后导入文件。在图 1-7 所示界面中单击“import”即可选择并导入 codetemplates.xml 模板文件。

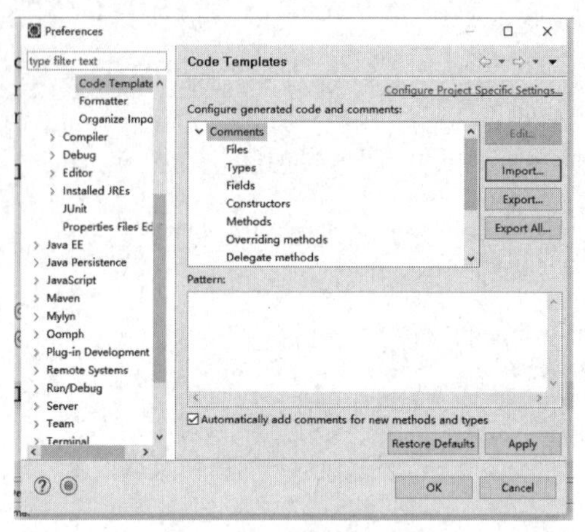

图 1-7　注释模板导入界面

7. Java 注释模板的使用

（1）在设置注释模板时如果勾选了“Automatically add comments for new methods and types”，则在创建 Java 文件时会自动生成文档和类的注释信息；若没有勾选，按 Shift+Alt+J 快捷键也可生成注释信息。

（2）对类中的方法进行注释：在方法上方输入“/**”后按 Enter 键，即可生成方法注释；或将光标放在方法名上，按住 Shift+Alt+J 快捷键也可生成注释信息；或在方法上右击，依次单击“Source→Generate Element Comment”也可生成注释信息。

五、实验结果

在源文件开头，输入“/**”，然后按 Enter 键，得到图 1-8 所示的结果。

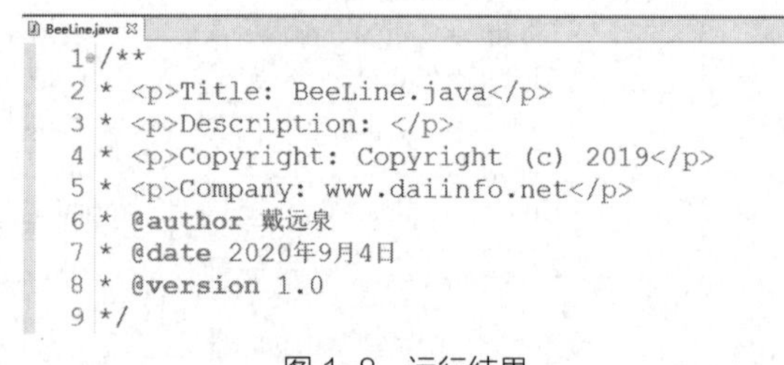

图 1-8　运行结果

六、特别强调

尽量学会使用快捷键添加注释信息。

（1）在类、方法等前一行输入“/**”并按 Enter 键。

（2）用快捷键 Alt + Shift+J（先选中某个方法名、类名或变量名）。

（3）在右击方法名、类名或变量名打开的菜单中选择“Source > Generate Element Comment”。

1.7　课后小结

1. Java 编码规范

编码规范是程序编码所要遵循的规则，保证代码的正确性、稳定性、可读性。

掌握好的编码规范是一个程序员的基本修为，更能体现一个程序员的逻辑思维。

Java 编码规范是针对 Java 语言的一套指导原则，Java 编码规范大体上包括 Java 源文件组织规范、类和接口声明规范、注释规范、命名规范、排版规范等。

2. Java 源文件组织规范

Java 源文件由 4 个部分组成并必须按顺序进行组织。

3. 类和接口声明规范

Java 类和接口中的成员声明按一定的结构和顺序进行组织。

4. 注释规范

Java 的注释类型有代码注释和文档注释。

文档注释通常是对程序中某个类或类中的方法进行的系统性的解释说明，开发人员可以使用 JDK 提供的 javadoc 工具将文档注释提取出来生成一份 API 帮助文档。

5. 命名规范

包命名采用反域名命名规则，全部使用小写字母。

类和接口命名使用 UpperCamelCase 规则，并且使用名词。

方法命名使用 lowerCamelCase 规则，并且使用动宾结构。

变量命名使用 lowerCamelCase 规则，并且使用名词和名词短语。

6. 排版规范

程序块要采用缩进风格编写，缩进的空格数为 4 个（按一次 Tab 键）。

if、for、do、while、case、switch、default 等语句自占一行，且 if、for、do、while 等语句中的执行语句都要加花括号 {}。

不允许把多个短语句写在一行中，即一行只写一条语句。

相对独立的程序块之间、变量说明之后必须加空行。

1.8 课后习题

一、填空题

1. 相对独立的程序块之间、变量说明之后必须加________。

2. 类注释部分说明该类或者接口的功能、作用、使用方法和注意事项，每次修改后增加作者、新版本号和当天的日期，其中 @since 表示________，@deprecated 表示________。

3. 比较操作符“>”“<=”等，赋值操作符“=”“+=”等，算术操作符“+”“%”等，逻辑操作符“&&”“&”等，位域操作符“<<”“^”等双目操作符的前后加________。

4. Java 中的注释有 3 种形式：文档注释、多行注释和________。

5. 方法的注释中，@param 用于说明________，@return 用于说明________。

二、单选题

1. 下列错误使用异常的做法是（　　）。

   A. 在程序中使用异常处理还是使用错误返回码处理，根据是否有利于程序结构来确定，并且异常和错误返回码不应该混合使用，推荐使用异常

   B. 一个方法不应抛出太多类型的异常。throws/exception 子句标明的异常最好不要超过 3 个

   C. 异常捕获尽量不要直接写为 catch (Exception ex)，应该把异常细分处理

   D. 程序内抛出的异常本身就可说明异常的类型、抛出条件，可不填写详细的描述信息。捕获异常后用 exception.toString() 获取到详细信息后保存

2. 下列说法错误的是（　　）。

   A. 如果一段代码各语句之间有实质性关联并且是用于完成同一个功能的，那么可考虑把此段代码构造成一个新的方法

   B. 程序中关系较为紧密的代码应尽可能相邻

   C. 程序中可同时使用错误返回码和异常进行处理，推荐使用异常

   D. 方法参数建议不超过 5 个

3. 下面对类、方法、属性的说法不符合编码规范的有（　　）。

   A. 不要重写父类的私有方法

   B. 类中不要使用非私有的非静态属性

   C. 类中的成员在声明时各部分的顺序为类的私有属性、类的公有属性、类的保护属性、类的私有方法、类的公有方法、类的保护方法

   D. 类私有方法的最大规模建议为 15 个

4. 排版时，代码缩进应该采用的方式是（　　）。

   A. 按 Tab 键缩进　　B. 按 2 次 Space 键缩进

   C. 按 4 次 Space 键缩进　　D. 按 8 次 Space 键缩进

5. 下列关于注释说法正确的是（　　）。

   A. 包注释可有可无，一般大家只看类注释和方法注释

   B. 可以把一个类的类注释改为它的文件注释

   C. 类注释应该放在 package 关键字之后，class 或者 interface 关键字之前

   D. 文件注释应该使用 javadoc 工具定义的方式设置，以确保能够被收集并生成文档

三、简答题

1. 请简述类编码规范。
2. 请简述 Java 类中方法的编码规范。
3. 请简述合适的命名对提高代码质量的价值。
4. 请简述 Java 的命名规范。

知识领域2 Java集合框架

知识目标

1. 了解 Java 集合框架及其应用场景。
2. 理解 List 接口、实现类及其适用场合。
3. 掌握 ArrayList 的构造方法、常用方法。
4. 掌握 ArrayList 的一般用法。
5. 理解 Set 接口、实现类及其适用场合。
6. 掌握 HashSet 的构造方法、常用方法。
7. 掌握 HashSet 的一般用法。
8. 理解 Map 接口、实现类及其适用场合。
9. 掌握 HashMap 的构造方法、常用方法。
10. 掌握 HashMap 的一般用法。

能力目标

1. 熟练使用 List 接口编写应用程序。
2. 熟练使用 Set 接口编写应用程序。
3. 熟练使用 Map 接口编写应用程序。

素质目标

1. 培养学生自主、开放的学习能力。
2. 培养学生分析问题、解决问题的能力。
3. 培养学生良好的团队合作精神和人际交往能力。
4. 培养学生的创新意识。

2.1 应用场景

集合可以看作一种容器，用来存储对象信息。JDK 提供了大量优秀的集合实现供开发者使用。合格的程序员必须要能够根据应用场景需求、业务需求、性能需求，选用合适的集合对象，这就要求开发者必须熟悉 Java 的常用集合类。Java 程序员在具体应用时，不必考虑数据结构和算法的实现细节，只需要用这些类创建一些对象，然后直接应用，可以大大提高编程效率。

2.2 相关知识

2.2.1 Java 集合框架

Java 语言的设计者对常用的数据结构和算法提供了一些规范（接口）和实现（具体实现接口的类）。所有抽象出来的数据结构和操作（算法）统称为 Java 集合框架（Java Collection Framework）。集合框架是一个用来代表和操作集合的统一架构。集合框架包含如下内容。

- 接口，代表集合的抽象数据类型，例如 Collection、List、Set、Map 等。
- 实现（类），是集合接口的具体实现。
- 算法，是实现集合接口的对象里的方法执行的一些有用的计算。

Java 集合框架提供了一套性能优良、使用方便的接口和类，其类图如图 2-1 所示。所有的集合都位于 java.util 包下，后来为了处理多线程环境下的并发安全问题，Java5 还在 java.util.concurrent 包下提供了一些支持多线程的集合类和接口。

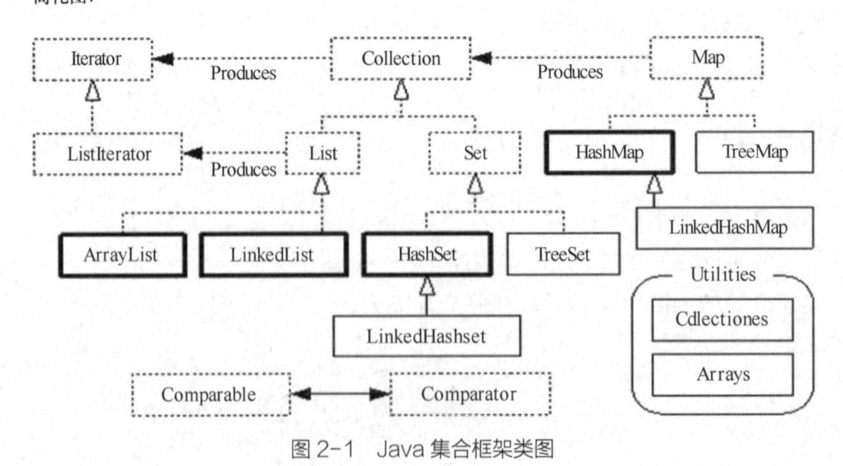

图 2-1 Java 集合框架类图

从图 2-1 来看，Java 集合框架主要有以下几个部分。

（1）Collection 接口，是高度抽象出来的集合，包含集合的基本操作和属性。Collection 包含

List 和 Set 两大分支。

List 代表有序可重复集合，可直接根据元素的索引来访问。List 的实现类有 LinkedList、ArrayList、Vector、Stack 等。

Set 代表无序不可重复集合，只能根据元素本身来访问。Set 的实现类有 HashSet 和 TreeSet。HashSet 依赖于 HashMap，它实际上是通过 HashMap 实现的；TreeSet 依赖于 TreeMap，它实际上是通过 TreeMap 实现的。

（2）Map 映射接口，即键值（key-value）对，可根据元素的键来访问值。Map 不是 Collection 的子接口。Map 的实现类有 HashMap、LinkedHashMap、TreeMap 等。

（3）Iterator 接口，即迭代器。它是遍历集合的工具，通常通过 Iterator 来遍历集合。ListIterator 是专门为遍历 List 而存在的。

（4）Arrays 和 Collections 工具类。它们是操作数组、集合的工具。

（5）Comparable 是排序接口，Comparator 是比较器接口。

常用的适用场合如下。

- 涉及“栈”“队列”“链表”等操作时，应该考虑用 List 集合。
- 当需要存储唯一元素时，使用 Set 集合。
- 当存储的信息是键值对形式的时候，采用 Map 集合。

微课

List 接口

2.2.2 List 接口

1. List 接口概述

List 接口继承自 Collection 接口，用于定义以列表形式存储的集合。List 接口为集合中的每个对象分配了一个索引，以标记该对象在 List 中的位置，并可以通过索引定位到指定位置的对象。List 接口是单列集合的一个重要分支。人们习惯性地将实现了 List 接口的对象称为 List 集合。

List 集合有如下的特点。

- List 集合中允许出现重复的元素。
- List 集合中所有的元素是以线性方式进行存储的。
- List 集合中的元素可以通过索引来访问。
- List 集合中的元素是有序的，即元素的存入顺序和取出顺序一致。

2. List 接口的实现类

List 接口的实现类主要有 ArrayList、LinkedList、Vector、Stack 等。

（1）ArrayList 是基于数组实现的非线程安全的集合。ArrayList 集合中的元素可以重复。因为 ArrayList 是有序集合。所以元素可以通过其索引取得。ArrayList 实现了 Serializable 接口，支持序列化。其特点是元素增删慢，查找快。

ArrayList 适用于经常查询数据、遍历数据的场合，是最常用的集合之一。由于 ArrayList 是线程不安全的，建议在单线程中使用。

（2）LinkedList 是基于链表实现的非线程安全的集合。LinkedList 实现了 Serializable 接口，支持序列化。其特点是元素增删快，查找慢。

LinkedList适用于经常添加元素、删除元素的场合。在开发时，LinkedList集合也可以作为堆栈、队列或双端队列等结构使用。

（3）Vector 基于数组实现，是矢量队列。Vector 实现了 Serializable 接口，支持序列化。Vector 的操作是线程安全的，建议在多线程操作中使用，在单线程中使用时其没有 ArrayList 效率高。

（4）Stack 是栈，它继承于 Vector。它的特性是先进后出（First In Last Out，FILO）。

List 接口的主要实现类的比较如下。

List 是一个“线性表接口”，ArrayList（基于数组的线性表）、LinkedList（基于链表的线性表）是线性表的两种典型实现。内部以数组作为底层实现的集合在随机访问时有很好的性能。内部以链表作为底层实现的集合在执行插入、删除操作时有很好的性能。进行迭代操作时，以链表作为底层实现的集合比以数组作为底层实现的集合性能好。

ArrayList 是数组，查询效率快，但是插入、删除效率低，这是由数组的特性决定的。LinkedList 是双链表，查询效率低，但是插入、删除效率高，这是由链表的特性决定的。Vector 同 ArrayList 相似，只不过 Vector 是线程安全的。Stack 继承自 Vector，有着先进后出的特性。

3. ArrayList 常用方法

List 接口的实现类有很多，这里只介绍 ArrayList 类。其他类的基本使用与 ArrayList 的相似，更为详细的介绍请查阅 Java API 帮助文档。

ArrayList 常用方法如表 2-1 所示。

表2-1　ArrayList常用方法

返回值类型	方法名	说明
boolean	add(E e)	将指定的元素添加到此 List 集合的尾部
void	add(int index, E element)	将指定的元素插入此 List 集合中的指定位置
Object	remove(int index)	移除此 List 集合中指定位置的元素
boolean	remove(Object o)	移除此 List 集合中首次出现的指定元素（如果存在）
Object	set(int index,Object obj)	用指定的元素替代此 List 集合中指定位置上的元素
Object	get(int index)	返回此 List 集合中指定位置的元素
int	indexOf(Object obj)	返回此 List 集合中首次出现的指定元素的索引，如果此 List 集合不包含指定元素，则返回 –1
int	lastIndexOf(Object obj)	返回此 List 集合中最后一次出现的指定元素的索引，如果此 List 集合不包含指定元素，则返回 –1

4. ArrayList 一般用法

List 是接口，在使用 List 集合时，通常使用其实现类通过 new 来创建一个 List 集合对象。由于 List 使用了泛型，在实例化时是需传递类型参数的。

（1）创建一个 List 接口的对象。

```
// 使用 ArrayList 类实例化 List 集合
List<Student>  studentList = new ArrayList<Student>();

// 使用 ArrayList 类实例化 List 集合
List<Teacher>  teacherList = new ArrayList <Teacher>();
```

（2）向 List 集合中存值。

```
studentList.add(" 张三 ");
teacherList.set(1, " 李四 ");// 修改索引为 1 的对象
```

（3）使用增强 for 循环遍历 List 集合。

```
for(String stu: studentList){
    System.out.println(stu.toString());
}
```


2.2.3 Set 接口

1. Set 接口概述

Set 接口是继承于 Collection 的接口，用于存储不含重复元素的集合。

Java 中的 Set 接口有如下的特点。

- 不允许出现重复元素。
- 集合中的元素位置无顺序（存入和读取的顺序可能不一样）。
- Set 集合中的元素没有索引。
- 有且仅有一个值为 null 的元素。

2. Set 接口的实现类

Set 接口的实现类主要有 HashSet、LinkedHashSet、TreeSet。

（1）HashSet。HashSet 是基于 HashMap 实现的，其不允许有重复元素，但允许有 null 值。HashSet 是无序的，即不会记录插入的顺序。另外，HashSet 不是线程安全的，如果多个线程尝试同时修改 HashSet，则最终结果不确定。

HashSet 采用 HashCode 算法来存取集合中的元素，具有比较好的读取和查找性能；其通过 equals() 和 HashCode 来判断两个元素是否相等。

HashSet 应用于数据去重的场合。

（2）LinkedHashSet。LinkedHashSet 继承自 HashSet，本质是 LinkedHashMap 实现的。LinkedHashSet 是有序的，根据 HashCode 来决定元素的存储位置，同时使用一个链表来维护元素的插入顺序。LinkedHashSet 是非线程安全。

（3）TreeSet。TreeSet 是一种排序的 Set 集合，实现了 SortedSet 接口，底层是用 TreeMap 实现的，本质上使用的是红黑树原理。相对 HashSet 来说，TreeSet 额外提供了一些按排序位置访问元素的方法，例如 first()、last()、lower()、higher()、subSet()、headSet()、tailSet() 等。

TreeSet 中元素的排序分两种：自然排序（存储元素实现 Comparable 接口）和定制排序（创建 TreeSet 时，传递一个自己实现的 Comparator 对象）。

TreeSet 应用于数据需要去重，且数据按照特定方式进行排序的场合。

Set 接口的主要实现类的比较如下。

HashSet 基于 HashMap，所以其对数据的访问基本都是用 HashMap 的方法实现的。LinkedHashSet 是 HashSet 的一个扩展版本。HashSet 是无序的，LinkedHashSet 会维护“插入顺序”，TreeSet 是有序的 Set 集合。

HashSet 的性能总是比 TreeSet 的性能好，特别是在常用的添加、查询元素等操作方面。只有当需要可排序的 Set 时，才应该使用 TreeSet，否则都应该使用 HashSet。对于普通的插入、删除操作，LinkedHashSet 比 HashSet 要略慢一点儿，这是由维护链表所带来的开销造成的。不过，因为链表的存在，遍历 LinkedHashSet 会更快。HashSet、TreeSet、EnumSet 都是线程不安全的。

3. HashSet 常用方法

Set 接口的实现类有很多，这里只介绍 HashSet，其他实现类的使用方法同 HashSet 的类似，更为详细的介绍请查阅 Java API 帮助文档。

HashSet 常用方法如表 2-2 所示。

表2-2 HashSet常用方法

返回值类型	方法名	说明
boolean	add(E e)	如果此 Set 集合中尚未包含指定元素，则添加指定元素
void	clear()	从此 Set 集合中移除所有元素
boolean	contains(Object o)	如果此 Set 集合包含指定元素，则返回 true
boolean	isEmpty()	如果此 Set 集合不包含任何元素，则返回 true
Iterator<E>	iterator()	返回对此 Set 集合中元素进行迭代的迭代器
boolean	remove(Object o)	如果指定元素存在于此 Set 集合中，则将其移除
int	size()	返回此 Set 集合中的元素的数量（Set 集合的容量）

4. HashSet 一般用法

Set 是接口，在使用 Set 集合时，通常使用其实现类通过 new 来创建一个 Set 集合对象。由于 Set 使用了泛型，在实例化时是需传递类型参数的。

（1）创建 HashSet 类的对象。

```
HashSet<String> stringSet=new HashSet<String>();
```

（2）添加元素。

```
stringSet.add("abc");
```

（3）删除元素。

```
stringSet.clear(); // 从此 Set 集合中移除所有元素
stringSet.remove(Object o); // 从此 Set 集合中删除指定的元素
```

（4）遍历 Set 集合。

方法 1：使用 iterator() 迭代器进行遍历。

```
Set<String> stringSet = new HashSet<String>();
Iterator<String> it = stringSet.iterator();
while (it.hasNext()) {
    String str = it.next();
    System.out.println(str);
}
```

方法 2：使用增强 for 循环进行遍历。

```
for(String s: stringSet){
    System.out.println(s);
}
```

2.2.4 Map 接口

微课

Map 接口

1. Map 接口概述

Map 不是 Collection 的子接口或者实现类。

Map 是映射接口，提供了一种映射关系。Map 中的每一个元素都包含一个“key”以及和 key 对应的“value”,即 key-value 键值对。Map 将 key 和 value 封装至一个类型为 Entry 的对象中，Map 中存储的元素实际是 Entry 对象，Entry 对象保存 key-value 对，以实现通过 key 快速定位到对象(value)。只有在 key Set() 和 values() 方法被调用时,Map 才会将 keySet 和 values 对象实例化。

Map 中包含两种类型参数：

- K —— 此映射所维护的键的类型；
- V —— 映射的值的类型。

Map 接口的特点如下。

- Map 集合是双列集合，一个元素包含两个值 (一个 key，一个 value)。
- Map 集合中的元素，key 和 value 的数据类型可以相同，也可以不同。
- Map 集合中的元素，key 不允许重复，value 可以重复。
- Map 集合中的元素，key 和 value 是一一对应的。

2. Map 接口的实现类

常用的 Map 接口的实现类有 HashMap、LinkedHashMap、Hashtable、TreeMap。

（1）HashMap 采用哈希表存储结构，根据键的 HashCode 值存储数据，元素的存取顺序不能保证一致。大多数情况下可以直接定位到它的值,因而具有很快的访问速度。其特点是线程不安全，效率高。HashMap 一般用于单线程程序中，鉴于它可以满足大多数场景的使用条件，所以是使用频度最高的映射。

（2）LinkedHashMap 是 HashMap 的一个子类，其存储数据采用哈希表 + 双向链表结构。LinkedHashMap 的特点是元素唯一且有序，由哈希表保证元素唯一，由链表保证元素有序，但是它的有序主要体现在先进先出（First In First Out，FIFO）上。LinkedHashMap 适用于一些特定的应用场景。

（3）Hashtable 是线程安全的 Map 实现类，它实现线程安全的方法是在各个方法上添加了

synchronized 关键字。但是现在已经不再推荐使用 Hashtable，在不需要线程安全的场合可以用 HashMap 替换，在需要线程安全的场合可以用 ConcurrentHashMap 替换。

（4）TreeMap 实现 SortedMap 接口，能够把它保存的记录根据键进行排序，默认按键的升序排序。在使用 TreeMap 时，key 必须实现 Comparable 接口或者在构造 TreeMap 时传入自定义的 Comparator。TreeMap 一般用于单线程中。如果需要使用具有排序功能的映射，建议使用 TreeMap。

Map 接口的主要实现类的比较如下。

LinkedHashMap 继承于 HashM1ap。HashMap 无序；LinkedHashMap 有序；TreeMap 按 key 的顺序排列，默认是升序，如果要改变其排序可以自己写一个 Comparator。

HashMap 和 Hashtable 的效率大致相同，因为它们的实现机制几乎完全一样。但 Hashtable 需要线程同步控制。TreeMap 通常比 HashMap、Hashtable 要慢（尤其是在插入、删除 key-value 对时更慢），因为 TreeMap 底层采用红黑树来管理 key-value 对。

3. HashMap 类的常用方法

Map 接口的实现类有很多，这里只介绍 HashMap，其他的实现类的使用方法同 HashMap 的类似，更为详细的介绍请查阅 Java API 帮助文档。

HashMap 是散列集合，它存储的内容是以键值对映射的元组（Entry）。元组以键作为标记，键相同时，值覆盖。

HashMap 的实现不是同步的，这意味着它不是线程安全的。它的 key 和 value 都可以为 null。

HashMap 常用方法如表 2-3 所示。

表2-3　HashMap常用方法

返回值类型	方法名	说明
V	put(K key,V value)	在此映射中关联指定键与指定值
V	get(Object key)	返回指定键所映射的值；如果对于该键来说，此映射不包含任何映射关系，则返回 null
Set<K>	keySet()	返回此映射所包含的键的 Set 视图
Collection<V>	values()	返回此映射所包含的值的 Collection 视图
V	remove(Object key)	从此映射中移除指定键的映射关系（如果存在）
boolean	containsValue(Object value)	如果此映射将一个或多个键映射到指定值，则返回 true
boolean	containsKey(Object key)	如果此映射包含指定键的映射关系，则返回 true
boolean	isEmpty()	如果此映射不包含映射关系，则返回 true
int	size()	返回此映射中的映射关系数

4. HashMap 一般用法

Map 是接口，在使用 Map 集合时，通常使用其实现类通过 new 来创建一个 Map 集合对象。

由于 Map 使用了泛型，在实例化时是需传递类型参数的。

（1）创建 Map 对象。

```
// 使用 Map 接口的实现类 HashMap 创建 Map 对象
// key 表示教师的工号，value 表示教师
Map<String, Teacher> teacherMap = new HashMap<String, Teacher>();
```

（2）向 Map 中存值。

```
Teacher teac1 = new Teacher(" 张三 ", " 男 ");
Teacher teac2 = new Teacher(" 李四 ", " 女 ");
Teacher teac3 = new Teacher(" 王五 ", " 男 ");
teacherMap.put("001", teac1);
teacherMap.put("102", teac2);
teacherMap.put("201", teac3);
```

（3）从 Map 中取值。

```
Teacher teac = teacherMap.get("001");
```

（4）查找 Map 中是否存在某个 key 值或 value 值。

```
teacherMap.containsKey("202");
teacherMap.containsValue(teac3);
```

（5）返回 Map 集合中所有的 key。

```
System.out.println(" 所有的工号 : ");
for (String s : teacherMap.keySet()) {
    System.out.println(s);
}
```

（6）返回 Map 集合中所有的 value。

```
System.out.println(" 所有的教师 : ");
for (Teacher t : teacherMap.values()) {
    System.out.println(t.toString());
}
```

（7）entrySet() 的使用。

此方法返回包含映射关系的 Set 集合。

```
Set<Map.Entry<String, Teacher>> entrySet = teacherMap.entrySet();
for (Entry<String, Teacher> entry : entrySet) {
    String s = entry.getKey();
    Teacher t = entry.getValue();
    System.out.println(s + "," + t.getName() + "," + t.getSex());
}
```

（8）遍历 Map。

方法 1：首先获取 Map 中所有的 key，再通过每一个 key 获取其对应的 value 值。

```
System.out.println(" 通过 key 获取 value 进行遍历 : ");

for (String s : teacherMap.keySet()) {
    Teacher t = teacherMap.get(s);
    System.out.println(t.toString());
}
```

方法 2：获取 Map 中所有的 value。

```
System.out.println(" 通过获取 Map 中所有的 value 进行遍历 : ");
for (Teacher t : teacherMap.values()) {
    System.out.println(t.toString());
}
```

方法 3：首先通过 HashMap.entrySet() 得到键值对的集合，再通过 entrySet() 进行获得键和值。

```
System.out.println(" 通过 entrySet() 进行遍历 :");
for (Entry<String, Teacher> teacEntry : teacherMap.entrySet()) {
    String s = teac.getKey();
    Teacher t = teac.getValue();
    System.out.println(s + "," + t.toString());
}
```

2.3 使用实例

微课

List 集合使用实例

2.3.1 List 集合使用实例

1. 任务描述

使用 List 存储用户信息，并做 CRUD（Create、Retrieve、Update、Delete，增加、查找、更新、删除）操作。

任务需求如下。

- 定义用户类。
- 使用 ArrayList 集合类，存储用户信息。
- 做 CRUD 操作。
- 使用多种方式遍历该集合。

2. 任务分析

首先定义一个用户类 User，用于封装用户的基本信息，然后采用 List 集合进行存储。由于 List 是一个接口，需要使用它的实现类来创建集合对象，通过该对象的方法实现对用户基本信息的 CRUD 操作。

其类图如图 2-2 所示。

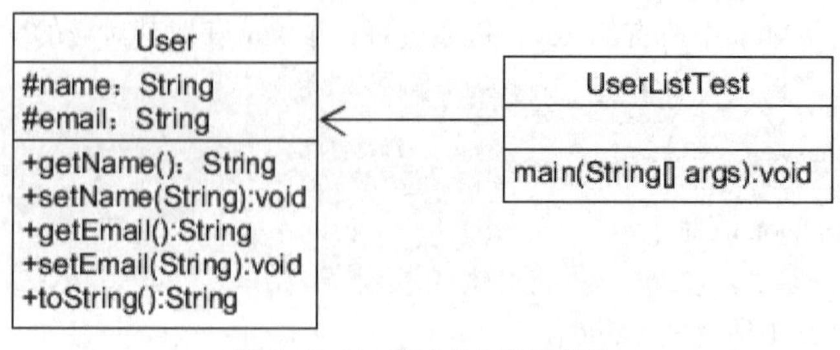

图 2-2　List 集合使用实例类图

3. 任务实施

首先定义 User 类，代码如下：

```
public class User{
    String name;
    String email;
    public User(String name,String email){
        this.name=name;
        this.email=email;
    }
    // 省略 setter 和 getter 方法
}
```

然后创建测试类。

创建测试类 UserListTest，在 main() 方法中实现 CRUD 操作。

（1）使用 List 接口的实现类创建 List 对象。

```
List<User> userList=new ArrayList<User>();
```

（2）调用 add() 方法向 List 集合的尾部或指定位置添加指定的元素。

```
userList.add(new User(" 小明 ","xiaoming@qq.com"));
User xiaozhang=new User(" 小张 ","xiaozhang@qq.com");
userList.add(xiaozhang);
```

（3）调用 set() 方法替换 List 集合中指定位置的元素。

```
User xiaohu=new User(" 小胡 ", "xiaohu@qq.com");
userList.set(1, xiaohu);
```

（4）调用 remove(int index) 方法移除 List 集合中指定位置的元素。

```
// 移除 List 集合中的元素
userList.remove(1);
```

（5）List 集合迭代器的用法。

调用 listIterator() 方法返回此 List 集合的迭代器。利用迭代器最大的好处就是程序员不用为索引越界等异常所苦恼了，只需在迭代过程中对 List 集合元素进行操作即可。

```
// List 集合迭代器的用法。listIterator() 方法返回此 List 集合元素的迭代器。
ListIterator<User> iterator = userList.listIterator();
User u=iterator.next();
System.out.println(u.toString());
System.out.println(" 后面还有没有元素？ "+iterator.hasNext());
```

（6）遍历 List 集合。

方法 1：使用迭代器进行循环遍历。

```
System.out.println(" 遍历方法 1 的结果！ ");
for (Iterator<User> it1 = userList.iterator(); it1.hasNext();) {
    User user = it1.next();
    System.out.println(user.toString());
}
```

方法 2：使用增强 for 循环进行遍历。

```
// 此方法需重点掌握。这种方法在遍历数组和 Map 集合的时候同样适用
System.out.println(" 遍历方法 2 的结果！ "+" 此方法需重点掌握 ");
for (User tmp : userList) {
    System.out.println(tmp.toString());
}
```

方法 3：使用 List 集合的 get(i) 方法和 for 循环进行遍历。

```
System.out.println(" 遍历方法 3 的结果！ ");
for (int i = 0; i < userList.size(); i++) {
    System.out.println(userList.get(i).toString());
}
```

最后运行程序得到结果如图 2-3 所示。

```
Problems  @ Javadoc  Declaration  Search  Console
<terminated> UserListTest [Java Application] C:\Program Files\Java\jre1.8.0_181\bin\javaw.exe (2020年11月6日 下午10:23:14)
User[小明,xiaoming@qq.com]
后面还有没有元素？true
遍历方法1的结果！
User[小明,xiaoming@qq.com]
User[小明,xiaoming@qq.com]
遍历方法2的结果！
User[小明,xiaoming@qq.com]
User[小胡,xiaohu@qq.com]
遍历方法3的结果！此方法需重点掌握
User[小明,xiaoming@qq.com]
User[小胡,xiaohu@qq.com]
```

图 2-3 List 集合使用实例运行结果

2.3.2 Set 集合使用实例

微课
Set 集合使用实例

1. 任务描述

使用 Set 存储学生信息，并进行 CRUD 操作。

任务需求如下。

- 定义学生类。
- 使用 HashSet 集合类，存储学生信息。
- 做 CRUD 操作。
- 使用多种方式遍历该集合。

2. 任务分析、设计

一个班级里有若干个学生。首先定义一个学生类 Student，用于封装学生的基本信息，然后通过一个 Set 集合进行存储，并实现对学生基本信息的 CRUD 操作。其类图如图 2-4 所示。

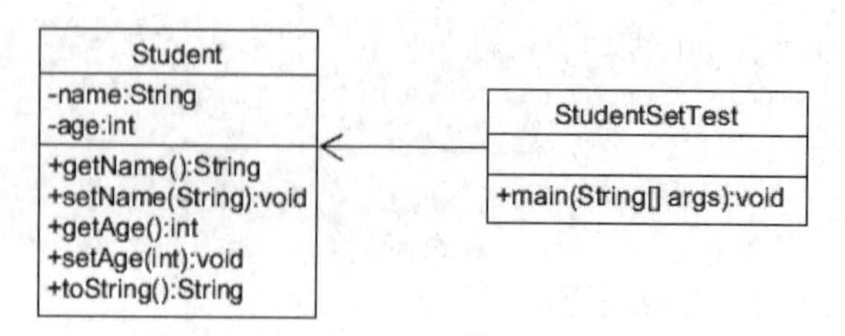

图 2-4 Set 集合使用实例类图

3. 任务实施

首先创建学生类 Student，代码如下 :

```
class Student {
    private String name;
    private int age;
    public Student(String name, int age) {
        this.name = name;
        this.age = age;
    }
    // 省略 setter 和 getter 方法

    @Override
    public String toString() {
        return "Student[" + name + "," + age + "]";
    }
}
```

然后编写测试类。

编写测试类 StudentSetTest，在 main() 方法中编写代码进行测试。

（1）创建 HashSet 的对象。

```
HashSet<Student> studentSet = new HashSet<Student>();
```

（2）向 Set 集合中添加元素。

```
Student stu1 = new Student(" 张三 ", 18);
Student stu2 = new Student(" 李四 ", 20);
Student stu3 = new Student(" 王五 ", 19);
studentSet.add(stu1);
studentSet.add(stu2);
studentSet.add(stu3);
```

（3）移除集合中指定的元素。

```
studentSet.remove(stu2);
```

（4）判断 Set 集合中是否包含指定的元素。

```
boolean isContain = false;
isContain=studentSet.contains(stu1);
System.out.println(isContain);
```

（5）使用迭代器。

使用 iterator() 方法返回此集合的迭代器，然后使用其 next()、hasNext() 方法。

```
Iterator<Student> iterator=studentSet.iterator();
Student s=iterator.next();
System.out.println(" 此 Set 集合中第一个元素是 : "+s.toString());
System.out.println(" 还有没有下一个元素？ "+iterator.hasNext());
System.out.println(" 下一个是 : "+iterator.next());
```

（6）遍历 HashSet。

方法 1 : 使用迭代器 Iterator 进行遍历。

```
System.out.println(" 使用迭代器 Iterator 进行遍历的结果：");
Iterator<Student> it = studentSet.iterator();
while (it.hasNext()) {
    Student student1 = it.next();
    System.out.println(student1.toString());
}
```

方法 2：使用增强 for 循环进行遍历。

```
System.out.println(" 使用增强 for 循环进行遍历的结果：");
for (Student student2 : studentSet) {
    System.out.println(student2.toString());
}
```

方法 3：使用 Lambda 表达式遍历 Set 集合。

```
System.out.println(" 使用 Lambda 表达式进行遍历的结果：");
studentSet.forEach((Student stu) -> System.out.println(stu));
```


最后运行程序，得到图 2-5 所示的结果。

```
Console ☒
<terminated> StudentSetTest [Java Application] C:\Prog
此Set集合中是否包含stu1?true
此Set集合中第一个元素是：Student[王五,19]
还有没有下一个元素？true
下一个是：Student[张三,18]
使用迭代器Iterator进行遍历的结果：
Student[王五,19]
Student[张三,18]
使用增强for循环进行遍历的结果：
Student[王五,19]
Student[张三,18]
使用Lambda表达式进行遍历的结果：
Student[王五,19]
Student[张三,18]
```

图 2-5　Set 集合使用实例运行结果

2.3.3　Map 集合使用实例

微课

Map 集合使用实例

1. 任务描述

使用 Map 存储教师信息，并进行 CRUD 操作。

任务需求：

- 定义教师类。
- 使用 HashMap 集合类，存储教师信息。
- 做 CRUD 操作。
- 使用多种方式遍历该集合。

2. 任务分析、设计

首先定义教师类 Teacher，用于封装教师的基本信息（包含姓名和性别），然后通过一个 Map

集合进行存储。由于 Map 是一个接口，需要使用它的实现类来创建集合对象；Map 集合对象采用键值对的映射方式存储数据，因此这里使用“工号 - 教师”映射。最后对教师集合进行 CRUD 操作。其类图如图 2-6 所示。

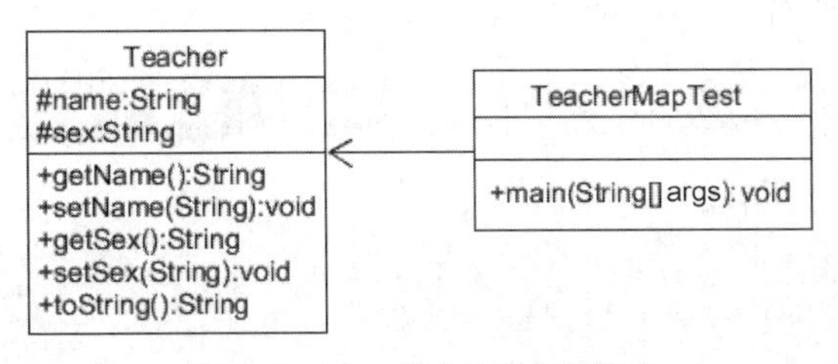

图 2-6　Map 集合使用实例类图

3. 编码实现

首先创建教师类 Teacher，代码如下：

```
public class Teacher {
    String name;
    String sex;

    public Teacher(String name, String sex) {
        this.name = name;
        this.sex = sex;
    }
    // 省略 setter 和 getterf 方法
    @Override
    public String toString() {
        return "Teacher[" + name + "," + sex + "]";
    }
}
```

然后创建测试类。

创建测试类 TeacherMapTest，在 main() 方法中编写代码进行测试。

（1）使用 Map 接口的实现类创建 Map 对象。

```
// key 表示教师的工号，value 表示教师。
Map<String, Teacher> teacherMap = new HashMap<String, Teacher>();
```

（2）向集合中添加元素。

```
// 向 Map 中添加元素
Teacher teac1 = new Teacher(" 张三 ", " 男 ");
Teacher teac2 = new Teacher(" 李四 ", " 女 ");
Teacher teac3 = new Teacher(" 王五 ", " 男 ");
teacherMap.put("001", teac1);
teacherMap.put("102", teac2);
teacherMap.put("201", teac3);
```

（3）移除集合中指定的元素。

```
teacherMap.remove("001");
```

（4）替换指定的元素。

```
Teacher teacher = new Teacher(" 李思 ", " 女 ");
teacherMap.replace("102", teac2, teacher);
```

（5）查找 Map 中是否存在某个 key 值或 value 值。

```
System.out.println(" 此 Map 中是否包含工号 202?" + teacherMap.containsKey("202"));
System.out.println(" 此 Map 中是否包含 teac3?" + teacherMap.containsValue(teac3));
```

（6）返回 Map 集合中所有的 key。

```
System.out.println(" 所有的工号 : ");
for (String s : teacherMap.keySet()) {
    System.out.println(s);
}
```

（7）返回 Map 集合中所有的 value。

```
System.out.println(" 所有的教师 : ");
for (Teacher t : teacherMap.values()) {
    System.out.println(t.toString());
}
```


（8）Map.entrySet() 方法的使用。

```
// 此方法返回包含映射关系的 Set 集合。
System.out.println("entrySet() 方法的使用 ...");
Set<Map.Entry<String, Teacher>> entrySet = teacherMap.entrySet();
for (Entry<String, Teacher> entry : entrySet) {
    String s = entry.getKey();
    Teacher t = entry.getValue();
    System.out.println(s + "," + t.getName() + "," + t.getSex());
}
```


（9）遍历 Map。

方法 1：首先获取 Map 中所有的 key，再通过 key 获取 value。

```
for (String s : teacherMap.keySet()) {
    Teacher t = teacherMap.get(s);
    System.out.println(t.toString());
}
```

方法 2：获取 Map 中所有的 value。

```
for (Teacher t : teacherMap.values()) {
    System.out.println(t.toString());
}
```

方法 3：通过 entrySet() 进行遍历。

```
for (Entry<String, Teacher> teac : teacherMap.entrySet()) {
    String s = teac.getKey();
    Teacher t = teac.getValue();
    System.out.println(s + "," + t.toString());
}
```

最后运行程序，得到图 2-7 所示的结果。

```
Problems  @ Javadoc  Declaration  Search  Console
<terminated> TeacherMapTest [Java Application] C:\Program Files\Java\jre1.8.0_181\bin\javaw.exe (2020年11月7日 上午1:28:15)
此Map中是否包含工号202?false
此Map中是否包含teac3?true
所有的工号:
102
201
所有的教师:
Teacher[李思,女]
Teacher[王五,男]
entrySet()方法的使用...
102,李思,女
201,王五,男
通过Key获取Value进行遍历:
Teacher[李思,女]
Teacher[王五,男]
通过获取Map中所有的Value进行遍历:
Teacher[李思,女]
Teacher[王五,男]
通过entrySet()进行遍历:
102,Teacher[李思,女]
201,Teacher[王五,男]
```

图 2-7　Map 集合使用实例运行结果

2.4　实训项目

2.4.1　使用 List 集合编写应用程序

实训工单　使用List集合编写应用程序

任务名称	使用 List 集合编写应用程序	学时		班级	
姓名		学号		任务成绩	
实训设备		实训场地		日期	
实训任务	根据如下要求，编写应用程序。 1. 定义一个学生类 Student，包含学号、姓名、性别等信息，并编写构造方法 2. 定义一个测试主类 3. 创建 List（ArrayList、LinkedList）对象，并添加 10 个学生的信息到 List 中 4. 遍历该 List，并输出 5. 查阅 Java API 帮助文档，调用相关方法完成对该 List 的 CRUD 操作 （1）将对象添加到 ArrayList 的结尾处——add(E e)。 （2）将元素插入 ArrayList 的指定索引处——add(int index, E element)。 （3）移除 ArrayList 的指定索引处的元素——remove(int index)。 （4）查找指定的对象 o——contains(Object o)。 6. 对该 List 进行排序并输出 7. 将该 List 转换为数组或将数组转换为 List 8. 进行调试和测试				
实训目的	1. 理解 Java 集合框架 2. 掌握 List 集合接口、实现类及其常用方法 3. 掌握 List 遍历的几种方法 4. 能熟练使用 List 接口编写相应的应用程序 5. 熟练查询 Java API 帮助文档并进行编码、测试				

续表

相关知识	1. Java 集合框架 2. List 接口、实现类及其常用方法 3. 几种遍历 List 的方法 4. 对 List 的深入理解以及常用功能的使用 5. Java API 帮助文档
决策计划	根据任务要求，提出分析方案，确定所需要的设备、工具，并对小组成员进行合理分工，制定详细的工作计划。 1. 分析方案 （1）定义学生类 Student，封装属性、构造方法、setter 和 getter 方法。 （2）创建测试类。 （3）新建一个 ArrayList 对象，然后添加数据到其中。 （4）查阅 Java API 帮助文档，调用相关方法完成该集合的 CRUD 操作。 （5）进行调试和测试。 2. 需要的实训工具 3. 小组成员分工 4. 工作计划
实施	1. 任务 2. 实施主要事项 3. 实施步骤
评估	1. 请根据自己的任务完成情况，对自己的工作进行评估，并提出改进意见 （1） （2） （3） 2. 教师对学生工作情况进行评估，并进行点评 （1） （2） （3） 3. 总结 （1） （2） （3）

实训阶段过程记录表

序号	错误信息	问题现象	分析原因	解决办法	是否解决

实训阶段综合考评表

考评项目		自我评估	组长评估	教师评估	备注
素质考评（40分）	劳动纪律（10分）				
	工作态度（10分）				
	查阅资料（10分）				
	团队协作（10分）				
工单考评（10分）	完整性（10分）				
实操考评（50分）	工具使用（5分）				
	任务方案（10分）				
	实施过程（30分）				
	完成情况（5分）				
小计	100分				
总计					

2.4.2 使用 Set 集合编写应用程序

实训工单　使用Set集合编写应用程序

任务名称	使用 Set 集合编写应用程序	学时		班级	
姓名		学号		任务成绩	
实训设备		实训场地		日期	
实训任务	根据如下要求，编写应用程序。 1. 定义图书类，包括编号、书名、作者、出版社等，并定义构造方法 2. 定义测试主类 3. 创建 Set 集合对象，生成 10 本书的信息并存入该 Set 集合中 4. 对该 Set 集合采用几种方法进行遍历输出 5. 查阅 Java API 帮助文档，调用相关方法完成 CRUD 操作 （1）boolean add(E object)。 （2）void clear()。 （3）Object clone()。 （4）boolean contains(Object object)。 （5）boolean isEmpty()。 （6）Iterator<E> iterator()。 （7）boolean remove(Object object)。 （8）int size()。 6. 进行调试和测试				
实训目的	1. 理解 Set 接口、实现类及其常用方法 2. 掌握 Set 集合的几种遍历的方法 3. 了解 Set 接口的实现类及其常用方法 4. 熟练查阅 Java API 帮助文档				

续表

相关知识	1. Set 集合的接口、实现类及其常用方法 2. HashSet 的基本方法 3. 遍历 Set 集合的几种方法 4. Java API 帮助文档
决策计划	根据任务要求，提出分析方案，确定所需要的设备、工具，并对小组成员进行合理分工，制定详细的工作计划。 1. 分析方案 （1）定义图书类 Book，封装属性、构造方法、setter 和 getter 方法。 （2）创建测试类。 （3）新建一个 HashSet<Book> 对象，然后添加图书数据到此 Set 集合中。 （4）查阅 Java API 帮助文档，调用相关方法完成 CRUD 操作。 （5）采用几种方法进行遍历输出。 （6）进行调试和测试。 2. 需要的实训工具 3. 小组成员分工 4. 工作计划
实施	1. 任务 2. 实施主要事项 3. 实施步骤
评估	1. 请根据自己的任务完成情况，对自己的工作进行评估，并提出改进意见 （1） （2） （3） 2. 教师对学生工作情况进行评估，并进行点评 （1） （2） （3） 3. 总结 （1） （2） （3）

实训阶段过程记录表

序号	错误信息	问题现象	分析原因	解决办法	是否解决

实训阶段综合考评表

考评项目		自我评估	组长评估	教师评估	备注
素质考评（40 分）	劳动纪律（10 分）				
	工作态度（10 分）				
	查阅资料（10 分）				
	团队协作（10 分）				
工单考评（10 分）	完整性（10 分）				
实操考评（50 分）	工具使用（5 分）				
	任务方案（10 分）				
	实施过程（30 分）				
	完成情况（5 分）				
小计	100 分				
总计					

2.4.3 使用 Map 集合编写应用程序

实训工单　使用Map集合编写应用程序

任务名称	使用 Map 编写应用程序	学时		班级	
姓名		学号		任务成绩	
实训设备		实训场地		日期	
实训任务	根据如下要求，编写应用程序。 1. 定义一个测试主类 MapTest 2. 创建 Map 集合的对象，其键为 String 类型和值为 integer 类型 3. 添加几个数据：张三——800 元；李四——1500 元；王五——3000 元 4. 遍历集合中所有的员工（采用几种遍历方法） 5. 根据 Map 集合中元素的 key 来获取相应元素的 value 6. 返回 Map 集合中所有 key 的集合；返回 Map 集合中所有 value 的集合 7. 检验 Map 集合中有没有包含 key 为“key”的元素，如果有则返回 true，否则返回 false 8. 删除 key 为“key”的元素 9. 调用 Set<Map.Entry<K,V>>entrySet() 方法，并遍历该 Set 集合 10. 进行调试和测试				
实训目的	1. 理解键值对的概念 2. 掌握 Map 接口、实现类及其常用方法 3. 能熟练使用 Map 接口编写相应的应用程序 4. 熟悉 Java API 帮助文档				
相关知识	1. Java 集合框架 2. Map 的映射关系、Map 接口、实现类及其常用方法 3. Java API 帮助文档				

续表

决策计划	根据任务要求，提出分析方案，确定所需要的设备、工具，并对小组成员进行合理分工，制定详细的工作计划。
	1. 分析方案
	创建 Map 测试类。
	public class MapTest {
	  public static void main(String [ ] args){
	 HashMap<String,Integer>;// 实例化 Map 集合
	 // 往集合里面添加数据
	 // 查阅 Java API 帮助文档，调用相关方法完成各个 CRUD 操作
	 // 遍历输出
	    }
	}
	2. 需要的实训工具
	
	3. 小组成员分工
	
	4. 工作计划

实施	1. 任务 2. 实施主要事项 3. 实施步骤
评估	1. 请根据自己的任务完成情况，对自己的工作进行评估，并提出改进意见 （1） （2） （3） 2. 教师对学生工作情况进行评估，并进行点评 （1） （2） （3） 3. 总结 （1） （2） （3）

实训阶段过程记录表

序号	错误信息	问题现象	分析原因	解决办法	是否解决

实训阶段综合考评表

考评项目		自我评估	组长评估	教师评估	备注
素质考评（40 分）	劳动纪律（10 分）				
	工作态度（10 分）				
	查阅资料（10 分）				
	团队协作（10 分）				
工单考评（10 分）	完整性（10 分）				
实操考评（50 分）	工具使用（5 分）				
	任务方案（10 分）				
	实施过程（30 分）				
	完成情况（5 分）				
小计	100 分				
总计					

2.5 拓展知识

2.5.1 Iterable 和 Iterator

在使用 Java 集合框架中的 List 和 Set 集合时，经常要使用 Iterable 和 Iterator。

Iterable（可迭代），是一个接口，约束某类是否可迭代。Collection 的所有子类会实现 Iteratable 接口以实现 foreach 功能，Iterable 接口的实现又依赖于实现 Iterator 的内部类。

Iterator（迭代器），表示正在实现迭代。Iterator 是用于遍历集合的标准访问方法。它可以把访问逻辑从不同类型的集合类中抽象出来，从而避免向客户端暴露集合的内部结构。迭代器可以用于集合遍历。客户端从不直接和集合类打交道，它总是控制 Iterator，向它发送“向前”“向后”“取当前元素”等命令，来间接遍历整个集合。

Iterator 有 3 个方法。

- hasNext()：查看是否有下一个元素，有则返回 true，没有则返回 false。
- next()：此方法把游标（或者指针）移向下一个元素。
- remove()：移除游标指向的元素。

2.5.2 Collection 和 Collections

Collection 是集合类的一个顶级接口。它提供了对集合对象进行基本操作的通用接口方法。

Collection 接口在 Java 类库中有很多具体的实现。Collection 接口的作用是为各种具体的集合提供尽可能统一的操作方式。

JDK 不提供此接口的任何直接实现，它提供更具体的子接口（如 Set 和 List）。

Collections 是集合类的一个工具类，提供了一系列静态多态方法，用于对集合中元素进行排序、搜索以及实现线程安全等各种操作。该类不能实例化，只作为一个工具类，服务于 Java 集合框架。

Collections 类的主要静态方法有排序（sort）、反转（reverse）、替换所有元素（fill）、复制（copy）、返回集合中最小元素（min）和返回集合中最大元素（max）等。

2.5.3 Comparable 和 Comparator

Comparable 是排序接口。此接口只有一个方法 compareTo()，用于比较此对象与指定对象。该接口会对实现它的每个类的对象强加一个整体排序，这个排序被称为类的自然排序。若一个类实现了 Comparable 接口，就意味着该类支持排序。实现了 Comparable 接口的类的对象的 List 集合或数组可以通过 Collections.sort 或 Arrays.sort 进行自动排序。此外，实现此接口的对象可以用作有序映射中的键或有序集合中的元素，无须指定比较器。

Comparator 是比较器接口。如果需要控制某个类的次序，而该类本身不支持排序 (没有实现 Comparable 接口)，那么我们就可以建立一个“该类的比较器”来进行排序，这个“比较器”只需要实现 Comparator 接口即可。也就是说，我们可以通过实现 Comparator 来新建一个比较器，然后通过这个比较器对类进行排序。

Comparable 相当于“内部比较器”，而 Comparator 相当于“外部比较器”。

两种方法各有优劣，Comparable 用法简单，实现了 Comparable 接口的对象直接就成为一个可以比较的对象，但是需要修改源代码。用 Comparator 的好处是不需要修改源代码，而是另外实现一个比较器，当某个自定义的对象需要做比较的时候，把比较器和对象一起传递过去就可以比较大小。并且在 Comparator 里用户可以自己实现复杂的可以通用的逻辑，使其可以匹配一些比较简单的对象，这样可以省出很多重复劳动。

2.6 拓展训练

微课

Iterator 接口的基本使用

2.6.1 Iterator 接口的基本使用

一、实验描述

Iterator 是一个接口，为各种不同的数据结构提供统一的访问机制，使得数据结构的成员能够按照某种次序排列。任何数据结构只要部署 Iterator 接口，就称这种数据结构是可遍历的。原生具备 Iterator 接口的数据结构有：Array、Map、Set、TypedArray、函数的 arguments 对象和 NodeList 对象等。

本实验讲述 Iterator 接口的基本使用。

二、实验目的

熟练使用 Iterator 接口编写程序。

三、分析设计

1. Iterator 接口

迭代器是一种设计模式，也是一个对象，它可以遍历并选择序列中的对象，而开发人员不需要了解该序列的底层结构。迭代器通常被称为“轻量级”对象，因为创建它的代价小。

Iterator 重载了 Collection，在 Java 集合框架中 Iterator 用来替代 Enumeration，Iterator 允许调用者在迭代时从底层集合中删除元素。Iterator 接口源代码定义如下：

```
public interface Iterator {
    boolean hasNext();
    Object next();
    void remove();
}
```

2. 基本使用

Java 中的 Iterator 功能比较简单，并且只能单向移动，常用方法如下。

（1）使用 iterator() 方法。要求容器返回一个 Iterator。注意：iterator() 方法是 java.lang.Iterable 接口，被 Collection 继承。

（2）使用 next() 方法，获得序列中的下一个元素。第一次调用 Iterator 的 next() 方法时，它返回序列的第一个元素。

（3）使用 hasNext() 方法，检查序列中是否还有元素。

（4）使用 remove() 方法，将迭代器新返回的元素删除。

四、实验步骤

1. 定义实体类 Student

封装属性、构造方法及设置 getter 和 setter 方法，代码如下：

```
public class Student {
    String name;
    String sex;
    String classes;// 班级

    public Student(String name,String sex,String classes){
        this.name=name;
        this.sex=sex;
        this.classes=classes;
    }
    // 省略 setter 和 getter 方法
}
```

2. 编写测试类

（1）通过 List 集合创建 Iterator 对象。代码如下：

```
Student stu1 = new Student(" 张三 "," 男 "," 软件工程班 ");
Student stu2 = new Student(" 张四 "," 男 "," 软件工程班 ");
Student stu3 = new Student(" 张五 "," 女 "," 网络工程班 ");
Student stu4 = new Student(" 张六 "," 男 "," 云计算工程班 ");
Student stu5 = new Student(" 张七 "," 女 "," 云计算工程班 ");

// 创建 ArrayList 集合的对象
List<Student> studentList = new ArrayList<>();
        // 向集合中添加元素
        studentList.add(stu1);
        studentList.add(stu2);
        studentList.add(stu3);
        studentList.add(stu4);
        studentList.add(stu5);
```

首先创建几个Student对象，然后创建List集合对象studentList，再向studentList中添加元素。

（2）遍历并输出。代码如下：

```
// 遍历操作，使用 Iterator 接口
Iterator<Student> iterator = studentList.iterator();

// 遍历并输出 iterator
while (iterator.hasNext()) {
    Student s = iterator.next();
    System.out.println(s.toString());
}
```

首先通过 List 集合的 iterator() 方法创建 Iterator 接口的对象 iterator，然后调用 next()、hasNext() 方法遍历并输出。

（3）删除当前元素。

```
// 删除当前元素
Iterator<Student> iterator2 = studentList.iterator();
while (iterator2.hasNext()) {
    Student s = iterator2.next();
    // System.out.println(s);
    if (s.getName().equalsIgnoreCase(" 张六 ")) {
        System.out.println(" 删除当前元素 ：" + s);
        // 删除当前的数据
        iterator2.remove();
    }
}
System.out.println(" 删除之后 ：" + studentList);
```

不必要的情况下，很少使用 Iterator 的 remove() 方法。

（4）使用 ListIterator 实现双向迭代，向前、向后遍历。

```
// ListIterator 双向迭代，向前、向后遍历
ListIterator<Student> iterator3 = studentList.listIterator();
System.out.println("\n 由前向后遍历 ：");
while (iterator3.hasNext()) {
```

```
        System.out.print(iterator3.next()+"、");
    }
    System.out.println("\n 由后向前遍历 ：");
    while (iterator3.hasPrevious()) {
        System.out.print(iterator3.previous()+"、");
    }
```

如果想实现由后向前的遍历，那么首先要实现由前向后的遍历。

五、实验结果

最后运行程序，得到图 2-8 所示的结果。

```
Markers  Properties  Servers  Data Source Explorer  Snippets  Console
<terminated> IteratorTest [Java Application] C:\Program Files\Java\jre1.8.0_181\bin\javaw.exe (2021年3月15日 下午4:29:28)
Student[张三,男,软件工程班]
Student[张四,男,软件工程班]
Student[张五,女,网络工程班]
Student[张六,男,云计算工程班]
Student[张七,女,云计算工程班]
删除当前元素:Student[张六,男,云计算工程班]
删除之后:[Student[张三,男,软件工程班], Student[张四,男,软件工程班], Student[张五,女,网络工程班], Student[张七,女,云计算工程班]]
[Student[张三,男,软件工程班], Student[张四,男,软件工程班], Student[张五,女,网络工程班], Student[张七,女,云计算工程班]]

由前向后遍历:
Student[张三,男,软件工程班]、Student[张四,男,软件工程班]、Student[张五,女,网络工程班]、Student[张七,女,云计算工程班]、
由后向前遍历:
Student[张七,女,云计算工程班]、Student[张五,女,网络工程班]、Student[张四,男,软件工程班]、Student[张三,男,软件工程班]、
```

图 2-8　Iterator 训练运行结果

六、使用小结

（1）Iterator 是一个接口，为各种不同的数据结构提供统一的访问机制。

（2）原生具备 Iterator 接口的数据结构有：Array、Map、Set、TypedArray、函数的 arguments 对象、NodeList 对象等。

（3）使用迭代 Iterator<Student> iterator = studentList.iterator();。

（4）遍历方法如下。

```
while (iterator.hasNext()) {
        Student s = iterator.next();
        System.out.println(s.toString());
}
```

补充说明：

Iterator 是 Java 迭代器最简单的实现。为 List 设计的 ListIterator 具有更多的功能，它可以从两个方向遍历 List，也可以在 List 中插入和删除元素。

微课

Comparator 的基本使用

2.6.2　Comparator 的基本使用

一、实验描述

ArrayList 类提供的排序方法 sort(Comparator<? super E> c)、TreeSet 类的构造方法 TreeSet (Comparator<? super E> comparator) 等都需要通过指定比较器 Comparator 来实现排序。

本实验讲述 Comparator 的基本使用。

二、实验目的

熟练使用 Comparator 编写程序。

三、分析设计

1. Comparator

在 java.util 包下提供了 Comparator<T> 接口。Comparator 是比较器接口。如果我们需要控制某个类的次序，而该类本身不支持排序 (没有实现 Comparable 接口)，那么我们就可以建立一个“该类的比较器”来进行排序，这个“比较器”只需要实现 Comparator 接口即可。也就是说，我们可以通过实现 Comparator 来新建一个比较器，然后通过这个比较器对类进行排序。

2. 基本使用

定义实体类 Teacher，封装姓名、性别、年龄等属性。该类不实现 Comparable，使用外部比较器来进行排序。

创建 ArrayList 集合，并添加教师元素。

集合中的教师按年龄升序、性别升序（性别相同的按年龄的降序）、姓名的中文排序等条件进行排序。

四、实验步骤

1. 定义实体类 Teacher

封装属性、getter 方法、setter 方法和构造方法，代码如下：

```
public class Teacher {
    String name;
    int age;
    String sex;

    public Teacher(String name, int age, String sex) {
        this.name = name;
        this.age = age;
        this.sex = sex;
    }
    // 省略 getter 和 setter 方法
}
```

2. 编写测试类

编写测试类 ComparatorTest，在 main() 方法编写代码。

（1）创建 ArrayList 集合对象并添加元素。

```
Teacher t1 = new Teacher(" 张军 ", 45, " 男 ");
Teacher t2 = new Teacher(" 李爱玲 ", 56, " 女 ");
Teacher t3 = new Teacher(" 王建国 ", 24, " 男 ");
Teacher t4 = new Teacher(" 何方 ", 38, " 女 ");

// 创建 List 对象
```

```
List<Teacher> teacherList = new ArrayList<Teacher>();
teacherList.add(t1);
teacherList.add(t2);
teacherList.add(t3);
teacherList.add(t4);
```

首先创建 Teacher 类的对象，然后创建 List 集合的对象 teacherList，再向集合中添加元素。

（2）遍历操作。

```
System.out.println("--- 原始数据。按添加的顺序排列 ---");
for (Teacher t : teacherList) {
    System.out.println(t.toString());
}
```

结果显示，排列顺序与添加顺序一致。

（3）按年龄排序。传入比较器，按年龄升序排序。

```
// 按年龄排序。传入比较器，年龄升序排序
teacherList.sort(new Comparator<Teacher>() {
    @Override
    public int compare(Teacher o1, Teacher o2) {
        // TODO Auto-generated method stub
        return o1.getAge() - o2.getAge();
    }
});
System.out.println("--- 按年龄升序排序以后遍历的结果 ---");
for (Teacher t : teacherList) {
    System.out.println(t.toString());
}
```

调用 ArrayList 的 sort(Comparator<? super E> c) 方法，传入比较器，实现按年龄的升序排序。

（4）按性别排序。传入比较器，按性别升序排序，如性别相同则按年龄降序排序。

```
// 按性别排序。传入比较器，按性别升序排序，如性别相同则按年龄降序排序
teacherList.sort(new Comparator<Teacher>() {
    @Override
    public int compare(Teacher o1, Teacher o2) {
        // TODO Auto-generated method stub
        if(o1==null||o2==null){
            return -1;
        }
        int num1=o1.getSex().compareTo(o2.getSex());
        int num2=num1==0?(o2.getAge()-o1.getAge()):num1;
        return num2;
    }
});
System.out.println("--- 按性别排序以后遍历的结果 ---");
for (Teacher t : teacherList) {
    System.out.println(t.toString());
}
```

性别不同时，即 num1 为非 0，按性别排序；在 num1 为 0 时，即性别相同时，num2 为按年龄降序排序。

（5）按姓名排序。传入比较器，按姓名的升序排序，使用中文排序。

```
//按姓名排序。传入比较器，按姓名的升序排序，使用中文排序
teacherList.sort(new Comparator<Teacher>() {

    @Override
    public int compare(Teacher o1, Teacher o2) {
        // TODO Auto-generated method stub
        Collator instance = Collator.getInstance(Locale.CHINA);
        return instance.compare(o1.getName(), o2.getName());
    }
});
System.out.println("--- 按姓名排序以后遍历的结果 ---");
for (Teacher t : teacherList) {
    System.out.println(t.toString());
}
```

中文汉字使用 Unicode 编码，排序时不按我们习惯用的拼音字母顺序排序，不符合我们的排序习惯。应该用 Collator 指定 Locale.CHINA。

五、实验结果

运行程序后得到图 2-9 所示的结果。

```
Markers  Properties  Servers  Dat
<terminated> ComparatorTest [Java Applicatio
---原始数据。按添加的顺序排列---
teacher[张军,45,男]
teacher[李爱玲,56,女]
teacher[王建国,24,男]
teacher[何方,38,女]
---按年龄升序排序以后遍历的结果---
teacher[王建国,24,男]
teacher[何方,38,女]
teacher[张军,45,男]
teacher[李爱玲,56,女]
---按性别排序以后遍历的结果---
teacher[李爱玲,56,女]
teacher[何方,38,女]
teacher[张军,45,男]
teacher[王建国,24,男]
---按姓名排序以后遍历的结果---
teacher[何方,38,女]
teacher[李爱玲,56,女]
teacher[王建国,24,男]
teacher[张军,45,男]
```

图 2-9　Comparator 训练运行结果

六、实验小结

Comparable 是排序接口，若一个类实现了 Comparable 接口，就意味着该类支持排序。Comparator 是比较器，若需要控制某个类的次序，可以建立一个“该类的比较器”来进行排序。

Comparable 用法简单，实现了 Comparable 接口的对象直接就成为一个可以比较的对象，但是需要修改源代码。用 Comparator 的好处是不需要修改源代码，而是另外实现一个比较器，当某个自定义的对象需要做比较的时候，把比较器和对象一起传递过去就可以进行比较了。

2.7 课后小结

1. Java 集合框架

Java 集合框架主要包括 Collection 和 Map 两种类型。Collection 和 Map 是 Java 集合框架的根接口，这两个接口又派生出一些子接口或实现类。

Vector、Hashtable 等集合类都是线程安全的但效率较低。在包 java.util.concurrent 下包含了大量线程安全的集合类，效率上有较大提升。

2. List 集合

List 集合是有序集合，集合中的元素可以重复，可以根据元素的索引来访问集合中的元素。

List 是接口，在使用 List 集合时，通常使用其实现类通过 new 来创建一个 List 集合对象。由于 List 使用了泛型，在实例化时是需传递类型参数的。

List 的实现类有 LinkedList、ArrayList、Vector、Stack。

ArrayList 常用方法有 add()、remove()、get()、set() 等。

3. Set 集合

Set 集合是无序集合，集合中的元素不可以重复，访问集合中的元素只能根据元素本身来访问（也是集合里元素不允许重复的原因）。

Set 的实现类有 HashSet、LinkedHashSet 和 TreeSet。

HashSet 常用方法有 add()、contains()、remove() 等。

4. Map 集合

Map 集合中保存 key-value 对形式的元素，访问时只能根据每项元素的 key 来访问其 value。

Map 的实现类有 HashMap、LinkedHashMap、TreeMap 等。

HashMap 常用方法有 put()、get()、remove()、keySet()、values() 等。

2.8 课后习题

一、填空题

1. List 接口的特点是元素________（有 | 无）顺序，________（可以 | 不可以）重复。

2. Set 接口的特点是元素________（有 | 无）顺序，________（可以 | 不可以）重复。

3. Map 接口的特点是元素是 key、value 映射，其中 value________重复，key________重复（可以 | 不可以）。

4. Map 接口中常见的方法，其中 put() 方法表示放入一个键值对，如果键已存在则________，如果键不存在则________。

5. Map 接口中 remove() 方法接受________个参数，表示________。

6. Map 接口的实现类主要有________和________。

7. Map 接口中要想获得 Map 中所有的键，应该使用方法________，该方法返回值类型为________。

8. 要想获得 Map 中所有的值，应该使用方法________，该方法返回值类型为________。

9. 要想获得 Map 中所有的键值对的集合，应该使用方法________，该方法返回一个由________类型的对象所组成的 Set。

10. List 接口的实现类主要有________、________和 Vector 等。

二、单选题

1. 下面说法不正确的是（　　）。

A. List、Set 和 Map 都是 java.util 包中的接口

B. List 接口是可以包含重复元素的有序集合

C. Set 接口是不包含重复元素的集合

D. Map 接口将键映射到值，键可以重复，但每个键最多只能映射一个值

2. 关于迭代器说法错误的是（　　）。

A. 迭代器是取出集合元素的方式

B. 迭代器的 hasNext() 方法返回值是布尔类型的

C. List 集合有特有迭代器

D. next() 方法将返回集合中的上一个元素

3. Set 集合的特点是（　　）。

A. 元素有序

B. 元素无序，不存储重复元素

C. 存储重复元素

D. Set 集合都是线程安全的

4. 以下能以键值对的方式存储对象的接口是（　　）。

A. java.util.Collection

B. java.util.Map

C. java.util.HashMap

D. java.util.Set

5. 在 Java 中，（　　）类可用于创建链表数据结构的对象。

A. LinkedList

B. ArrayList

C. Collection

D. HashMap

6. 关于 Java 中的集合实现类，下列说法描述错误的是（　　）。

A. HashMap 是 Map 接口的实现类

B. ArrayList 对象是长度可变的对象引用数组

C. 集合框架都包含三大块内容：对外的接口、接口的实现和对集合运算的算法

D. Set 中存储一组不允许重复、有序的对象

7. 给定如下 Java 代码，可以填入横线处的代码是（　　）。

```
import java.util.*;
public class Test {
public static void main(String[] args){
    ________________;
list.addLast("001") ;
}
}
```

A. List list=new ArrayList();

B. List list=new List();

C. ArrayList list=new ArrayList();

D. LinkedList list=new LinkedList();

8. ArrayList 类的底层数据结构是（　　）。

A. 数组结构

B. 链表结构

C. 哈希表结构

D. 红黑树结构

9. LinkedList 类的特点是（　　）。

A. 查询快

B. 增删快

C. 元素不重复

D. 元素自然排序

10. 阅读下面的 Java 代码，对运行结果描述正确的是（　　）。

```
import java.util.HashMap;
import java.util.Map;
public class TestMap {
    public static void main(String[] args) {
        // TODO Auto-generated method stub
        Map<String, String> map = new HashMap();
        map.put("first", "football");
        map.put("first", "basketball");
        System.out.print(map.get("first"));
    }
}
```

A. 编译时发生错误

B. 编译通过，运行时发生错误

C. 正确运行，显示 basketball

D. 正确运行，显示 football

三、简答题

1. Java 集合框架的基础接口有哪些？
2. List、Map、Set 这 3 个接口存取元素时，各有什么特点？
3. 遍历一个 List 有哪些不同的方式？
4. ArrayList 和 LinkedList 有何区别？
5. Java.util.Map 的实现类有哪些？
6. HashSet 和 TreeSet 有什么区别？
7. 写出用 Java 遍历 Map 所有元素的方法。

知识领域3 Java反射机制

03

知识目标

1. 理解 Java 反射机制的概念及其应用场景。
2. 理解 Java 反射机制的相关类、接口及其常用方法等。
3. 掌握 Java 反射机制的一般用法。

能力目标

熟练使用 Java 反射机制编写应用程序。

素质目标

1. 培养学生良好的职业道德。
2. 培养学生阅读设计文档、编写程序文档的能力。
3. 培养学生创新意识。
4. 培养学生的团队协作精神。

3.1 应用场景

Java 反射机制在平时的业务开发过程中很少使用到，但是在一些基础框架的搭建上应用非常广泛。例如，在一些开源框架（Spring、Struts、Hibernate、MyBatis 等）里，应用程序通过读取配置文件来获取指定名称的类并进行加载，在运行状态中能够知道这个类的所有属性和方法，能够调用它的任意一个方法，这就是 Java 反射机制。常见的应用场景如下。

- 逆向代码，例如反编译。
- 与注解相结合的框架，例如 Retrofit。
- 单纯的反射机制应用框架，例如 EventBus 2.x。
- 动态生成类框架，例如 Gson。

3.2 相关知识

3.2.1 Java 反射机制

1. Java 反射机制的概念

在 Java 运行状态中，对于任意一个类，都能够知道这个类的所有属性和方法；对于任意一个对象，都能够调用它的任意一个方法；这种动态获取信息以及动态调用对象方法的功能称为 Java 反射机制。

2. Java 反射机制的功能

Java 反射机制的功能如下。

- 在运行时判定任意一个对象所属的类。
- 在运行时构造任意一个类的对象。
- 在运行时判定任意一个类所具有的成员变量和方法。
- 在运行时调用任意一个对象的方法。
- 生成动态代理。

3. Java 反射机制的优缺点

Java 反射机制可以实现动态创建对象和编译，体现出很大的灵活性（在 J2EE 的开发中它的灵活性就表现得十分明显）。通过反射机制我们可以获得类的各种内容，进行反编译。对 Java 这种先编译再运行的语言来说，反射机制可以使代码更加灵活，更加容易实现面向对象，总结如下。

优点：运行期类型的判断、动态类加载、动态代理需要使用反射机制。

缺点：性能差。反射相当于通过一系列解释操作来通知 JVM（Java Virtual Machine，Java 虚拟机）要做的事情，性能比直接运行 Java 代码的性能要差很多。

3.2.2 Java 反射机制类和接口

java.lang.reflect 包提供了用于获取类和对象的反射信息的类和接口。这些类如下。

- ClassLoader：类加载器类。
- Class：类的类 。
- Constructor：构造方法类 。
- Field：类的成员变量类。
- Method：类的方法类。
- Modifier：访问权限类。

这些类和接口允许对有关加载类的属性、方法和构造方法的信息进行编程访问。

1. ClassLoader 类

ClassLoader 是一个抽象类，它的实例是类加载器。磁盘上存在的 .class 文件需要被加载进 JVM 才能执行。类加载器则是负责加载 .class 文件的对象，在 JVM 中生成待加载的类的 Class 对象。每一个 Class 对象都关联着定义它的类加载器。

2. Class 类

Class 类的对象用来描述一个运行状态的类。一个 ×××.java 文件编译后生成一个 ×××.class 文件，一个 ×××.class 文件被 JVM 加载后生成待加载类对应的 Class 对象，该对象包含所加载的类的所有信息，比如类中的属性、构造方法、方法等。任何类都有一个对应的 Class 对象。Class 类常用方法如表 3-1 所示。

表3-1　Class类常用方法

序号	获取内容	方法名
1	构造方法	Constructor<T> getConstructor(Class<?>... parameterTypes)
2	包含的方法	Method getMethod(String name, Class<?>... parameterTypes)
3	包含的属性	Field getField(String name)
4	包含的注解	<A extends Annotation> A getAnnotation(Class<A> annotationClass)
5	内部类	Class<?>[] getDeclaredClasses()
6	外部类	Class<?> getDeclaringClass()
7	所实现的接口	Class<?>[] getInterfaces()
8	修饰符	int getModifiers()
9	所在包	Package getPackage()
10	类名	String getName()
11	简称	String getSimpleName()

3. Constructor 类

Constructor 构造器类，封装一个类的单个构造方法的信息和访问。

主要方法如下。

Object newInstance(Object... arg)，用指定参数创建对象。

4. Field 类

字段类，封装字段的有关信息。

主要方法如下。

Object get(Object obj)，返回指定对象上由该字段表示的字段的值。

void set(Object obj , Object value),将指定对象参数上此字段对象表示的字段的值设置为指定的新值。

5. Method 类

方法类，封装类的方法的有关信息。

主要方法如下。

Object invoke(Object obj, Object... args)，调用 obj 对象的 Method 对象代表的方法，args 为参数。

6. Modifier 类

Modifier 类提供了静态方法和常量来解码类和成员访问修饰符。修饰符集合被表示为具有表示不同修饰符的不同位位置的整数。

3.2.3 Java 反射机制的步骤

一般使用 Java 反射机制的步骤如下。

（1）获得想操作的类（例如 Person 类）的 Class 对象。

（2）使用 Class 对象调用诸如 getDeclaredMethods() 的方法获取该类的相关信息。

（3）使用反射机制 API 来操作这些信息。

3.2.4 Java 反射机制的一般用法

（1）运行时获取 Person 类的 Class 对象，有三种获取方式。

第一种方式，通过对象的 getClass() 方法。

```
Person person = new Person(" 张 ", " 男 ", "2010-09-10");
Class<?> clazz = person.getClass();
```

第二种方式，通过类的 class 属性。

```
Class<?> clazz = com.daiinfo.javaadvanced.know3.example.Person.class;
```

第三种方式，通过 Class 类的静态方法 forName()。

```
Class<?> clazz = null;
try {
clazz = Class.forName("com.daiinfo.javaadvanced.know3.example.Person");
} catch (ClassNotFoundException e) {
e.printStackTrace();
}
```

（2）获取 Person 中的属性。

```
System.out.println("==== 所有属性 ====");
Field[] fieldList = clazz.getDeclaredFields();
for (Field f : fieldList) {
System.out.println(f);
}
```

（3）获取 Person 中的方法。

```
System.out.println("==== 所有方法 =====");
//Method[]methodlist=cla22.get Methods();
Method[] methodList = clazz.getDeclaredMethods();
for (Method m : methodList) {
System.out.println(m);
}
```

3.3 使用实例：Java 反射机制使用实例

1. 任务描述

使用 Java 反射机制编写应用程序。

任务需求如下。

- 定义一个类 Person，封装成员属性、成员方法、构造方法。
- 使用反射机制获取该类的成员属性、成员方法、构造方法。
- 运行时创建 Person 类的实例并调用其方法。

2. 任务分析、设计

（1）定义实体类 Person，存放个人的基本信息并设置 setter 和 getter 方法，封装构造方法，封装普通方法。

（2）定义测试类 PersonReflactTest，使用反射机制获取 Person 类或其对象的成员属性、成员方法、构造方法等封装信息。

（3）运行时创建 Person 类的实例并调用其方法。

其类图如图 3-1 所示。

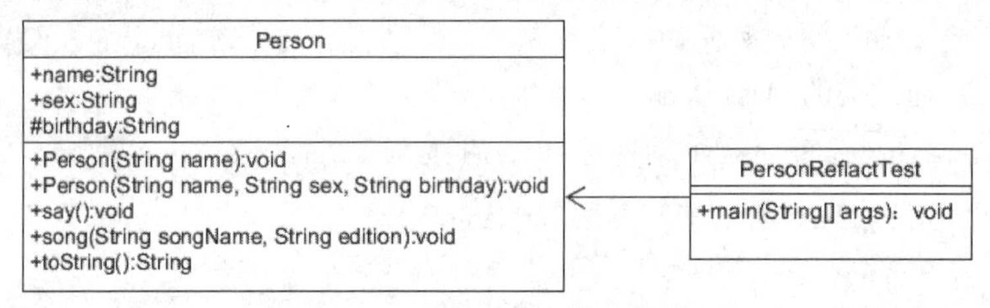

图 3-1　Java 反射机制使用实例类图

3. 任务实施

首先定义 Person 类。

对于 Person 类，封装多个属性，构造多个构造方法（无参、有参），并设置 setter 和 getter 方法，封装普通方法。其类结构如图 3-2 所示。

其次创建测试类 PersonReflactTest。在 main() 方法中编写代码进行测试。

（1）运行时获取 Person 类的 Class 对象。

使用第三种方式，通过 Class 类的静态方法 forName() 来加载目标类，从而获取该类的 Class 对象。

```
Class<?> clazz=null;
try {
clazz = Class.forName("com.daiinfo.javaadvanced.know3.example.Person");
} catch (ClassNotFoundException e) {
    e.printStackTrace();
}
```

图 3-2 Person 类结构

（2）运行时获取 Class 对象的成员属性。

```
Field[] fieldList = clazz.getDeclaredFields();
for (Field f : fieldList) {
        System.out.println(f);
}
```

（3）运行时获取 Class 对象的成员方法。

```
// Method[] methodList=clazz.getMethods();
Method[] methodList = clazz.getDeclaredMethods();
for (Method m : methodList) {
      System.out.println(m);
}
```

（4）运行时获取 Class 对象的构造方法。

```
Constructor[] constructorList = clazz.getDeclaredConstructors();
for (Constructor c : constructorList) {
      System.out.println(c);
}
```

（5）运行时创建 Person 类的实例并调用其方法。

```
Person obj = (Person) clazz.newInstance();
obj.setName(" 刘德华 ");
obj.setSex(" 男 ");
obj.setBirthday("1965-10-10");

// 获取类的方法
Method method = obj.getClass().getMethod("song", String.class, String.class);

// 调用类的方法
Object o = method.invoke(obj, " 东方之珠 ", " 粤语版 ");
System.out.println(obj.toString());
```

4. 运行结果

最后运行程序，得到图 3-3 所示的结果。

```
Problems  @ Javadoc  Declaration  Search  Console
<terminated> PersonReflactTest [Java Application] C:\Program Files\Java\jre1.8.0_181\bin\javaw.exe (2020年11月9日 下午2:34:37)
sun.misc.Launcher$AppClassLoader
====所有属性====
public java.lang.String com.daiinfo.javaadvanced.know3.example.Person.name
public java.lang.String com.daiinfo.javaadvanced.know3.example.Person.sex
java.lang.String com.daiinfo.javaadvanced.know3.example.Person.birthday
====所有方法=====
public java.lang.String com.daiinfo.javaadvanced.know3.example.Person.toString()
public java.lang.String com.daiinfo.javaadvanced.know3.example.Person.getName()
public void com.daiinfo.javaadvanced.know3.example.Person.setName(java.lang.String)
public void com.daiinfo.javaadvanced.know3.example.Person.setBirthday(java.lang.String)
public void com.daiinfo.javaadvanced.know3.example.Person.setSex(java.lang.String)
public void com.daiinfo.javaadvanced.know3.example.Person.song(java.lang.String,java.lang.String)
protected void com.daiinfo.javaadvanced.know3.example.Person.say()
public java.lang.String com.daiinfo.javaadvanced.know3.example.Person.getBirthday()
public java.lang.String com.daiinfo.javaadvanced.know3.example.Person.getSex()
====所有构造方法=====
public com.daiinfo.javaadvanced.know3.example.Person(java.lang.String,java.lang.String,java.lang.String)
public com.daiinfo.javaadvanced.know3.example.Person(java.lang.String)
public com.daiinfo.javaadvanced.know3.example.Person()
刘德华正在试唱：东方之珠,粤语版版
Person[刘德华,男,1965-10-10]
```

图 3-3 运行结果

3.4 实训项目：使用 Java 反射机制编写应用程序

实训工单 使用Java反射机制编写应用程序

任务名称	使用 Java 反射机制编写应用程序	学时		班级	
姓名		学号		任务成绩	
实训设备		实训场地		日期	
实训任务	根据如下要求，编写应用程序。 1. 创建 Student 类，并封装 name 和 age 属性 2. 重载 Student 的构造方法，一个是无参构造方法，另一个是带两个参数的有参构造方法 3. 创建 StudentReflectTest 测试主类 4. 利用 Class 类对象获取 Student 类的成员属性、成员方法 5. 利用 Class 类对象获取 Student 类的有参构造方法和无参构造方法 6. 进行调试和测试				
实训目的	1. 理解面向对象的特性：封装、继承、多态 2. 理解 Java 反射机制的概念及其应用场景 3. 理解 Class、Constructor、Field、Method 等常用类及其常用方法 4. 掌握使用反射机制获取对象的成员属性、成员方法及构造方法的方法 5. 了解反射机制 API 中的常用接口、常用类及其常用方法				
相关知识	1. 面向对象的特性：封装、继承、多态 2. Class、Constructor、Field、Method 等常用类及其常用方法 3. 使用反射机制获取类对象的成员属性、成员方法及构造方法 4. 反射机制 API 中的接口和类				

续表

<table>
<tr><td>决策计划</td><td>根据任务要求，提出分析方案，确定所需要的设备、工具，并对小组成员进行合理分工，制定详细的工作计划。
1. 分析方案
（1）Student 类的封装。
<pre>public class Student {
    private String name;
    private int age;
   ……
}</pre>（2）创建测试主类 StudentReflectTest 类。
<pre>public class StudentReflectTest {
    public static void main (String [] args){
       // 获取 Student 类的对象
       // 获取对象的有参和无参构造方法
       // 获取对象的成员属性
       // 获取对象的成员方法
    }
}</pre>2. 需要的实训工具

3. 小组成员分工

4. 工作计划</td></tr>
<tr><td>实施</td><td>1. 任务

2. 实施主要事项

3. 实施步骤</td></tr>
<tr><td>评估</td><td>1. 请根据自己的任务完成情况，对自己的工作进行评估，并提出改进意见
（1）
（2）
（3）
2. 教师对学生工作情况进行评估，并进行点评
（1）
（2）
（3）
3. 总结
（1）
（2）
（3）</td></tr>
</table>

实训阶段过程记录表

序号	错误信息	问题现象	分析原因	解决办法	是否解决

实训阶段综合考评表

考评项目		自我评估	组长评估	教师评估	备注
素质考评（40分）	劳动纪律（10分）				
	工作态度（10分）				
	查阅资料（10分）				
	团队协作（10分）				
工单考评（10分）	完整性（10分）				
实操考评（50分）	工具使用（5分）				
	任务方案（10分）				
	实施过程（30分）				
	完成情况（5分）				
小计	100分				
总计					

3.5 拓展知识

我们编写的 Java 文件中保存着业务逻辑代码。Java 编译器将 .java 文件编译成扩展名为 .class 的文件。.class 文件中保存着 JVM 将要执行的指令。当需要某个类的时候，JVM 会加载 .class 文件，并创建对应的 Class 对象。将 class 文件加载到 JVM 的内存，这个过程被称为类的加载。JVM 将类的加载过程分为 7 个步骤，如图 3-4 所示。

这 7 个步骤分别是加载、验证、准备、解析、初始化、使用和卸载。

1. 加载

类的加载指的是将类的 .class 文件中的二进制数据读入内存中，将其放在运行时数据区的方法区内，然后在堆区创建一个这个类的 Class 对象，用来封装类在方法区内的数据。

类加载阶段的特点如下。

（1）JVM 将 .class 文件读入内存，并为之创建一个 Class 对象。

（2）任何类被使用时系统都会为其创建一个且仅有一个 Class 对象。

（3）这个 Class 对象描述了这个类创建出来的对象的所有信息。

JVM 的类加载是通过 ClassLoader 及其子类来完成的，JVM 预定义了 3 种类加载器，当一个 JVM 启动的时候，Java 默认开始使用如下 3 种类加载器。

- 引导类加载器（Bootstrap Class Loader）：它用来加载 Java 的核心库。
- 扩展类加载器（Extensions Class Loader）：该类加载器在此目录里面查找并加载 Java 类。它用来加载 Java 的扩展库。开发者可以直接使用标准扩展类加载器。
- 系统类加载器（System Class Loader）：系统类加载器负责将系统类路径下的类库加载到内存中。开发者可以直接使用系统类加载器。一般来说，Java 应用的类都是由它来完成加载的。可以通过 ClassLoader.getSystemClassLoader() 来获取它。

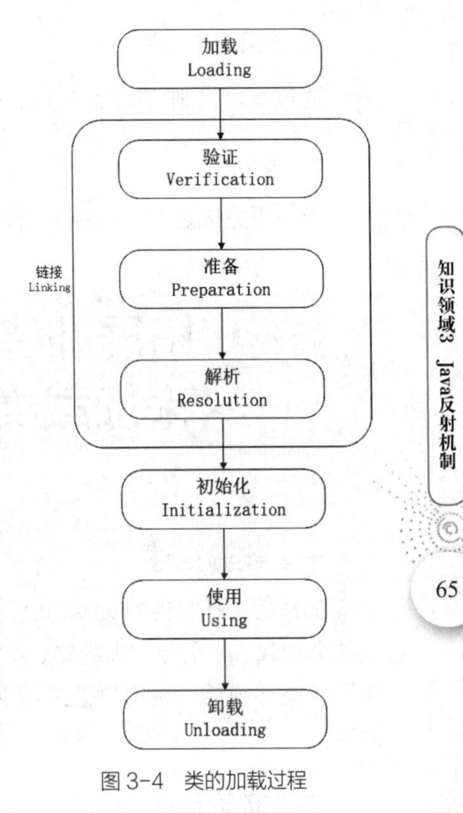

图 3-4 类的加载过程

2. 链接

链接包括验证、准备以及解析 3 个阶段。

（1）验证阶段的主要目的是确保被加载的类（.class 文件的字节流）满足 JVM 规范，不会造成安全错误。

（2）准备阶段负责为类的静态成员分配内存，并设置默认初始值。

（3）解析阶段将类的二进制数据中的符号引用替换为直接引用。

3. 初始化

类的初始化阶段主要对类变量进行初始化。在 Java 中，对类变量指定初始值有两种方式：在声明类变量时指定初始值和使用静态初始化代码块为类变量指定初始值。JVM 初始化一个类一般包括如下几个步骤。

- 假如这个类还没有被加载和链接，程序先加载并链接该类。
- 假如该类的直接父类还没有被初始化，则先初始化其直接父类。
- 假如类中有初始化语句，则系统依次执行这些初始化语句。

类在以下几种情况下才会被初始化。

- 创建类的实例，也就是创建一个对象。
- 访问某个类或接口的静态变量，或者对该静态变量赋值。
- 调用类的静态方法。
- 反射。
- 初始化一个类的子类（会首先初始化子类的父类）。

4. 使用

通过反射机制获取构造方法并使用、获取成员变量并使用、获取成员方法并使用。

5. 卸载

当使用完成之后，会在方法区的垃圾回收过程中对类进行卸载。

3.6 拓展训练：使用 ClassLoader 加载器来加载类

一、实验描述

加载类是指将类的 .class 文件读入内存，当 JVM 启动的时候，Java 使用 3 种类型的类加载器：引导类加载器、扩展类加载器、系统类加载器。开发者可以直接使用系统类加载器，将用户类路径下的类加载到内存中。本实验使用 ClassLoader 加载器。

二、实验目的

1. 了解类的加载过程。
2. 理解 Java 通过 ClassLoader 类来加载类的方法。
3. 熟练使用 ClassLoader 类来加载类。

三、分析设计

类的加载指的是将类的 .class 文件中的二进制数据读入内存中，将其放在运行时数据区的方法区内，然后在堆区创建一个这个类的 Class 对象，用来封装类在方法区内的数据。类加载后的内存空间如图 3-5 所示。

JDK 提供了 java.lang.ClassLoader 类，俗称类加载器。开发者可以通过类加载器的 loadClass() 方法来加载类。ClassLoader 类的常用方法如表 3-2 所示。

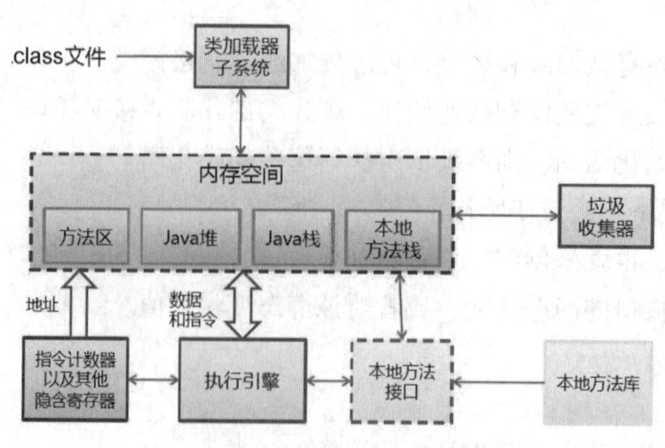

图 3-5　类加载后的内存空间

表3-2　ClassLoader类的常用方法

方法	说明
getParent()	返回该类加载器的父类加载器
loadClass(String name)	加载名称为 name 的类，返回的结果是 java.lang.Class 类的实例
findClass(String name)	查找名称为 name 的类，返回的结果是 java.lang.Class 类的实例
findLoadedClass(String name)	查找名称为 name 的已经被加载过的类，返回的结果是 java.lang.Class 类的实例
defineClass(String name, byte[] b, int off, int len)	把字节数组 b 中的内容转换成 Java 类，返回的结果是 java.lang.Class 类的实例。这个方法被声明为 final 的
resolveClass(Class<?> c)	链接指定的 Java 类

实现思路如下。

创建 Teacher 类，然后通过 ClassLoader 的 loadClass() 方法来加载 Teacher 类，再调用类的 newInstance() 方法实例化对象。

四、实验步骤

1. 创建 Teacher 类

封装属性、方法及构造方法等，代码如下：

```
public class Teacher {
    String name;
    int age;
    String professional;

    public Teacher() {

    }

    public Teacher(String name, int age) {
        this.name = name;
        this.age = age;
    }
    // 省略 getter 和 setter 方法
}
```

2. 创建测试主类

声明 ClassLoadDemo3 类，在 main() 方法中编写如下代码：

```
public static void main(String[] args) {
        // TODO Auto-generated method stub
        // 通过 ClassLoader 的 loadClass() 方法来加载类
        try {
            Class<?> clazzTeacher = ClassLoader.getSystemClassLoader()
.loadClass("com.daiinfo.javaadvanced.know3.experiment.exp03.Teacher");
```

```
                System.out.println(clazzTeacher.toString());

                // 实例化对象
                Teacher teacher = (Teacher) clazzTeacher.newInstance();
                teacher.settName(" 张纪 ");
                teacher.setAge(45);
                teacher.setProfessional(" 教授 ");
                System.out.println(teacher.toString());
            } catch (ClassNotFoundException e) {
                // TODO Auto-generated catch block
                e.printStackTrace();
            } catch (InstantiationException e) {
                // TODO Auto-generated catch block
                e.printStackTrace();
            } catch (IllegalAccessException e) {
                // TODO Auto-generated catch block
                e.printStackTrace();
            }
        }
```


其中，通过 ClassLoader 类的静态方法 getSystemClassLoader() 获取当前类加载器，然后调用其 loadClass() 方法来加载指定类。

五、实验结果

最后运行程序得到图 3-6 所示的运行结果。

```
Problems  @ Javadoc  Declaration  Search  Console ⌧  Progress
<terminated> ClassLoadDemo3 [Java Application] C:\Program Files\Java\jre1.8.0_181\bin\javaw.exe (2020年12月7日 上午10:55:30)
class com.daiinfo.javaadvanced.know3.experiment.exp01.Teacher
Teacher[张纪,45,教授]
```

图 3-6 运行结果

六、实验小结

（1）类的加载指的是将类的 .class 文件中的二进制数据读入内存中。JVM 的类加载器本身可以满足加载的要求。

（2）类加载器的任务是根据一个类的全限定名来读取此类的二进制字节流到 JVM 中，然后将字节流转换为一个与目标类对应的 java.lang.Class 对象实例。

（3）通过 ClassLoader 的 loadClass() 方法来加载 Teacher 类，再调用类的 newInstance() 方法实例化对象。

3.7 课后小结

1. Java 反射机制

在 Java 运行状态中，对于任意一个类，都能够知道这个类的所有属性和方法；对于任意一个对象，都能够调用它的任意一个方法；这种动态获取信息以及动态调用对象方法的功能称为Java反射机制。

Java在java.lang.reflect包下提供了用于获取类和对象的反射信息的类和接口。这些类和接口允许对有关加载类的属性、方法和构造方法的信息进行编程访问。

Java反射机制的主要类和接口是ClassLoader、Class、Constructor、Field、Method、Modifier等。

2. Class类

Class类提供了一系列的方法用于获取与类相关的各种信息，包括构造方法、成员属性和成员方法。

- forName() 方法返回指定的类或接口相关联的类对象。
- getConstructors() 方法返回加载类的所有公共构造方法。
- getFields() 方法返回加载类或接口的所有可访问的公共属性。
- getMethods() 方法返回加载类或接口的所有公共方法，包括从父类继承的方法。

3.8 课后习题

一、填空题

1. Java反射机制中常用的几个类分别是________、________、________、________、________和________。

2. Field fields[] = classType.getDeclaredFields()；的作用是________________。

3. Java可以在运行时动态获取某个类的类信息，这就是________________。

4. Class clazz = Class.forName(“com.hbliti.reflect.Person”)；的作用是________________。

二、选择题

1. 下列选项不属于Java程序加载类的步骤的是（　　）。
   A. 加载：读取 .class文件
   B. 连接：验证内部结构，为静态资源分配空间，处理非静态引用
   C. 初始化：将代码放到代码区，初始化静态成员，将静态成员和非静态成员分离
   D. 创建对象：为该类创建一个普通的对象

2. 使用反射机制获取一个类的属性，下列关于getField()方法说法正确的是（　　）。
   A. 该方法需要一个String类型的参数来指定要获取的属性名
   B. 该方法只能获取私有属性
   C. 该方法只能获取公有属性
   D. 该方法可以获取私有属性，但使用前必须先调用setAccessible(true)

3. 下列关于通过反射机制获取方法并执行的过程说法正确的是（　　）。
   A. 通过对象名.方法名（参数列表）的方式调用该方法

B. 通过 Class.getMethod（方法名 ,类型参数列表）的方式获取该方法

C. 通过 Class.getDeclaredMethod（方法名，类型参数列表）获取私有方法

D. 通过 invoke（对象名，参数列表）方法来执行一个方法

4. 关于反射机制，下列说法错误的是（　　）。

A. 反射机制指的是在程序运行过程中，通过 .class 文件加载并使用一个类的过程

B. 反射机制指的是在程序编译期间，通过 .class 文件加载并使用一个类的过程

C. 反射机制可以获取类中所有的属性和方法

D. 暴力反射机制可以获取类中私有的属性和方法

三、简答题

1. 描述反射机制的作用并举几个反射机制的应用。
2. 简述 Java 反射机制中 API 的主要类及作用。
3. 简述 Java 反射机制的步骤。

知识领域4 Java泛型机制

知识目标

1. 理解 Java 泛型机制的概念及其应用场景。
2. 掌握泛型类、泛型接口和泛型方法的定义格式和使用方法。
3. 了解 Java 分层结构。
4. 理解 Java 数据访问层 DAO 模式。
5. 掌握 Java 数据访问层 DAO 接口及其实现类。
6. 掌握使用泛型时通用型 DAO 层接口及其实现类的编写方法。

能力目标

1. 熟练使用 Java 泛型类、泛型接口、泛型方法等编写应用程序。
2. 熟练使用 Java 泛型机制编写通用型 DAO 层的应用程序。

素质目标

1. 培养学生阅读设计文档、编写程序文档的能力。
2. 培养学生创新意识。
3. 培养学生较强的人文素养、自主学习和可持续发展的能力。
4. 培养学生团队合作精神和人际交往能力。

4.1 应用场景

泛型是 Java1.5 提供的新特性，其作用主要是解决数据类型的安全性问题。在 Java 开发中，对象的引用传递是十分常见的，需对常用操作进行封装，封装时需要对传进来的数据对象进行处理，此时就会使用到泛型。

泛型的应用场景如下。

- 不想写多个重载函数的场景。

- 约束对象类型的场景，可以定义边界（T extends ...），如 JDK 集合 List、Set。
- 用户希望返回他自定义类型的返回值的场景，如 JSON 返回 Java Bean。
- 应用反射的应用中，经常会用到泛型，如 Class<T>。
- 对网页、资源的分析、返回场景，一般都有泛型。

其实泛型的应用很广泛，简单来说，希望将数据类型参数化的地方，就可以用泛型。

4.2 相关知识

4.2.1 Java 泛型机制

1. Java 泛型的概念

泛型（Generic Type 或者 Generics）是 JDK 1.5 的一项新特性，是对 Java 语言的类型系统的一种扩展，用以支持创建可以对类型进行参数化的类。它的本质是参数化类型（Parameterized Type），也就是说所操作的数据类型将被指定为一个参数，在用到的时候再指定具体的类型。

例如：

```
public class GenericsClassName<T, S extends T> {
        ...
}
```

其中，GenericsClassName 是泛型类，<T, S extends T> 是参数化类型。泛型的本质是将数据类型作为参数进行传递。

2. 泛型的作用

Java 语言引入的泛型是一个较大的增强功能，泛型的作用如下。

（1）保证类型安全。

泛型使编译器可以在编译期间对类型进行检查以保证类型安全，减少运行时由于对象类型不匹配引发的异常。

（2）消除强制类型转换。

泛型可以消除源代码中的许多强制类型转换，这样可以提高代码可读性，减少代码出错的机会。

（3）解决代码复用问题。

在框架设计时，使用泛型设计 BaseDAO<T>、BaseService<T>、BaseDAOImpl<T>、BaseServiceImpl<T> 等接口和类，抽象所有公共方法，避免出现对于不同的 Java 类要重复编写每个方法代码的情况，可提高代码的复用率。

微课

Java 泛型的基本使用

4.2.2 Java 泛型的基本使用

类型参数可以用在类、接口和方法的创建中，分别称为泛型类、泛型接口、泛型方法。

1. 泛型类的定义和使用

（1）泛型类的定义。

在定义带类型参数的类时，在紧接类名之后的 < > 内，指定一个或多个类型参数的名字，同时可以对类型参数的取值范围进行限定，多个类型参数之间用逗号分隔。

定义格式：

```
访问修饰符 class 类名 < 泛型参数列表 >{
…
}
```

实例代码如下：

```
public class Box<T>{
    public boolean add(T t){

    }

    public String get(int index){

    }

    public <T> T show(){

    }
}
```

其中，Box 为泛型类，<T> 为参数化类型。泛型类 Box<T> 表示 Box 可以存放任意类型的数据。

（2）泛型类的使用。

在使用泛型类创建对象的时候确定泛型。代码如下：

```
// 创建存放 String 类型数据的 Box 对象
Box<String> StringBox=new Box<>();

// 创建存放 Integer 类型数据的 Box 对象
Box<Integer> intBox=new Box<>();

// 创建存放 Double 类型数据的 Box 对象
Box<Double> doubleBox=new Box<>();
```

2. 泛型方法的定义和使用

（1）泛型方法的定义。

在定义带类型参数的方法时，在紧接访问修饰符（例如 public、private 等）之后、返回值类型之前的 < > 内，指定一个或多个类型参数的名字，同时可以对类型参数的取值范围进行限定，多个类型参数之间用逗号分隔。

Java 中的任何方法，包括静态的（注意，泛型类不允许在静态环境中使用）和非静态的，均可以用泛型来定义，而且和所在类是不是泛型类没有关系。

定义格式：

```
访问修饰符 <T, S> 返回值类型 方法名 ( 形参列表 ){
// 方法体
}
```

定义泛型方法时，必须在返回值类型前边加一个 <T>，来声明这是一个泛型方法。只有先持有一个泛型 T，然后才可以用泛型 T 作为方法的返回值类型。

实例代码如下 :

```
public <T> boolean add(T t){
 // 方法体
}
```

（2）泛型方法的使用。

在调用泛型方法的时候确定泛型。代码如下 :

```
Box<String> box=new Box<>();
box.add("Jacket");
box.add("shoes");
```


如果调用 add(123)，在编译时则出现错误。

这里需要说明如下几点。

- 使用泛型方法时，如果返回值或参数至少有一个是用泛型定义的，那么它的类型应该和泛型类中的泛型保持一致，否则可能会受到各种限制。因此，这里建议保持一致。
- 即便在定义类、接口时没有使用类型形参，也可以在定义方法时自己定义类型形参。
- 泛型方法的方法签名比普通方法的方法签名多了类型形参声明，类型形参声明以角括号括起来，多个类型形参之间以逗号隔开，所有类型形参声明放在方法访问修饰符和方法访问返回值类型之间。
- 与类、接口中使用泛型参数不同的是，方法中的泛型参数无须显式传入实际的类型参数。因为编译器会根据实参推断类型形参的值，它通常会推断出最直接的类型参数。

3. 泛型接口的定义和使用

（1）泛型接口的定义。

泛型接口的定义格式如下 :

```
访问修饰符 interface 接口名 < 泛型参数列表 >{
 // 泛型方法
}
```

实例代码如下 :

```
public interface GenericInterface<T> {
      public <T>  T  print(T t);
}
```

其中，GenericInterface 为泛型接口，<T> 为参数化类型。

泛型方法的定义参考“2. 泛型方法的定义和使用”。

（2）泛型接口的使用。

泛型接口有两种使用方式。

第一种，定义泛型接口的实现类，但实现类不是泛型类。代码如下 :

```
public class GenericClass implements GenericInterface<Person>{

    @Override
    public Person print(Person p) {
        p.setAge(p.getAge()+1);
        p.setName(" 武汉” +p.getName());
        return p;
    }
}
```

第二种，定义泛型接口的实现类，但实现类也是泛型类。

有些时候在定义一个类去实现泛型接口时，并不确定这个类将要实现哪种类型的接口，这时就不能确定接口中的泛型。由于接口中的泛型尚未确认，这时就要求这个类也必须定义泛型，而且泛型名称要与接口的泛型名称一致。

实现接口的类 GenericClass 也是泛型类，代码如下：

```
public class GenericClass<T> implements GenericInterface<T>{

    @Override
    Public <T> T print(T t) {
        System.out.println(t.getClass());
        return t;
    }
}
```

在使用时，通过泛型类创建类对象，需传递类型参数，代码如下。

```
public static void main(String[] args) {
        //实现 Person 类型对象
        GenericClass<Person> gc = new GenericClass<Person>();
        Person p = new Person(" 林妹妹 ",18);
        Person ps = gc.print(p);
        System.out.println(ps);

        //实现 String 类型对象
        GenericClass<String> gc1 = new GenericClass<String>();
        String str = " 林妹妹 ";
        String s = gc1.print(str);
        System.out.println(s);
}
```

4.2.3 通用型 DAO 层使用泛型

1. DAO 层

在使用 Java 开发企业级应用程序时会采用 J2EE 分层结构，如图 4-1 所示。

J2EE 分层结构一般分为表现层、业务层和持久层。表现层与客户端交互，包括获取用户请求、传递数据、封装数据、展示数据等。业务层处理复杂的业务，包括各种实际的逻辑运算。持久层可与数据库进行交互。典型的分层架构像 SSH（Spring+ Struts+ Hibernate）或 SSM（Spring+

Spring MVC+ MyBatis）一般都采用这种结构。

在 J2EE 分层结构中，持久层即数据访问层，也称为 DAO（Data Access Object，数据访问对象）层。DAO 在实体类与数据库表之间起着转换器的作用，能够把实体类转换为数据库中的记录，实现对数据表的 CRUD 操作。

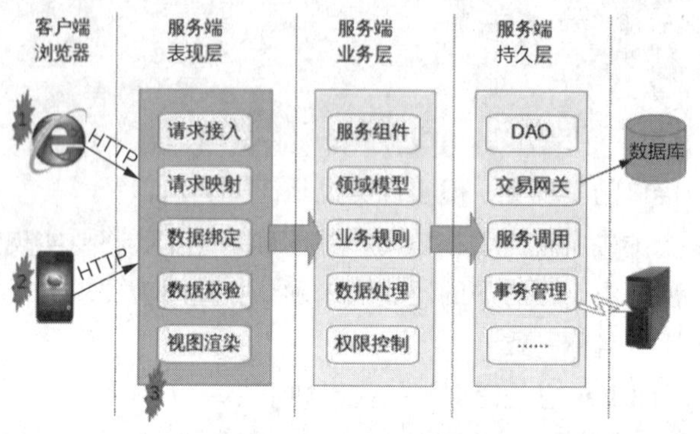

图 4-1　J2EE 分层结构

在实际的项目开发中，通常写一个 DAO 接口，其中声明 CRUD 方法，再设计 DAO 实现类 DAOImpl，具体实现 DAO 接口中声明的数据库表操作方法。

DAO 代码如下：

```
public interface UserDAO {
    public void insert(User user) throws Exception;
    public void update(User user) throws Exception;
    public void delete(int userId) throws Exception;
    public User queryById(int userId) throws Exception;
    public List<User> queryAll() throws Exception;
}
```

DAOImpl 代码如下：

```
public class UserDAOImpl implements UserDAO {

    @Override
    public void insert(User user) throws Exception {
    // TODO Auto-generated method stub

    }

    @Override
    public void update(User user) throws Exception {
        // TODO Auto-generated method stub

    }

    @Override
    public void delete(int userId) throws Exception {
        // TODO Auto-generated method stub

    }

    @Override
    public User queryById(int userId) throws Exception {
```

```
            // TODO Auto-generated method stub

        }

        @Override
        public List<User> queryAll() throws Exception {
            // TODO Auto-generated method stub

    }
```

实际的工程项目会有多个数据库表，例如高校图书管理系统中有图书基本信息表 Book、教师信息表 Teacher、学生信息表 Student、用户表 User、出版社信息表 Publishing 和图书分类信息表 Category 等，这些基本信息表对应 Java 的实体类，每个实体类的 DAO 都包含 CRUD 操作。如果每个实体类都写一个 DAO 接口和实现类，这样会使代码冗余度较高。

2. 使用泛型编写通用型 DAO 层

使用泛型可以解决代码复用问题。对于各个实体类的 DAO，可以将公共的 CRUD 方法提取到 BaseDAO 中，这样可提高代码的复用度，简化代码。

BaseDAO 使用了泛型接口和泛型方法；BaseDAOImpl 使用了泛型类和泛型方法，里面封装了与实体类相同的操作。当需要操作不同表的时候，将类型参数换成对应的实体类，即 Student、Teacher 或者其他的实体类即可。抽取原理（类图）如图 4-2 所示。

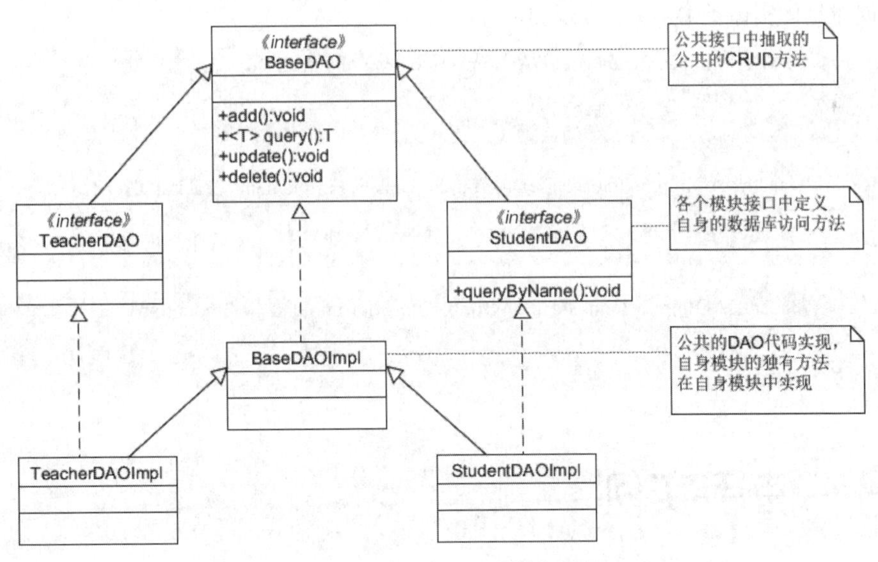

图 4-2　通用型 DAO 层抽取原理

从图 4-2 可以看出：

- BaseDAO 中定义 CRUD 操作，包括 add()、delete()、update()、queryAll() 等方法；
- BookDAO、StudentDAO、TeacherDAO 继承 BaseDAO；
- BaseDAOImpl 实现 BaseDAO；
- BookDAOImpl 继承 BaseDAOImpl、实现 BookDAO；
- StudentDAOImpl 继承 BaseDAOImpl、实现 StudentDAO；
- TeacherDAOImpl 继承 BaseDAOImpl、实现 TeacherDAO。

使用泛型编写通用型 DAO 层的步骤如下。

（1）创建 DAO 的基接口。

```
public interface BaseDAO<T> {
    public void insert(T t);
    public void update(T t);
    public void delete(int id);
    public T queryById(int userid);
    public List<T> queryAll();
}
```

（2）创建 DAO 的通用实现类。

```
public class BaseDAOImpl<T> implements BaseDAO<T>{

}
```

（3）创建具体实体类的 DAO 接口。

```
public interface  BookDAO extends BaseDAO<Book>{

}
```

```
public interface TeacherDAO extends BaseDAO<Teacher> {

}
```

（4）创建具体实体类 DAO 的实现类。

```
public class BookDAOImpl extends BaseDAOImpl<Book> implements BookDAO{

}
```

```
public class TeacherDAOImpl extends BaseDAOImpl<Teacher > implements TeacherDAO {

}
```

```
public class StudentDAOImpl extends BaseDAOImpl<Student> implements StudentDAO{

}
```


4.3 使用实例

4.3.1 Java 泛型机制使用实例

1. 任务描述

使用 Java 泛型机制编写应用程序。

任务需求如下。

设计一个泛型类 Pair<K,V>，然后设计一个泛型接口，其中定义泛型方法 compare(Pair<K,V> p1, Pair<K,V> p2)，用于比较两个 Pair<K,V> 的对象是否相同。

2. 任务分析、设计

定义泛型类 Pair<K,V>，有两个属性 key 和 value。

定义泛型接口 BaseInterface，其中设计一个泛型方法 compare()，用于比较两个 Pair 对象是否相同。

定义 PairUtil 类，实现泛型接口 BaseInterface。

定义测试类 PairTest。

其类图如图 4-3 所示。

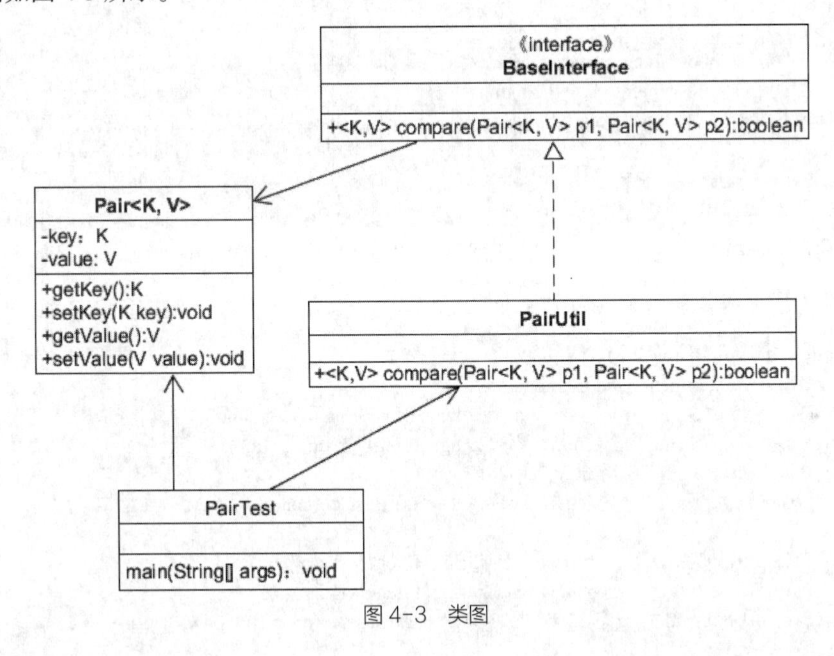

图 4-3　类图

3. 任务实施

（1）定义泛型类 Pair<K,V>。

代码如下：

```
public class Pair<K,V> {
    private K key;
    private V value;

    public Pair(K key, V value) {
        this.key = key;
        this.value = value;
    }
    // 省略 setter 和 getter 方法
}
```

（2）定义泛型接口 BaseInterface<K,V>。

```
/**
 * @Description: 用于比较两个 Pair 对象是否相同
 * @author 戴远泉
*/
public interface BaseInterface<K,V> {
    public <K, V> boolean compare(Pair<K, V> p1, Pair<K, V> p2);
}
```

其中声明泛型方法 compare() 实现对两个 Pair 对象的比较，返回值使用布尔类型。在访问修饰符和返回值类型之间使用泛型参数 <K, V>，表示这是一个泛型方法。

（3）定义类 PairUtil，实现泛型接口。

定义类 PairUtil，实现泛型接口 BaseInterface。

```
public class PairUtil<K,V> implements BaseInterface<K,V> {

    @Override
    public <K, V> boolean compare(Pair<K, V> p1, Pair<K, V> p2) {
        // TODO Auto-generated method stub
        return (p1.getKey().equals(p2.getKey())) && (p1.getValue().equals(p2.getValue()));
    }

}
```

（4）编写测试类。

```
public class PairTest {

    public static void main(String[] args) {
        // TODO Auto-generated method stub
        Pair<String, String> p1 = new Pair<String, String>("name", "zhang");
        Pair<String, String> p2 = new Pair<String, String>("name", "liu");
        BaseInterface utilBase = new PairUtil();
        System.out.println(" 比较结果：p1=p2\t" + utilBase.compare(p1, p2));

        Pair<String, Integer> p3 = new Pair<String, Integer>("age", 67);
        Pair<String, Integer> p4 = new Pair<String, Integer>("age", 67);
        System.out.println(" 比较结果：p3=p4\t" + utilBase.compare(p3, p4));

        Pair<Integer, String> p5 = new Pair<Integer, String>(1, "apple");
        Pair<Integer, String> p6 = new Pair<Integer, String>(2, "pear");
        boolean same = utilBase.compare(p5, p6);
        System.out.print(" 比较结果：p5=p6\t" + same);
    }
}
```

首先创建两个 Pair<String, String> 的对象 p1 和 p2，使用 new 通过泛型接口的实现类创建 utilBase 对象，通过该对象调用比较方法 compare() 比较 p1 和 p2。

再创建两个 Pair<String, String> 的对象 p3 和 p4，通过泛型接口的实现类对象 utilBase，调用比较方法 compare() 比较 p3 和 p4。

最后创建两个 Pair<String, String> 的对象 p5 和 p6，通过泛型接口的实现类的对象 utilBase，调用比较方法 compare() 比较 p5 和 p6。

4. 运行结果

运行结果如图 4-4 所示。

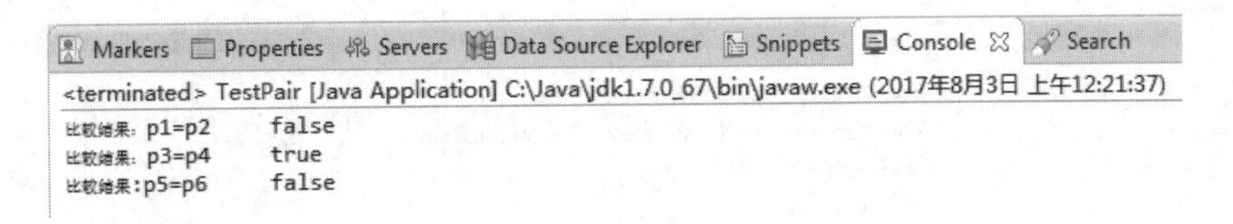

图 4-4　运行结果

从图 4-4 中可以看出，p3 和 p4 是相同的，其 key 和 value 分别相同。

微课

通用型 DAO 层对泛型的使用实例

4.3.2　通用型 DAO 层对泛型的使用实例

1. 任务描述

使用 Java 泛型机制编写通用型 DAO 层应用程序。

任务需求如下。

使用泛型机制编写通用型 DAO 层以实现对数据库表的 CRUD 的操作。

2. 任务分析、设计

（1）分析类。

问题域中涉及以下类和接口。

- Bean（实体类）：Book、Teacher、Student 等。
- DAO（数据访问层）：BaseDAO、BookDAO、TeacherDAO 等。
- Impl（具体方法实现）：BaseDAOImpl、BookDAOImpl、TeacherDAOImpl 等。
- JDBC（数据库连接类）：JDBCUtil。
- Test（测试类）：DAOGenericityTest。

其类图如图 4-5 所示。

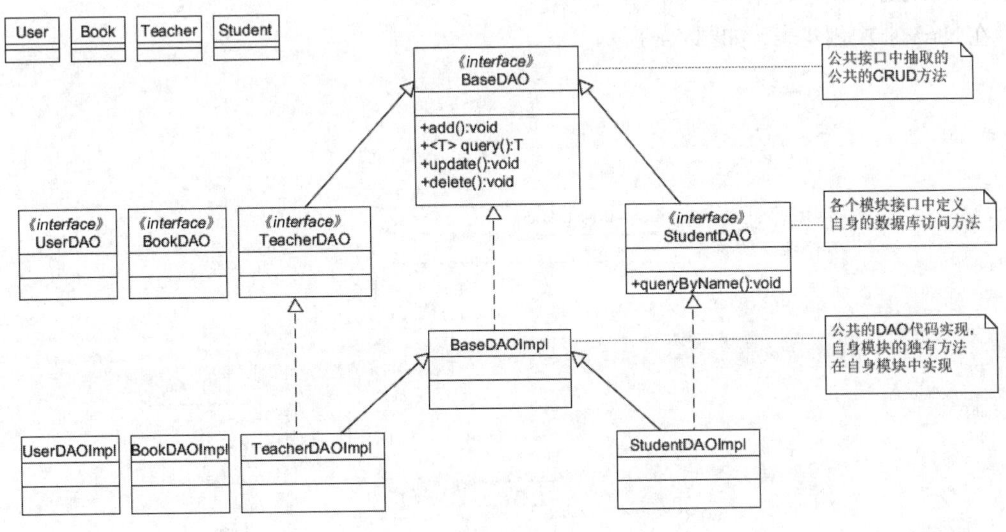

图 4-5　类图

这些类和接口放在不同的包中，其包结构图如图 4-6 所示。

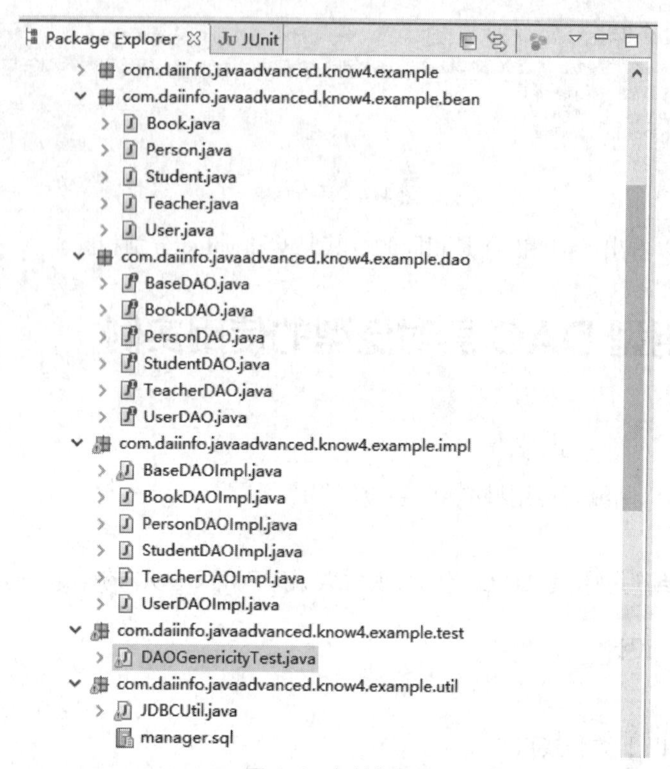

图 4-6 包结构图

（2）实现思路。

按照 4.2.3 节描述的使用泛型编写通用型 DAO 层的步骤编写各个类和接口。

3. 任务实施

（1）创建数据库、创建表。

在 Navicat 中创建数据库，如图 4-7 所示。

在 Navicat 中创建表，如图 4-8 所示。

图 4-7 创建数据库

图 4-8 创建表

（2）创建实体类，即对象关系映射（Object Relational Mapping，ORM），用于映射数据库中的表。

```
public class User {
    private int id;
    private String name;
    private int age;
    private int type;
// 省略 setter 和 getter 方法
}
```

```
public class Book {
    int id;
    String name;
    String publisher;
    String author;
    // 省略 setter 和 getter 方法
}
```

```
public class Student {
    int id;
    String name;
    String sex;
    int age;
    String classes;
// 省略 setter 和 getter 方法
}
```

```
public class Teacher {
    int id;
    String name;
    String sex;
    int age;
    String professional;
// 省略 setter 和 getter 方法
}
```

（3）定义 DAO 的基接口 BaseDAO。

```
// 通用 DAO，使用泛型
public interface BaseDAO<T> {
    public boolean add(T t);// 添加

    public ArrayList<T> findAll();// 查询所有

    public T findById(int id);// 根据表的 id 查询记录

    public boolean delete(int id);// 根据表的 id 删除记录

    public boolean update(T t);// 更新
}
```

（4）定义 DAO 的通用实现类 BaseDAOImpl。

```
//DAO 的通用实现类
public class BaseDAOImpl<T> implements BaseDAO<T> {
// 添加
    @Override
```

```
    public boolean add(T t) {

    }
// 删除
@Override
    public boolean delete(int id) {

    }

// 修改
@Override
    public boolean update(T t) {

    }

// 根据 id 查找
@Override
    public T findById(int id) {

    }
// 查找所有
@Override
    public ArrayList<T> findAll() {


    }

// 根据特定条件删除
    public boolean deleteByCondition(String name, Object value) {

    }
}
```

其中 CRUD 的方法都使用了泛型，但由于代码较多，这里没有完全给出代码，详细的代码请参考教学资源。这里只给出 add(T t) 方法的代码，如下：

```
@Override
public boolean add(T t) {
    boolean flag = false;
    Connection conn = JDBCUtil.getConnection();
    PreparedStatement ps = null;
    @SuppressWarnings("unchecked")
    Class<T> clazz = (Class<T>) t.getClass();
    Field[] fi = clazz.getDeclaredFields();
    StringBuffer sb = new StringBuffer();
    sb.append("insert into ");
    sb.append(clazz.getSimpleName());
    sb.append(" (");
    for (int i = 1; i < fi.length; i++) {
        sb.append(fi[i].getName());
        if (i != fi.length - 1) {
            sb.append(" , ");
        }
    }
```

```
    sb.append(") values (");
    for (int i = 1; i < fi.length; i++) {
        sb.append(" ? ");
        if (i != fi.length - 1) {
            sb.append(" , ");
        }
    }
    sb.append(" ) ");
    try {
        ps = conn.prepareStatement(sb.toString());
        for (int i = 1; i < fi.length; i++) {
            fi[i].setAccessible(true);
            ps.setObject(i, fi[i].get(t));
        }
        int a = ps.executeUpdate();
        if (a > 0) {
            flag = true;
        }

    } catch (Exception e) {
        e.printStackTrace();
    } finally {
        JDBCUtil.closeRec(conn, ps);
    }
    return flag;
}
```

这里根据传递的泛型参数 T 的类对象 t，获取其 Class 对象，使用反射机制获得该类对象的所有属性，使用循环拼接成 SQL 字符串，再使用 prepareStatement() 传送该 SQL 语句，调用 executeUpdate()，添加数据到数据库表中。

（5）定义各个实体类的 DAO 接口。

```
public interface PersonDAO extends BaseDAO<Person> {

}
```

```
public interface BookDAO extends BaseDAO<Book> {

}
```

```
public interface StudentDAO extends BaseDAO<Student> {

}
```

```
public interface TeacherDAO extends BaseDAO<Teacher> {

}
```

```
public interface UserDAO extends BaseDAO<User> {

}
```

（6）定义各个实体类 DAO 接口的实现类。

```
public class PersonDAOImpl extends BaseDAOImpl<Person> implements PersonDAO{

}
```

```
public class BookDAOImpl extends BaseDAOImpl<Book> implements BookDAO{

}
```

```
public class StudentDAOImpl extends BaseDAOImpl<Student> implements StudentDAO {

}
```

```
public class TeacherDAOImpl extends BaseDAOImpl<Teacher> implements TeacherDAO{

}
```

```
public class UserDAOImpl extends BaseDAOImpl<User> implements UserDAO{

}
```


（7）创建连接数据库的功能类。

```
public class JDBCUtil {
    // 获取 Connection 的方法
    public static Connection getConnection() {
        Connection conn = null;
        try {
            Class.forName("com.mysql.jdbc.Driver");
            conn = DriverManager.getConnection("jdbc:mysql://localhost:3306/usermanager", "root", "123456");
        } catch (Exception e) {
            e.printStackTrace();
        }
        return conn;
    }
}
```

（8）创建测试类。

创建测试类 DAOGenericityTest，在 main() 方法中编写测试代码。

查询所有记录，代码如下：

```
// 1. 查询所有记录
//（1）查询 Person
BaseDAOImpl<Person> personDAOImpl = new PersonDAOImpl();
ArrayList<Person> personList = personDAOImpl.findAll();
for (Person p : personList) {
    System.out.println(p.toString());
}

System.out.println("------");
//（2）查询 User
BaseDAOImpl<User> userDAOImpl = new UserDAOImpl();
ArrayList<User> userList = userDAOImpl.findAll();
for (User u : userList) {
    System.out.println(u.toString());
```

```
    }

    System.out.println("--------");
    //（3）查询 Teacher
    BaseDAOImpl<Teacher> teacherDAOImpl = new TeacherDAOImpl();
    ArrayList<Teacher> teacherList = teacherDAOImpl.findAll();
    for (Teacher t : teacherList) {
        System.out.println(t.toString());
    }
```

添加记录，代码如下：

```
    // 2. 添加记录
    //（1）Person 添加记录
    Person person = new Person(" 何凯 ", 23, 4);
    BaseDAOImpl<Person> personDAO = new Base DAOImpl<Person>();
    if (personDAO .add(person)) {
        System.out.println(" 添加记录成功！ ");
    }
    //（2）User 添加记录
    User user = new User(" 牛莉 ", "1234", "gg@qq.com", 8);
    BaseDAOImpl<User> userDAOImpl = new UserDAOImpl();
    userDAOImpl1.add(user);

    //（3）Teacher 添加记录
    BaseDAOImpl<Teacher> tBaseDAOImpl = new TeacherDAOImpl();
    Teacher t = new Teacher(" 吴敏 ", "nv");
    t.setProfessional(" 教授 ");
    tBaseDAOImpl.add(t);
```

根据 id 查找记录，代码如下：

```
    // 3. 根据 id 查找
    BaseDAOImpl<Person> pDAOImpl = new PersonDAOImpl();
    Person tPerson = pDAOImpl.findById(3);
    System.out.println(person.toString());

    BaseDAOImpl<User> uDAOImpl = new UserDAOImpl();
    User tUser = uDAOImpl.findById(22);
    System.out.println(user.toString());
```

根据 id 删除记录，代码如下：

```
    // 4. 根据 id 删除

    BaseDAOImpl<Person> per DAOImpl = new PersonDAOImpl();
    if (per DAOImpl.delete(11)) {
        System.out.println(" 删除成功！ ");
    } else {
        System.out.println(" 删除失败！ ");
    }

    BaseDAOImpl<Teacher> teacherDAOImpl = new TeacherDAOImpl();
    if (tBaseDAOImpl.delete(2)) {
        System.out.println(" 删除成功！ ");
    } else {
        System.out.println(" 删除失败！ ");
    }
```

根据 id 修改记录，代码如下 ：

```
// 5. 修改
// 首先查找要修改的记录，找到后重新设置其字段的值，再保存
BaseDAOImpl<Student> sDAOImpl DAO = new StudentDAOImpl();
Student student = studentDAOImpl.findById(2);
System.out.println(student.toString());
student.setName(" 王六 ");
student.setAge(34);
if (sDAOImpl DAO.update(student)) {
    System.out.println(" 更新成功！ ");
} else {
    System.out.println(" 更新失败！ ");
}
```

4. 运行结果

运行结果如图 4-9 所示。

图 4-9　运行结果

4.4 实训项目

4.4.1 使用 Java 泛型机制编写应用程序

实训工单　使用Java泛型机制编写应用程序

任务名称	使用 Java 泛型机制编写应用程序	学时		班级	
姓名		学号		任务成绩	
实训设备		实训场地		日期	
实训任务	根据如下要求，编写应用程序。 假如我们现在要定义一个类来表示点，点的坐标的数据类型可以是整数、小数和字符串，例如如下情况。 （1）x = 10、y = 10。 （2）x = 12.88、y = 129.65。 （3）x =“东经 180 度”、y =“北纬 210 度”。 1. 定义点类 Point，封装 x、y，使用泛型 2. 定义泛型接口，其中定义一个泛型方法 boolean equalPoint(T t1, T t2)，比较两个点是否相等，如相等则返回 true，否则返回 false 3. 定义一个测试类进行测试，以不同的格式输出给定的坐标值，并比较两个点是否相等				

续表

实训目的	1. Java 泛型机制的概念及其应用场景 2. 掌握泛型类、泛型方法、泛型接口的定义及使用方法 3. 熟练使用 Java 泛型类、泛型接口、泛型方法等编写相应的应用程序
相关知识	1. Java 泛型机制的概念及其应用场景 2. 泛型类、泛型方法、泛型接口的定义及使用 3. Java API 帮助文档
决策计划	根据任务要求，提出分析方案，确定所需要的设备、工具，并对小组成员进行合理分工，制定详细的工作计划。 1. 分析方案 （1）定义泛型类 public class Point<T1, T2>，其中： ① 封装属性 T1 x 和 T2 y； ② 定义有参和无参构造方法。 （2）定义泛型接口 PointUtil，其中： 定义泛型方法 boolean equalPoint(T t1, T t2)，用于比较两个点是否相等。 （3）定义实现类 PointUtilImpl，其实现 PointUtil 接口，重写 equalPoint(T t1, T t2) 方法。 （4）定义测试主类，其中： ① 实例化对象； ② 编写测试用例进行测试； ③ 调用 equalPoint(T t1, T t2)，并输出结果。 （5）调试和测试。 2. 需要的实训工具 3. 小组成员分工 4. 工作计划
实施	1. 任务 2. 实施主要事项 3. 实施步骤
评估	1. 请根据自己的任务完成情况，对自己的工作进行评估，并提出改进意见 （1） （2） （3） 2. 教师对学生工作情况进行评估，并进行点评 （1） （2） （3） 3. 总结 （1） （2） （3）

实训阶段过程记录表

序号	错误信息	问题现象	分析原因	解决办法	是否解决

实训阶段综合考评表

考评项目		自我评估	组长评估	教师评估	备注
素质考评（40分）	劳动纪律（10分）				
	工作态度（10分）				
	查阅资料（10分）				
	团队协作（10分）				
工单考评（10分）	完整性（10分）				
实操考评（50分）	工具使用（5分）				
	任务方案（10分）				
	实施过程（30分）				
	完成情况（5分）				
小计	100分				
总计					

4.4.2 使用 Java 泛型机制编写通用型 DAO 层应用程序

实训工单　使用Java泛型机制编写通用型DAO层应用程序

任务名称	使用 Java 泛型机制编写通用型 DAO 层应用程序	学时		班级	
姓名		学号		任务成绩	
实训设备		实训场地		日期	
实训任务	根据如下要求，编写应用程序。 1. 创建数据库表 user、teacher、student 2. 创建相对应的实体类 User、Teacher、Student 3. 定义泛型接口 BaseDAO，其中定义泛型方法做 CRUD 操作 4. 定义泛型类 BaseDAOImpl，实现 BaseDAO 接口 5. 定义 UserDAO、TeacherDAO、StudentDAO 接口，分别继承 BaseDAO 接口 6. 定义 UserDAOImpl 类，继承 BaseDAOImpl 类，实现 UserDAO 接口； 定义 TeacherDAOImpl 类，继承 BaseDAOImpl 类，实现 TeacherDAO 接口； 定义 StudentDAOImpl 类，继承 BaseDAOImpl 类，实现 StudentDAO 接口 7. 编写测试类				

续表

实训目的	1. 理解 Java 分层结构 2. 理解 Java 数据访问层 DAO 模式 3. 理解 DAO 接口及其实现类和常用方法 4. 掌握 DAO 层接口、实现类及其常用方法的编写方法
相关知识	1. Java 分层结构 2. 数据访问层 DAO 模式 3. DAO 层接口、实现类及其常用方法 4. Java 接口、实现类的概念及设计方法
决策计划	根据任务要求，提出分析方案，确定所需要的设备、工具，并对小组成员进行合理分工，制定详细的工作计划。 1. 分析方案 分析类并画出类图。 2. 需要的实训工具 3. 小组成员分工 4. 工作计划
实施	1. 任务 2. 实施主要事项 3. 实施步骤
评估	1. 请根据自己的任务完成情况，对自己的工作进行评估，并提出改进意见 （1） （2） （3） 2. 教师对学生工作情况进行评估，并进行点评 （1） （2） （3） 3. 总结 （1） （2） （3）

实训阶段过程记录表

序号	错误信息	问题现象	分析原因	解决办法	是否解决

实训阶段综合考评表

考评项目		自我评估	组长评估	教师评估	备注
素质考评(40分)	劳动纪律（10分）				
	工作态度（10分）				
	查阅资料（10分）				
	团队协作（10分）				
工单考评(10分)	完整性（10分）				
实操考评(50分)	工具使用（5分）				
	任务方案（10分）				
	实施过程（30分）				
	完成情况（5分）				
小计	100分				
总计					

4.5 拓展知识

在实际软件开发项目中经常会碰到泛型类继承或泛型接口实现的情况。泛型也可以用于继承和实现，泛型类或泛型接口的子类型创建方式与常规的类或接口的子类型创建方式一致，即使用 extends 或 implements 关键字。

泛型父类声明如下：

```
public class FatherClass<T1,T2>{
}
```

泛型父接口声明如下：

```
public interface FatherInterface<T1,T2>{
}
```

泛型的继承或实现有如下 4 种情况。

（1）子类是泛型类，其继承泛型父类时，可以全部继承父类的泛型，代码如下：

```
public class Child< T1,T2> extends Father<T1,T2> {
}
```

也可以部分继承，代码如下：

```
public  class Child< T1,T2,T3> extends Father<T1,String> {
}
```

（2）子类不是泛型类，此时需指定泛型参数，代码如下：

```
public  class Child  extends Father<String,Integer> {
}
```

（3）子类实现泛型接口，子类是泛型类，可以全部继承父类的泛型，也可以部分继承，代码如下：

```
public  class Child< T1,T2> implements Father< T1,T2> {
}
```

（4）子类实现泛型接口，子类不是泛型类，此时需指定泛型参数，代码如下：

```
public  class Child implements Father< String,Integer > {
}
```


4.6 拓展训练

微课

子类继承泛型父类的使用方法

4.6.1 子类继承泛型父类的使用方法

一、实验描述

继承是面向对象最显著的一个特性。继承是指从已有的类中派生出新的类，新的类能获得已有类的数据属性和行为，并能扩展新的功能。如果父类是泛型类，子类如何继承？

本实验讲述 Java 子类继承泛型父类的使用方法。

二、实验目的

熟练编写子类继承泛型父类的程序。

三、分析设计

当子类继承泛型父类时候，有如下 4 种情况。

（1）子类不是泛型类，父类需将泛型指定为具体类型。

（2）子类是泛型类，并且子类的泛型参数和父类的泛型参数是一致的。

（3）子类拥有其他泛型，父类指定类型。

（4）子类拥有多种泛型。子类有一个泛型参数与父类相同，子类增加了一个泛型参数。

四、实验步骤

首先定义泛型父类。代码如下：

```
public class Father<T> {
    T fatherData;

    public Father(T data) {
        this.fatherData = data;
    }

    @Override
    public String toString() {
```

```
        return "Father [farherData=" + fatherData + "]";
    }

}
```

然后根据分析设计提出的 4 种情况编写代码。

（1）子类不是泛型类。这种情况下，父类需将泛型指定为具体类型。代码如下：

```
public class Son1 extends Father<String> {
    public Son1(String data) {
        super(data);
    }

    @Override
    public String toString() {
        return "Son1 [childData=" + fatherData + "]";
    }

}
```


测试代码如下：

```
Son1 son1=new Son1("Hello");
System.out.println(son1.toString());
```


（2）子类是泛型类，并且子类的泛型参数和父类的泛型参数是一致的。

在这种情况下，创建子类对象的时候，需要给子类泛型确定的类型，同时，会把父类的泛型参数指定。代码如下：

```
public class Son2<T> extends Father<T> {
    public Son2(T data) {
        super(data);
    }

    @Override
    public String toString() {
        return "Son2 [childData=" + fatherData + "]";
    }
}
```

测试代码如下：

```
Son2<String> son2=new Son2<String>(" 你好 ");
System.out.println(son2.toString());
```

（3）子类拥有其他泛型，父类需指定类型。代码如下：

```
public class Son3<T> extends Father<String> {
    T otherData;

    public Son3(String data, T otherData) {
        super(data);
        this.otherData = otherData;
    }

    @Override
    public String toString() {
        return "Son3 [childData=" + fatherData + "，其他数据 " + otherData + "]";
    }
}
```

测试代码如下：

```
Son3<Boolean> son3=new Son3<Boolean>(" 你好 ", true);
System.out.println(son3.toString());
```

（4）子类拥有多种泛型。子类有一个泛型参数与父类相同，子类增加了一个泛型参数。

```
public class Son4<E, T> extends Father<T> {
    E otherData;

    public Son4(E e, T t) {
        // TODO Auto-generated constructor stub
        super(t);
        this.otherData = e;
    }

    @Override
    public String toString() {
        return "Son4 [childData=" + fatherData + ", 其他数据 " + otherData + "]";
    }
}
```

测试代码如下：

```
Son4<String, Double> son4=new Son4<String, Double>("Hello", 98.0);
System.out.println(son4.toString());
```

五、实验结果

最后运行结果如图 4-10 所示。

```
Markers  Properties  Servers  Data Source
<terminated> GenericityExtendsTest [Java Application] C:
Son1 [childData=Hello]
Son2 [childData=你好]
Son3 [childData=你好,其他数据true]
Son4 [childData=98.0, 其他数据：Hello]
```

图 4-10　运行结果

六、实验小结

对于泛型的继承来讲，不管子类是不是泛型类、有多少个泛型参数，其所继承的父类的泛型必须被指定。可以在创建子类对象的时候指定，也可以在写子类的时候指定。总之，规则就是父类的泛型一定要被指定，不然编译的时候程序就会出错。

微课

子类实现泛型接口的使用方法

4.6.2　子类实现泛型接口的使用方法

一、实验描述

Java 泛型可以用于声明接口，即泛型接口。接口不能被实例化，必须声明接口的实现类，再通过实现类去实例化一个对象。假如接口是泛型接口，实现类该如何实现一个泛型接口？

本实验讲述 Java 子类实现泛型接口的使用方法。

二、实验目的

熟练编写子类实现泛型接口的应用程序。

三、分析设计

本实验的问题域是描述动物，使用泛型类和泛型接口实现。一般动物（Animal）具有行为：吃（eat）、睡觉（sleep）。由于人类的关注，某些动物还是受保护（beProtected()）和有价值（beWorth()）的。例如：老虎是动物，同时是有价值且受保护的动物；老鼠是动物，但不是有价值和受保护的动物。

实现思路如下。

- 定义一个规范的泛型接口 Attention<T>，作为其中定义行为：有价值和受保护。
- 定义一个泛型类 Animal<T>，作为所有动物的父类。
- 定义各种动物，如 Panda、Tiger、Mouse 等。其继承 Animal<T>，实现 Attention<T> 接口，即实现接口中的方法。不同的动物，受关注行为不一样。
- 定义测试类，进行测试。

四、实验步骤

（1）定义一个规范的泛型接口 Attention<T>，其中定义行为：有价值和受保护。代码如下：

```
public interface Attention<T> {
    // 受保护
    public <T> void beProtected(T t,boolean isProtected);

    // 有价值
    public <T> void beWorth(T t,boolean isWorth);
}
```

（2）定义一个泛型类 Animal<T>。代码如下：

```
public class Animal<T> {
    T t;
    String name;
    int age;
    String food;
    boolean isProtected;// 是否受保护
    boolean isWorth; // 是否有价值

    public Animal(T t) {
        this.t = t;
    }

    public T getT() {
        return t;
    }

    public void setT(T t) {
        this.t = t;
```

```
    }

    public Animal() {

    }

    public Animal(String name, int age, String food) {
        this.name = name;
        this.age = age;
        this.food = food;
    }
    // 省略 setter 和 getter 方法
}
```

（3）定义各种动物，如 Panda、Tiger、Mouse 等。其继承 Animal<T>，实现 Attention<T> 接口，即实现接口中的方法。不同的动物，受关注行为不一样。

```
public class Panda extends Animal<Panda> implements Attention<Panda> {

}
```

```
public class Tiger extends Animal<Tiger> implements Attention<Tiger> {

}
```

```
public class Mouse extends Animal<Mouse> implements Attention<Mouse> {

}
```

定义泛型接口的实现类，实现泛型接口时，需要指定接口中的泛型类型。

Panda 类实现了 Attention<Panda> 接口，并指定接口的泛型为 Panda，所以重写的 beProtected() 方法泛型类型默认就是 Panda。

（4）定义测试类，进行测试。

```
public static void main(String[] args) {
    // TODO Auto-generated method stub
    // 构造熊猫
    Panda panda = new Panda(" 贝贝 ", 3, " 竹子 ", true, true);
    System.out.println(panda);

    // 构造老虎
    Tiger tiger = new Tiger(" 虎子 ", 5, " 肉 ", true, true);
    System.out.println(tiger);

    // 构造老鼠
    Mouse mouse = new Mouse(" 耗子 ", 4, " 残羹冷炙 ", false, false);
    System.out.println(mouse);
}
```

五、实验结果

最后运行程序，其结果如图 4-11 所示。

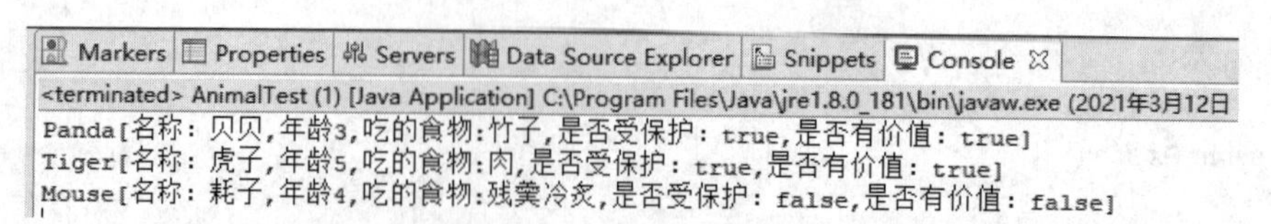
Markers
Properties
Servers
Data Source Explorer
Snippets
Console
<terminated> AnimalTest (1) [Java Application] C:\Program Files\Java\jre1.8.0_181\bin\javaw.exe (2021年3月12日
Panda[名称：贝贝,年龄3,吃的食物:竹子,是否受保护：true,是否有价值：true]
Tiger[名称：虎子,年龄5,吃的食物:肉,是否受保护：true,是否有价值：true]
Mouse[名称：耗子,年龄4,吃的食物:残羹冷炙,是否受保护：false,是否有价值：false]

图 4-11　运行结果

六、实验小结

（1）泛型接口与泛型类的定义及使用基本相同。

（2）实现类在实现接口的时候有两种情况。

- 实现类不是泛型类。

```
public class 实现类 implements Interface<String>{}
```

- 实现类是泛型类。

```
public class 实现类 <T> implements Interface<T>{}
```

4.7 课后小结

1. Java 泛型机制

泛型的本质是类型参数化，通俗地说就是用一个变量来表示类型，这个类型可以是 String、Integer 等，表明可接受的类型。

泛型的类型参数必须为类的引用，不能用基本类型（int、short、long、byte、float、double、char、boolean 等）。

类型参数可以用在类、接口和方法的创建中，这样的类、接口、方法分别称为泛型类、泛型接口、泛型方法。

2. 泛型类

在定义带类型参数的类时，在紧接类名之后的 <> 内，指定一个或多个类型参数的名字，同时可以对类型参数的取值范围进行限定，多个类型参数之间用“,”分隔。

3. 泛型方法

在定义带类型参数的方法时，在紧接访问修饰等（例如 public、private 等）之后的 <> 内，指定一个或多个类型参数的名字，同时可以对类型参数的取值范围进行限定，多个类型参数之间用“,”分隔。

4. 泛型接口

泛型接口的定义类似泛型类的定义。

定义泛型接口的实现类时，实现类可以是泛型类，也可以不是泛型类。

5. 通用型 DAO 层使用泛型

DAO 主要功能就是实现 CRUD 操作。

使用泛型编写通用型 DAO 层，代码的复用得到了很好的应用，提高了代码编写的效率。

4.8 课后习题

一、填空题

1. Java 泛型可以使用 3 种通配符进行限制，分别是：________、extends、super。

2. List<? extends T>；的作用是________________________。

3. public V put(K key, V value) {} 中，K 代表________，V 代表________。

4. 泛型的本质是________，也就是说所操作的数据类型被指定为一个参数。

5. 泛型的类型参数只能是________，不能是基本类型。

6. DAO 的全称是________________________。

7. 一般在涉及 DAO 开发时，常用到的 CRUD 方法会封装到一个基类________，各个数据表的基本维护业务都需要用到 CRUD 方法。

8. BaseDAOImpl<T> 实现了 BaseDAO<T>，其类头的定义形式是________________。

9. 类头 public abstract class BaseDAOImpl<T> implements BaseDAO<T>{}，其中 T 是指________。

10. Java 泛型中，定义泛型方法的格式：public T fun(T t)。这里 T 表示________。

二、单选题

1. 以下哪种书写是正确的？（　　）

   A. ArrayList<String> lists = new ArrayList<String>();

   B. ArrayList<Object> lists = new ArrayList<String>();

   C. ArrayList<String> lists = new ArrayList<Object>();

   D. ArrayList lists = new ArrayList();

2. 泛型使用中的规则和限制是（　　）。

   A. 类型参数只能是类类型不能是基本类型

   B. 同一种泛型可以对应多个版本

   C. 泛型的类型参数可以有多个

   D. 以上都是

3. 下面关于泛型的说法不正确的是（　　）。

   A. 泛型的具体确定时间可以是在定义方法的时候

   B. 泛型的具体确定时间可以是在创建对象的时候

   C. 泛型的具体确定时间可以是在继承父类定义子类的时候

   D. 泛型就是 Object 类型

4. 父类声明：public class FXfather<T>{…}。

   现在要定义一个 Fxfather 的子类 Son，下面定义错误的是（　　）。

   A. class Son extends FXfather<String>{}

B. class Son<T,V> extends FXfather<T>{}

C. class Son<String> extends FXfather<String>{}

D. class Son<String> extends FXfather<T>{}

5. 关于泛型的说法错误的是（ ）。

A. 泛型是 JDK 1.5 出现的新特性　　B. 泛型是一种安全机制

C. 使用泛型避免了强制类型转换　　D. 使用泛型必须进行强制类型转换

6. 以下关于泛型的说法哪个是正确的？（ ）

A. 泛型是通过类型参数来提高代码反复使用度的一种技术

B. 通过在类名后增加类型参数可以定义具有泛型特点的类

C. 通过在接口名后增加类型参数可以定义具有泛型特点的接口

D. 一个泛型类只能有一个类型参数

7. 以下说法错误的是（ ）。

A. 虚拟机中没有泛型，只有普通类和普通方法

B. 所有泛型类的类型参数在编译时都会被去除

C. 创建泛型对象时请指明类型，让编译器尽早的做参数检查

D. 泛型的类型擦除机制意味着不能在运行时动态获取 List<T> 中 T 的实际类型

8. 关于泛型说法正确的是（ ）。

A. 泛型传递的是数据类型　　B. 泛型传递的是值

C. 泛型不能定义接口　　D. 泛型不能定义方法

9. 以下关于泛型方法的说法，错误的是（ ）。

A. 所有泛型方法声明都有一个类型参数声明部分

B. 每一个类型参数声明部分包含一个或多个类型参数，参数间用逗号隔开

C. 类型参数能被用来声明返回值类型

D. 类型参数可以是基本类型（int、double、char 等）

10. 以下选项中关于 DAO 说法错误的是（ ）。

A. DAO 是数据存取对象，可以实现对数据库资源的访问

B. DAO 模式中要定义 DAO 接口和实现类，隔离不同数据库的实现

C. DAO 负责执行业务逻辑操作，将业务逻辑和数据访问隔离开来

D. DAO 负责完成数据持久化操作

11. DAO 的含义是（ ）。

A. 开放数据库互连应用编程接口　　B. 数据访问对象

C. Active 数据对象　　D. 数据库动态链接库

12. 下列关于 DAO 的描述哪个是不正确的？（ ）

A. DAO 实现数据访问机制，用于访问、操作持久化存储介质中的数据

B. DAO 处于业务逻辑层与数据库资源之间

C. 一般 DAO 与 Abstract Factory 模式一起使用

D. DAO 可以代替 DATA SOURCE

13. UserDAOImpl 继承 BaseDAOImpl 实现 UserDAO，正确的类头定义是（ ）。

A. public class UserDAOImpl extends BaseDAOImpl<User>{}

B. public class UserDAOImpl implments BaseDAOImpl<User>{}

C. public class UserDAOImpl extends BaseDAOImpl implements UserDAO {}

D. public class UserDAOImpl extends BaseDAOImpl<User> implements UserDAO {}

三、简答题

1. Java 中的泛型是什么？使用泛型的好处是什么？
2. 如何编写一个泛型方法，让它能接受泛型参数并返回泛型类型？
3. List<? extends T> 和 List <? super T> 之间有什么区别？
4. BaseDAO 是用来做什么的？写出 BaseDao 泛型接口的完整定义形式。
5. 采用 DAO 进行开发时，一般要设计哪些类和接口？

知识领域5 Java序列化机制

知识目标

1. 理解 Java 序列化的概念及其应用场景。
2. 理解 Java 对象序列化机制。
3. 掌握 Java 对象序列化和反序列化的步骤。

能力目标

熟练使用 Java 序列化机制编写应用程序。

素质目标

1. 培养学生创新意识。
2. 培养学生团队合作精神和人际交往能力。
3. 培养学生逻辑思维能力和实际动手能力。
4. 培养学生爱岗、敬业、求精的专业意识和职业道德。

5.1 应用场景

在分布式环境下，当进行远程通信时，彼此需要发送 Java 对象。因为在网络上传输的数据都会以二进制的形式存在，所以发送方需要把 Java 对象转换为字节序列，才能在网络上传送；接收方则需要把字节序列恢复为 Java 对象。这就需要对 Java 对象进行序列化处理。

序列化常应用于以下场景：

（1）永久保存对象，保存对象的字节序列到本地文件或者数据库中；

（2）通过序列化以字节流的形式使对象在网络中进行传递和接收；

（3）通过序列化在进程间传递对象。

5.2 相关知识

5.2.1 Java 序列化概述

1. Java 序列化和反序列化概念

Java 序列化是指把 Java 对象转换为字节序列的过程，而 Java 反序列化是指把字节序列恢复为 Java 对象的过程。

2. Java 序列化的几种方式

比较常见的方式有如下两种。

- Java 对象序列化。Java 类通过实现 Serializable 接口来实现该类对象的序列化。
- JSON 序列化。JSON 序列化就是指将数据对象转换为 JSON 字符串。

其他的序列化方式如下。

- ProtoBuf 序列化。ProtoBuf 序列化是一个用于对结构化数据进行序列化的协议，适合网络传输，可用于实现 C++、Java 和 Python 语言的序列化功能，适用范围很广，但不支持太多的数据类型，也不支持二维数组和 STL（Standard Template Library，标准模板库）容器（Set、List、Map 等）序列化。
- Hessian 序列化。Hessian 序列化是一种支持动态类型、跨语言、基于对象传输的网络协议。它的优点在于，比 Java 原生的序列化更快，序列化出来的数据更小。但它没有 Java 序列化可靠，而且也不如 Java 序列化全面。

5.2.2 Java 对象序列化机制

对于 Java 对象的序列化和反序列化机制，JDK 提供了一套 API 来进行支持，在 java.io 包下，包括以下接口和类：

- Serializable；
- Externalizable；
- ObjectOutputStream；
- ObjectInputStream。

Serializable 接口，表示一个类的序列化由实现该接口的类启用。未实现此接口的类将不会使任何状态序列化或反序列化。Serializable 接口没有方法或属性，仅用于标识可序列化的语义。

Externalizable 接口，表示只有实现 Externalizable 接口的类的对象才能写入序列化流中，并且该类负责保存和恢复其对象的内容。Externalizable 接口有 writeExternal() 和 readExternal() 方法。

ObjectOutputStream 类，代表对象输出流，它的 writeObject(Object obj) 方法可对参数指定的 obj 对象进行序列化，把得到的字节序列写到一个目标输出流中。

ObjectInputStream 类，代表对象输入流，它的 readObject() 方法从一个源输入流中读取字节序列，再把它们反序列化为一个 Java 对象，并将其返回。

Java 对象序列化的方法如下。

对象序列化使用 Serializable 和 Externalizable 接口，对象持久化机制也可以使用它们。如果对象支持 Externalizable，则可调用该接口的 writeExternal() 和 readExternal() 方法。如果对象不支持 Externalizable，并且实现 Serializable，则可使用 ObjectOutputStream 对象，即使用 ObjectInputStream 的 readObject() 方法和 ObjectOutputStream 的 writeObject(Object obj) 方法，对可序列化的 Java 对象进行读写。

5.2.3 Java 对象序列化

Java 对象实现序列化的步骤如下。

（1）定义一个实体类，并实现 Serializable 接口。

```
public class Employee implements Serializable {
}
```


（2）创建该类的对象。

```
Employee employee = new Employee();
```

（3）创建逻辑文件。

```
File file=new File(" 物理文件 ");
```

（4）创建文件输出流。

```
FileOutputStream fos=new FileOutputStream(file);
```

（5）创建对象输出流，负责将对象写入字节流。

```
ObjectOutputStream oos = new ObjectOutputStream(fos);
```

（6）通过对象输出流写入对象。

```
oos.writeObject(employee);
```

（7）最后关闭流。

```
oos.close();
fos.close();
```

5.2.4 Java 对象反序列化

Java 对象实现反序列化的步骤如下。

（1）定义一个实体类，并实现 Serializable 接口。

```
public class Employee implements Serializable {
}
```

（2）创建该类的对象。

```
Employee employee = new Employee();
```

（3）创建逻辑文件。

```
File file=new File(" 物理文件 ");
```

(4)创建文件输入流。

```
FileInputStream fis=new FileInputStream(file);
```

(5)创建对象输入流，负责将字节序列写入对象。

```
ObjectInputStream iis = new ObjectInputStream(fis);
```

(6)通过对象输入流读出对象并处理该对象。

```
employee=iis.readObject(employee);
System.out.println(employee);
```

(7)最后关闭流。

```
iis.close();
fis.close();
```


5.3 使用实例：Java 序列化机制使用实例

微课
Java 序列化机制使用实例

1. 任务描述

使用 Java 序列化机制编写应用程序。

任务需求如下。

将一个对象序列化后写入本地文件中，然后进行反序列化，最后读取并显示对象信息。

2. 任务分析、设计

Address 类，该类描述员工的地址信息，实现 Serializable 接口。

Employee 类，该类描述员工的信息，实现 Serializable 接口，同时引用 Address 类，作为员工的地址。

EmployeeSerializableTest 类，测试类。

EmployeeDeserializedTest 类，反序列化测试类。

数据文件，D:\employee.dat。

其类图如图 5-1 所示。

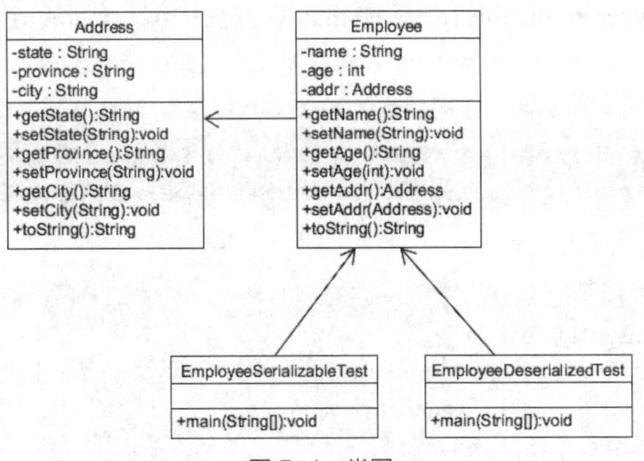

图 5-1 类图

3. 任务实施

任务实施一：序列化实体类对象并写入文件。

序列化的任务是将 Java 对象写入文件中，步骤如下。

（1）创建地址类 Address。

```
public class Address implements Serializable {
    private static final long serialVersionUID = 4983187287403615604L;
    private String state; // 表示员工所在的国家
    private String province; // 表示员工所在的省
    private String city; // 表示员工所在的市
    public Address(String state, String province, String city) {// 利用构造方法初始化各个域
        this.state = state;
        this.province = province;
        this.city = city;
    }
    // 省略 setter 和 getter 方法

}
```


Address 类实现了 Serializable 接口，那么该类的对象就是可序列化的。

（2）创建员工类 Employee。

```
public class Employee implements Serializable {
    private static final long serialVersionUID = 3049633059823371192L;
    private String name; // 表示员工的姓名
    private int age; // 表示员工的年龄
    private Address address;// 表示员工的地址
// 利用构造方法初始化各个域
    public Employee(String name, int age, Address address) {
        this.name = name;
        this.age = age;
        this.address = address;
    }
    // 省略 setter 和 getter 方法
}
```

Employee 实现了 Serializable 接口，那么该类的对象就是可序列化的。该类引用了 Address 类对象，其也是可序列化的。

（3）创建测试类。

创建测试类 EmployeeSerializableTest，在 main() 方法中编写代码，进行测试。

首先创建员工对象。

```
// 创建一个员工对象
Address address = new Address(" 中国 ", " 吉林 ", " 长春 ");// 创建 address 对象
Employee employee = new Employee(" 张 XX", 30, address);// 创建 employee 对象
```

然后将对象序列化后写入文件。

```
// 将该对象序列化后写入文件中
File file = new File("d:\\employee23.dat");
FileOutputStream fos = new FileOutputStream(file);
ObjectOutputStream oos = new ObjectOutputStream(fos);
oos.writeObject(employee);
```

最后关闭流。

```
oos.flush();
oos.close();
fos.close();
```

任务实施二：从磁盘上读出数据并反序列化为对象。

反序列化的任务是从磁盘上读出并修改员工信息，然后再写入文件中，步骤如下。

创建反序列化测试类 EmployeeDeserializedTest，在 main() 方法中编写代码进行测试。

```
public class EmployeeDeserializedTest {
    public static void main(String[] args) {
        // 建立数据文件对象
        File file = new File("d:\\employee23.dat");
        // 从文件中读取对象，反序列化该对象

        // 修改该员工的相关信息

        // 将该员工对象再次写入文件中，进行序列化

        // 再次从文件中读取对象，进行反序列化

    }
}
```

（1）从数据文件中读取信息，并对其进行反序列化。

```
File file = new File("d:\\employee23.dat");
// 从文件中读取对象，反序列化该对象
Employee employee1 = null;
try {
    FileInputStream fis = new FileInputStream(file);
    ObjectInputStream ois = new ObjectInputStream(fis);
    employee1 = (Employee) ois.readObject();
    System.out.println(" 修改前员工的信息 : ");
    System.out.println(employee1);// 输出 employee 对象
catch (FileNotFoundException e) {
}
```

（2）修改员工的相关信息。

```
// 修改该员工的相关信息
employee1.getAddress().setState(" 中国 ");
employee1.getAddress().setProvince(" 湖北省 ");
employee1.getAddress().setCity(" 武汉市 ");
employee1.setAge(21);
```

（3）将该员工对象写入数据文件中，并再次读取、显示。写入文件的代码参考前面的代码。

4. 运行结果

运行程序得到图 5-2 所示的结果。

从运行结果上可以看出，Java 对类的对象进行序列化时，若类中存在对象引用（且值不为 null），也会对类的引用对象进行序列化。

```
Markers  Properties  Servers  Data Source Explorer  Snippets  Console  Search
<terminated> TestDeserialize [Java Application] C:\Java\jdk1.7.0_67\bin\javaw.exe (2017年8月3日 上午1:26:38)
修改前员工的信息:
姓名: 张XX, 年龄: 30
地址: 国家: 中国, 省: 吉林, 市: 长春
修改后员工的信息:
姓名: 张XX, 年龄: 21
地址: 国家: 中国, 省: 湖北省, 市: 武汉市
```

图 5-2　运行结果

关于对象序列化与反序列化还有两点需要注意：

- 反序列化无须通过构造器初始化对象；
- 如果使用序列化机制向文件中写入了多个对象，那么取出和写入的顺序必须一致。

5.4 实训项目：使用 Java 序列化机制编写应用程序

实训工单　使用Java序列化机制编写应用程序

任务名称	使用 Java 序列化机制编写应用程序	学时		班级	
姓名		学号		任务成绩	
实训设备		实训场地		日期	
实训任务	根据如下要求，编写应用程序。 1. 定义学生类 封装学生基本信息及各科课程成绩。由于不同学生的课程名称及课程门数不一样，因此学生成绩可以采用 Map<String,Integer> 存储。并要求学生的身份证号禁止序列化。 2. 实现序列化 将学生信息保存到本地磁盘的“student.dat”中。要求从键盘上输入学生信息及成绩。例如： ******************** 请输入学生信息 ****************** 学生学号：20190102001 学生姓名：张三 身份证号：420120********7896 ***** 请输入成绩 ****** Java：96 MySQL：80 Java Web：78 信息已保存成功！ 3. 实现反序列化 从文件“student.dat”中读取学生的信息并显示基本信息、成绩和平均成绩，例如： ******************** 学生信息 ****************** 学生学号　　学生姓名　　身份证号 20190102001　　张三　　NULL ******** 各科成绩 ********* 课程　成绩 Java　96 MySQL　80 JavaWeb　78 平均成绩：84.7 4. 进行调试和测试				

续表

实训目的	1. 理解 Java 序列化的概念及其应用场景 2. 掌握 Java 对象序列化的方法 3. 熟练使用 Java 序列化机制编写相应的应用程序
相关知识	1. Java 序列化的基本概念及其应用场景 2. Java 对象序列化的几种方式 3. Java 对象序列化的方法 4. Java API 帮助文档
决策计划	根据任务要求，提出分析方案，确定所需要的设备、工具，并对小组成员进行合理分工，制定详细的工作计划。 1. 分析方案 序列化过程，将内存中的 Java 对象保存到磁盘中或通过网络传输。 反序列化过程，将磁盘文件中的对象还原为内存中的一个 Java 对象。 实现思路如下。 （1）定义学生类，封装基本信息，身份证号不被序列化。学生成绩采用 Map<String,Integer> 存储。 （2）使用 FileOutputStream 和 FileInoutStream 类。 （3）使用 ObjectOutputStream 和 ObjectInputStream 类。 （4）调用 readObject() 和 writeObject() 方法，进行读写操作。 2. 需要的实训工具 3. 小组成员分工 4. 工作计划
实施	1. 任务 2. 实施主要事项 3. 实施步骤
评估	1. 请根据自己的任务完成情况，对自己的工作进行评估，并提出改进意见 （1） （2） （3） 2. 教师对学生工作情况进行评估，并进行点评 （1） （2） （3） 3. 总结 （1） （2） （3）

实训阶段过程记录表

序号	错误信息	问题现象	分析原因	解决办法	是否解决

实训阶段综合考评表

考评项目		自我评估	组长评估	教师评估	备注
素质考评（40分）	劳动纪律（10分）				
	工作态度（10分）				
	查阅资料（10分）				
	团队协作（10分）				
工单考评（10分）	完整性（10分）				
实操考评（50分）	工具使用（5分）				
	任务方案（10分）				
	实施过程（30分）				
	完成情况（5分）				
小计	100分				
总计					

5.5 拓展知识

5.5.1 transient关键字

在一些特殊场景下，比如银行账户，出于保密考虑，不希望对存款金额进行序列化，或者类的一些引用类型的成员是不可序列化的，此时可以使用transient关键字修饰不想被或者不能被序列化的成员变量。

5.5.2 Externalizable接口

Java语言还提供了另外的方式来实现对象持久化，即外部序列化。外部序列化与序列化的主要区别在于序列化是内置的 API。只需要实现 Serializable 接口，开发人员不需要编写过多代码就可以实现对象的序列化。而用外部序列化时，Externalizable 接口中的方法必须由开发人员实现。因此与实现 Serializable 接口的方法相比，使用 Externalizable 编写程序的难度更大，但是由于控制权交给了开发者，开发者在编程时有更多的灵活性，可以对需要持久化的那些属性进行控制，从而提高程序的性能。

5.6 拓展训练：transient 关键字的使用方法

transient 关键字的使用方法

一、实验描述

一个对象只要实现了 Serilizable 接口，就可以被序列化并且开发者不必关心具体序列化的过程。只要某个类实现了 Serilizable 接口，这个类的所有属性和方法都会自动序列化。

然而在实际开发过程中，我们常常会遇到这样的问题，这个类的有些属性需要序列化，而其他属性不需要被序列化，例如一些敏感信息（如密码、银行卡号等）。安全起见，这些信息不希望在网络操作（主要涉及序列化操作，本地序列化缓存也适用）中被传输。这时候就需要使用 transient 关键字。

本实验讲述 transient 关键字的基本使用方法。

二、实验目的

熟练使用 transient 关键字实现不序列化某些成员属性。

三、分析设计

JDK 提供了 transient 关键字。Java 类实现 Serializable 接口，在不需要序列化的属性前添加关键字 transient，当序列化对象的时候，这个属性就不会被序列化。在反序列化后，transient 修饰的变量的值被设为默认值，如 int 型的默认值是 0，对象型的默认值是 null。

实现思路如下。

1. 创建 Person 类

封装属性、方法及构造方法。为不需要序列化的属性加上 transient 关键字。

2. 创建测试主类

在 main() 方法中编写测试用例实现序列化和反序列化。

四、实验步骤

1. 创建 Person 类

创建 Person 类，封装属性、方法及构造方法。

```
public class Person implements Serializable {

    private static final long serialVersionUID = 1L;
    private String name;
    // 身份证号 不需要序列化
    private transient String cardID;
    private String sex;
    private int age;
```

其中 cardID 表示身份证号，其不被序列化，使用 transient 关键字进行修饰。

2. 创建测试主类

创建 ObjectTransientTest 类，其中封装序列化方法 serializeObjectToFile (String fileName,Person p)、反序列化方法 deserializeObjectFromFile(String fileName) 方法以及 main() 方法。

（1）定义序列化方法 serializeObjectToFile (String fileName,Person p)。

```
/**
 *
    * @Title: serialize
    * @Description: 序列化对象到文件
    * @param fileName
    * @return void
    * @throws
 */
    public  void serializeObjectToFile(String fileName,Person p) {
        try {
            File file = new File(fileName);
            FileOutputStream fos = new FileOutputStream(file);
            ObjectOutputStream oos = new ObjectOutputStream(fos);

            oos.writeObject(p);

            oos.close();
            fos.close();

        } catch (FileNotFoundException e) {
            e.printStackTrace();
        } catch (IOException e) {
            e.printStackTrace();
        }
    }
```

（2）定义反序列化方法。

```
/**
 *
    * @Title: deserialize
    * @Description: 从文件中反序列化对象
    * @param fileName
    * @return void
```

```
    * @throws
    */
    public   Person deserializeObjectFromFile(String fileName) {
        Person person=null;
        try {
            ObjectInputStream in = new ObjectInputStream(new FileInputStream(fileName));

            person = (Person) in.readObject();// 对象

        } catch (FileNotFoundException e) {
            e.printStackTrace();
        } catch (IOException e) {
            e.printStackTrace();
        } catch (ClassNotFoundException e) {
            e.printStackTrace();
        }
        return person;
    }
```

（3）方法调用。

```
public static void main(String[] args) {
    // TODO Auto-generated method stub
    ObjectTransientTest oet=new ObjectTransientTest();
    String fileName="D:\\person.txt";
    Person person = new Person(" 李四 ", "42011199999", " 女 ", 24);
    System.out.println(" 序列化前 Person 数据 ："+person.toString());
    oet.serializeObjectToFile(fileName,person);
    Person p=new Person();
    p=oet.deserializeObjectFromFile(fileName);
    System.out.println(" 反序列化后 Person 数据 ："+p.toString());

}
```

五、实验结果

最后运行程序，结果如图 5-3 所示。

```
Problems  @ Javadoc  Declaration  Search  Console ☒  Progress
<terminated> ObjectTransientTest [Java Application] C:\Program Files\Java\jre1.8.0_181\bin\javaw.exe (2020年12月11日 上午9:41:38)
序列化前Person数据：Person[李四,42011199999,女,24]
反序列化后Person数据：Person[李四,null,女,24]
```

图 5-3　运行结果

六、实验小结

（1）一旦变量被 transient 修饰，变量将不再是对象持久化的一部分，该变量内容在序列化后无法获得。

（2）变量如果是用户自定义类变量，则该类需要实现 Serializable 接口。

（3）被 transient 关键字修饰的属性反序列化时使用默认值。

（4）transient 关键字只能修饰变量，而不能修饰方法和类。注意，局部变量是不能被 transient

关键字修饰的。

（5）被 transient 关键字修饰的变量不再能被序列化。一个静态变量不管是否被 transient 修饰，均不能被序列化。

5.7 课后小结

1. Java 序列化机制

Java 序列化是指把 Java 对象转换为字节序列的过程，而 Java 反序列化是指把字节序列恢复为 Java 对象的过程。

Java 序列化常应用于永久保存对象、在网络中传输 Java 对象、在进程间传递对象等场合。

2. Java 序列化接口

Serializable 接口，表示一个类的序列化由实现 Serializable 接口的类启用。该接口没有方法或属性，仅用于标识可序列化的语义。

Externalizable 接口，表示只有实现 Externalizable 接口的类的对象才能写入序列化流中，并且该类负责保存和恢复其对象的内容。Externalizable 接口有 writeExternal() 和 readExternal() 方法。

3. Java 序列化方法

对象序列化使用 Serializable 和 Externalizable 接口，对象持久化机制也可以使用它们。

如果对象支持 Externalizable，则可调用该接口的 writeExternal() 和 readExternal() 方法。

如果对象不支持 Externalizable，并且实现 Serializable，则使用 ObjectOutputStream 对象，即使用 ObjectInputStream 的 readObject() 方法和 ObjectOutputStream 的 writeObject(Object obj) 方法，对可序列化的 Java 对象进行读写。

5.8 课后习题

一、填空题

1. 若要用 ObjectOutputStream 写入一个对象，那么这个对象必须实现________接口，不然程序会抛出 NoSerializableException 类型的异常。

2. 对象的输出流将指定的对象写入文件的过程，就是将对象________的过程，对象的输入流将指定序列化好的文件读出来的过程，就是将对象________的过程。

3. ObjectOutputStream 类扩展 DataOutput 接口。writeObject() 方法是最重要的方法，用于________。

4. 类中聚合了其他未实现序列化接口的类对象（此对象已实例化的情况下）时，________（能 / 不能）序列化。

5. transient 修饰的变量________（能 / 不能）被自动序列化，它只能修饰变量，不能修饰方法和类。

二、单选题

1. 以下关于对象序列化描述正确的是（　　）。
   A. 使用 FileOutputStream 可以对对象进行传输
   B. 使用 PrintWriter 可以对对象进行传输
   C. 使用 ObjectOutputStream 类完成对象存储，使用 ObjectInputStream 类完成对象读取
   D. 对象序列化的所属类需要实现 Serializable 接口

2. 以下关于序列化的描述正确的是（　　）。
   A. 所有 Java 对象都可序列化　　B. 所有 Java 对象都必须序列化
   C. Java 对象的所有成员和方法都可序列化　　C. Java 对象在需要时才序列化

3. 序列化时使用 FileOutputStream 对象的（　　）方法。
   A. writeObject()　　B. readObject()
   C. write()　　D. read()

4. 可序列化类中的 writeObject() 和 readObject() 方法使用什么访问修饰符？（　　）
   A. public　　B. 没有访问修饰符
   C. protected　　D. private

5. 下列描述中，正确的是（　　）。
   A. 在 Serializable 接口中定义了抽象方法
   B. 在 Serializable 接口中定义了常量
   C. 在 Serializable 接口中没有定义抽象方法，也没有定义常量
   D. 在 Serializable 接口中定义了成员方法

6. 以对象为单位把某个对象写入文件，则需要使用什么方法？（　　）
   A. writeInt()　　B. writeObject()
   C. write()　　D. writeUTF()

7. 下列哪个类的方法能够直接把基本类型数据写入文件？（　　）
   A. OutputStream　　B. BufferedWriter
   C. ObjectOutputStream　　D. FileWriter

8. 若一个类对象能被整体写入文件，则定义该类时必须实现下列哪个接口？（　　）
   A. Runnable　　B. ActionListener
   C. WindowsAdapter　　D. Serializable

9. 为了实现自定义对象的序列化，该自定义对象必须实现哪个接口？（　　）
   A. Volatile　　B. Serializable
   C. Runnable　　D. Transient

10. 下面关于序列化的说法正确的是（　　）。
   A. 只有可序列化对象才可以被序列化

B. String 不是可序列化对象

C. 只有 JDK 提供的类才可能是可序列化的，而自定义的类不可能是可序列化的

D. 一个可序列化类的任何属性都可以被序列化

三、简答题

1. 什么是 Java 序列化?
2. 在什么情况下需要序列化?
3. Java 中实现序列化有哪几种方式?
4. 如果你的 Serializable 实现类包含一个不可序列化的成员，会发生什么？你是如何解决的?

知识领域6 Java多线程机制

06

知识目标

1. 理解线程及多线程的概念及其应用场景。
2. 掌握线程的定义、创建和启动方法。
3. 理解线程的生命周期、状态及状态间的转换。
4. 了解线程的优先级设置及线程的常用调度方法。
5. 了解多线程同步的概念。
6. 理解多线程的同步机制。
7. 掌握 3 种常用的同步方法。

能力目标

1. 熟练使用 Java 多线程机制编写应用程序。
2. 熟练使用多线程的同步机制编写应用程序。

素质目标

1. 培养学生良好的职业道德和职业素养、精益求精的工匠精神。
2. 培养学生协同合作的团队精神。
3. 培养学生创新意识。
4. 培养学生较强的人文素养、自主学习和可持续发展的能力。

6.1 应用场景

在使用网络分布式、高并发应用程序的情况下，Java 多线程编程技术在开发工作中得到非常广泛的应用。多线程的常见应用场景如下。

（1）后台任务，例如：耗时或大量占用处理器的任务、定时向大量用户发送邮件的任务等。

（2）异步处理，例如：发微博、记录日志等。

（3）并发运行，例如：视频解码、音频解码、网络解码等。

（4）分布式计算，例如：在两个或多个软件间互相共享信息等。

但当多个线程要同时访问（如数据的 CRUD）一个共享变量、同一个对象或同一个对象的方法时，这些线程中既有读又有写操作，将会导致数据不准确、线程之间产生冲突等问题。所以就要使用多线程同步机制去解决这些问题。

6.2 相关知识

6.2.1 Java 多线程概念

进程（Process）：是计算机中的程序关于某数据集合的一次运行活动，是系统进行资源分配和调度的基本单位。

线程（Thread）：也称为轻量级进程（Light Weight Process，LWP），是一个独立处理的执行路径，是被系统独立调度和分派的最小单位。

并发（Concurrency）：一个进程可以由多个线程组成，即在一个进程中可以同时运行多个不同的线程，它们分别执行不同的任务。当进程内的多个线程同时运行时，这种运行方式被称为并发运行。

多线程（Multithreading）：是指在软件或者硬件上实现多个线程并发执行的技术。

进程是程序的一次动态执行过程，它对应了从代码加载、执行至执行完毕的一个完整过程，每个进程都有独立的运行环境（包括内存空间、数据、进程上下文等）。在单线程中，进程的运行环境内只有一个线程运行，所以该线程具有独立使用进程资源的权利；在多线程中，进程中有多个线程运行，所以它们共享同一个运行环境，就每个线程而言，只有很少的独有资源，如控制线程运行的线程控制块、保留局部变量和少数参数的栈空间等。也正因为多个线程会共享进程资源，所以当它们对同一个共享变量或对象进行操作的时候，线程的冲突就产生了，破坏了数据的完整性、一致性。

6.2.2 Java 多线程机制

微课

线程的基本使用

Java 多线程机制是指 Java 语言提供了一些接口、类，以实现对多线程的支持，重点解决在多线程并发情境下线程间通信、线程间同步的问题。

1. 线程的定义

线程的定义有两种方式：继承 Thread 类和实现 Runnable 接口。

（1）继承 Thread 类定义线程类。

定义一个继承 Thread 类的子类，并重写该类的 run() 方法。

```
class MyThead extends Thread  {
    public void run()  {
        //do something here

    }
}
```

（2）实现 Runnable 接口定义线程类。

定义 Runnable 接口的实现类，并重写该类的 run() 方法。

```
class MyRunnable implements  Runnable  {
    public void run()  {
        //do something here
    }
}
```

两种方式的比较如下。

继承 Thread 类的方式，编程简单，要访问当前线程，直接用 this 即可，由于 Java 只支持单继承，继承了 Thread 类的类不能再继承其他类。

实现 Runnable 接口的方式，代码复杂，实现了 Runnable 接口的类还可以继承其他的类，多个线程之间共享一个实例，适合多个线程处理同一份资源的情况。

在实际应用中，多数情况都采用实现 Runnable 接口的方式。

2. 线程的创建

（1）使用 Thread 类的子类创建线程实例对象。

```
MyThread oneThread = new MyThread();
```

（2）使用实现 Runnable 接口的类创建线程实例对象。

```
Runnable twoRunnable = new MyRunnable();
Thread twoThread=new Thread(twoRunnable);
```

首先创建 Runnable 实现类的实例，再以此实例作为 Thread 的构造方法里的 target 参数来创建 Thread 对象，该 Thread 对象才是真正的线程对象。

3. 线程的启动

调用线程的 start() 方法启动线程。

```
oneThread.start();
twoThread.start();
```

Runnable 实现类的实例并不是真正的线程对象，不能通过该实例调用 start() 方法启动线程。所以，这里假如使用 twoRunnable 调用 start() 方法则会出错。

4. 线程的生命周期、状态及状态间的转换

（1）线程的生命周期。

线程是一个动态的概念，有创建的时候，有运行和变化的时候，当然也有消亡（死亡）的时候，所以它“从生到死”就是一个生命周期，如图 6-1 所示。

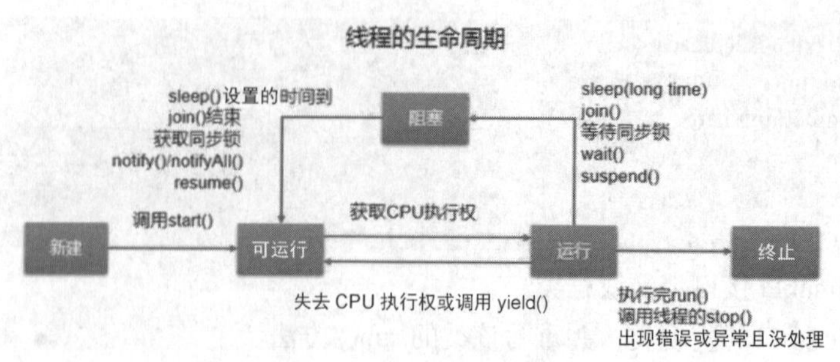

图 6-1　线程的生命周期

（2）线程的状态。

JDK 中用 Thread.State 类定义了线程的 6 种状态，包含 NEW、RUNNABLE、BLOCKED、WAITING、TIMED_WAITING、TERMINATED。一个线程在给定时刻有且仅有其中的一种状态。虽然 RUNNABLE 状态包括操作系统线程状态中的 Running 和 Ready，但是线程的这些状态是不反映任何操作系统线程状态的虚拟机状态。

（3）线程状态间的转换。

线程启动后，它不会一直处于运行状态，而是会在不同的状态间进行转换。线程的状态转换如图 6-2 所示。

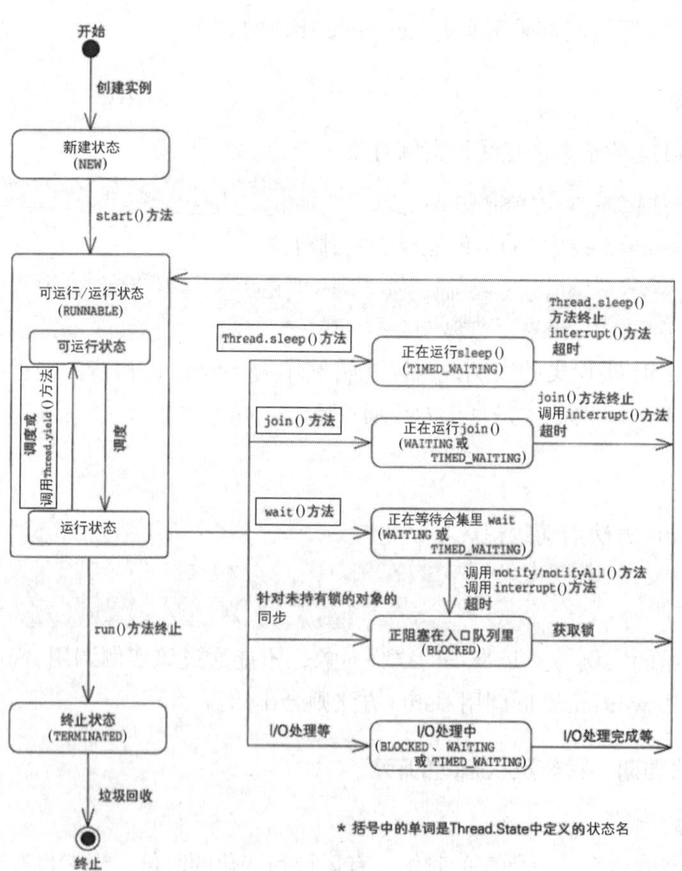

图 6-2　线程的状态转换

线程的状态转换如下。

① NEW（新建状态）。

线程对象被创建后就进入了新建状态，如 Thread myThread = new Thread(); 处于新建状态的线程有自己的内存空间。通过调用 start() 方法进入可运行状态（RUNNABLE）。

② RUNNABLE（可运行状态和运行状态）。

通过调用 start() 方法进入可运行状态。处于可运行状态的线程已经具备了运行条件，但还没有分配到 CPU 资源，会进入线程就绪队列，等待系统为其分配 CPU 资源。处于可运行状态的线程，如果获得了 CPU 的调度，就会从可运行状态变为运行状态，执行 run() 方法中的任务。

处于运行状态的线程最为复杂，它可以变为可运行状态、阻塞状态、等待状态、超时等待状态和终止状态。

正在运行的线程调用了 yield() 方法或时间片用完，则失去 CPU 资源，就会从运行状态变为可运行状态，重新等待系统分配资源。

当调用线程的 wait() 方法，让线程等待某工作的完成，此时线程由运行状态转为等待状态。

线程在获取 synchronized 同步锁失败（因为锁被其他线程所占用），它会进入阻塞状态。

当线程调用了自身的 sleep() 方法、其他线程的 join() 方法或发出了 I/O（Input/Output，输入输出）请求时，进程让出 CPU，线程就会进入超时等待状态。当 sleep() 超时、join() 等待线程终止或者超时、I/O 处理完毕时，线程重新转入可运行状态。

当线程的 run() 方法执行完，或者被强制性地终止，例如出现异常，或者调用了 stop()、desyory() 方法等时，线程就会从运行状态转变为终止状态。

③ BLOCKED（阻塞状态）。

阻塞状态是线程等待锁的状态。当线程刚进入可运行状态（注意，还没运行）时，发现将要调用的资源被同步，获取不到锁标记，将会立即进入阻塞状态，等待获取锁标记进入同步代码块 / 方法，或调用 wait() 方法后重新进入需要竞争锁。一旦线程获得锁标记后，就转入可运行状态，等待操作系统分配 CPU 时间片。线程从阻塞状态只能进入可运行状态，无法直接进入运行状态。

④ WAITING（等待状态）。

一个线程在等待另一个线程执行动作时处于等待状态。调用以下方法，线程可进入该状态：Object.wait()、Object.join()、LockSupport.park()。处于该种状态的线程是不会自动唤醒的，必须等待另一个线程调用 notify() 或 notifyAll() 方法才能唤醒。

⑤ TIMED_WAITING（超时等待状态）。

线程等待指定时间时，会进入超时等待状态。调用以下方法进入该状态：Thread.sleep(long)、Object.wait(long)、Thread.join(long)、LockSupport.parkNanos()、LockSupport.parkUntil()。

该状态即停止当前线程，但并不释放所占有的资源，如调用 sleep () 函数后，线程不会释放它的锁标记。当 sleep() 或 join() 等运行结束后，该线程进入可运行状态，继续等待操作系统分配 CPU 时间片。

⑥ TERMINATED（终止状态）。

当线程的 run() 方法执行完，或者被强制性地终止时，线程就会进入终止状态。线程一旦结束或终止，就不能“复生”。如果在一个终止的线程上调用 start() 方法，会抛出 java.lang.IllegalThreadState Exception 异常。

5. 线程的优先级设置

每个线程执行时都有一定的优先级，优先级高的线程获得较多的执行机会，优先级低的线程获得较少的执行机会。

每个线程默认的优先级都与创建它的父线程的优先级相同，在默认情况下，main() 的优先级是 5，由 main() 创建的线程的优先级也是 5。

Thread 类提供了 setPriority(int i) 和 getPriority(int i) 方法来设置和获得优先级。其中 setPriority() 方法的参数可以是一个整数，也可以是 Thread 类的 3 个静态常量。3 个静态常量如下。

- MAX_PRIORITY，其值是 10。
- MIN_PRIORITY，其值是 1。
- NORM_PRIORITY，其值是 5。

微课

Java 多线程同步机制

6.2.3　Java 多线程同步机制

当处理一个比较大的耗时任务时，可以开启多个线程同时处理一些小的任务。但当多个线程要同时访问（如数据的 CRUD）一个共享变量、同一个对象或同一个对象的方法时，这些线程中既有读又有写操作，将会导致数据不准确、线程之间产生冲突等问题。多线程同步机制就用于解决这些问题。

1. 多线程同步的概念

多线程在一些关键点上可能需要互相等待与互通消息，这种相互制约的等待与互通消息被称为多线程同步。

在多线程编程里面，一些较为敏感的数据是不允许被多个线程同时访问的，具有排他性，即互斥。在互斥的基础上，可通过同步机制实现访问者对资源的有序访问，确保数据在任何时刻最多只有一个线程访问，保证数据的完整性。

多线程同步是为了确保线程安全，所谓线程安全问题指的是多个线程对同一资源进行访问时，有可能产生的数据不一致问题。如果多线程程序运行结果和单线程运行的结果是一样的，且相关变量的值与预期值一样，则该多线程程序是线程安全的。

2. Java 多线程的同步机制

Java 多线程同步机制，是指使用一些关键字、接口和类以及常用调度方法来实现多线程的同步。多线程的同步方法大体分为以下几种：

- 使用同步关键字（synchronized）;
- 使用重入锁类（ReentrantLock）;
- 使用特殊域变量关键字 (volatile)；
- 使用局部变量（ThreadLocal）;
- 使用原子变量 (AtomicInteger)；
- 使用阻塞队列（BlockingQueue）。

3. 常用的 3 种同步方法

多线程的同步方法有很多种，这里介绍 3 种常用的同步方法。

（1）使用 synchronized 关键字。

synchronized 关键字，是比较常用的用来控制线程同步的关键字，可以保证在同一个时刻，只有一个线程可以执行某个方法或者某个代码块（主要是对方法或者代码块中存在的共享数据的操作），以确保数据的完整性。

synchronized 机制是给共享资源上锁，只有拿到锁的线程才可以访问共享资源，这样就可以强制使得线程对共享资源的访问都是顺序的。synchronized 是一种独占的加锁方式，使用 synchronized 修饰的代码具有原子性和可见性，在需要线程同步的程序中使用的频率非常高，可以满足一般的线程同步要求。

synchronized 关键字一般用在代码块和方法（实例方法和静态方法）上。

同步代码块是指用 synchronized 关键字修饰的代码块。被该关键字修饰的代码块会自动被加上内置锁，从而实现同步。

```
synchronized(a1) {
    // 操作
}
```

同步实例方法是指用 synchronized 关键字修饰的实例方法。Java 的每个对象都有一个内置锁，当用此关键字修饰方法时，内置锁会保护整个方法。在调用该方法前，需要获得内置锁，否则线程会处于阻塞状态。

```
public synchronized void increase() {
    i++;
}
```

同步静态方法是指用 synchronized 关键字修饰的静态方法。由于静态成员不专属于任何一个实例对象，是类成员，因此如果调用该静态方法，将会锁住整个类。

```
public static synchronized void increase() {
    i++;
}
```

需要注意如下几点。

① 在同步代码块中，synchronized 锁的是括号里的对象，而不是代码。当 synchronized 锁住一个对象之后，别的线程如果想要获取锁对象，就必须等锁住该对象的线程执行完释放锁对象之后才可以获取，否则一直处于等待状态。

② 对于非静态的 synchronized 修饰的方法，锁是对象本身也就是 this。

③ 同步是一种高开销的操作，因此应该尽量减少同步的内容。缩小 synchronized 的使用范围，减小锁粒度也是一种削弱多线程锁竞争的有效手段。

（2）使用 volatile 关键字。

Java 语言提供了一种稍弱的同步机制，即 volatile 关键字。作为 Java 中的关键字，它表示被修饰的变量的值容易变化（被其他线程修改），因此不稳定。

实例代码如下：

```
public class Bank {
    private volatile int count = 0;// 账户余额

    // 存钱
    public void addMoney(int money) {
        count += money;
        System.out.println(System.currentTimeMillis() + " 存进 ：" + money);
    }

    // 取钱
    public void subMoney(int money) {
        if (count - money < 0) {
            System.out.println(" 余额不足 ");
            return;
        }
        count -= money;
        System.out.println(+System.currentTimeMillis() + " 取出 ：" + money);
    }

    // 查询
    public void lookMoney() {
        System.out.println(" 账户余额 ：" + count);
    }
}
```

其中 count 变量使用 volatile 关键字修饰。在访问 volatile 修饰的变量时不会执行加锁操作，也就不会使执行线程阻塞，因此 volatile 关键字是一种比 synchronized 关键字更轻量级的同步机制。volatile 关键字有如下特性。

- volatile 关键字为域变量的访问提供了一种免锁机制。
- 使用 volatile 修饰域相当于告诉虚拟机该域可能会被其他线程更新。
- 每次使用 volatile 修饰的域都要重新计算，而不是使用寄存器中的值。
- volatile 不会提供任何原子操作，它也不能用来修饰 final 类型的变量。

（3）使用 Lock 接口。

在 JDK5 中，Java 引入了一个概念 Lock，即“锁”。其功能与 synchronized 的功能类似。Lock 接口中的 lock() 方法是用来获取锁的；unLock() 方法是用来释放锁的。如果锁已被其他线程获取，则线程等待。

在 java.util.concurrent.locks 包下有 Lock 接口及其实现类。ReentrantLock 类是 Lock 接口的实现类，是一个可重入互斥锁，具有与使用 synchronized 修饰的方法和语句相同的基本行为和语义，还具有扩展功能，诸如可响应中断锁、可轮询锁请求、定时锁等避免多线程死锁的方法。

实例代码如下：

```
private Lock lock = new ReentrantLock(); // ReentrantLock 是 Lock 的实现类

private void method(Thread thread){
        lock.lock(); // 获取锁对象
        try {
          System.out.println(" 线程名 ："+thread.getName() + " 获得了锁 ");
```

```
            // Thread.sleep(2000);
        }catch(Exception e){
            e.printStackTrace();
        } finally {
            System.out.println(" 线程名 : "+thread.getName() + " 释放了锁 ");
        lock.unlock(); // 释放锁对象
        }
    }
```

ReentrantLock 通过方法 lock() 与 unlock() 来进行加锁与解锁操作，与 synchronized 会被 JVM 自动解锁的机制不同，ReentrantLock 加锁后需要手动进行解锁。为了避免程序出现异常而无法正常解锁的情况，使用 ReentrantLock 必须在 finally 控制块中进行解锁操作。

在并发量较小的多线程应用程序中，ReentrantLock 与 synchronized 性能相差无几，但在高并发量的条件下，synchronized 性能会迅速下降，而 ReentrantLock 的性能却依然能维持在原有水准。因此我们建议在高并发量情况下使用 ReentrantLock。

Lock 和 synchronized 区别如下。

Lock 是一个接口，而 synchronized 是 Java 中的关键字，synchronized 是内置的实现。

synchronized 在发生异常时，会自动释放线程占有的锁，因此不会导致死锁现象发生；而 Lock 在发生异常时，如果没有主动通过 unLock() 去释放锁，则很可能造成死锁现象，因此使用 Lock 时需要在 finally 块中释放锁。

Lock 可以让等待锁的线程响应中断，而 synchronized 却不行。使用 synchronized 时，等待的线程会一直等待下去，不能够响应中断。

Lock 可以提高多个线程进行读操作的效率。

6.3 使用实例

6.3.1 Java 多线程机制使用实例

微课

Java 多线程机制使用实例

1. 任务描述

使用 Java 多线程机制编写应用程序。

任务需求如下。

（1）编写输出杨辉三角形的线程。

（2）编写输出斐波那契数列的线程。

（3）通过两种方式定义、创建、启动线程。

（4）使用调度方法转换线程的状态并显示。

（5）设置线程的优先级并调度线程。

2. 任务分析、设计

（1）分析类。

本问题域中涉及 3 个类，杨辉三角形线程类 PascalTriangleThread、斐波那契数列线程类 FibonacciThread、测试主类 ThreadUsedTest。其类图如图 6-3 所示。

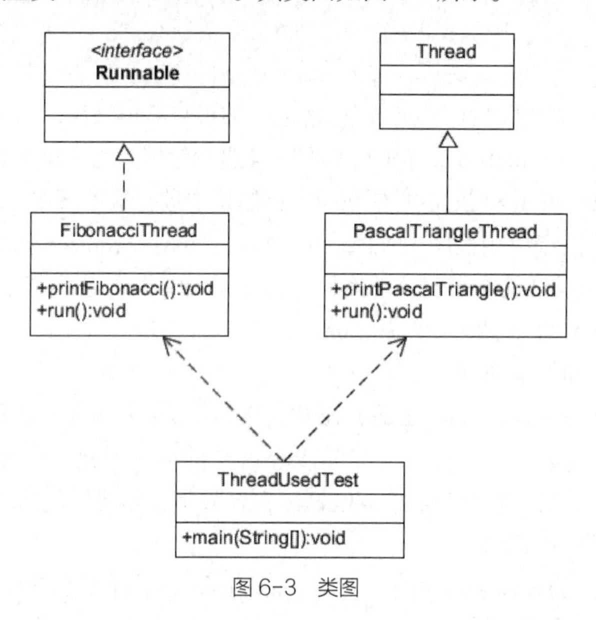

图 6-3　类图

（2）实现思路。

① 分别使用继承 Thread 类、实现 Runable 接口这两种方式定义线程。

② 在测试主类的 main() 方法中创建两个线程的对象，然后启动线程，观察结果。

③ 通过线程的调度来改变线程的状态，观察结果。

④ 使用 Thread 的 getPriority()、setPriority() 获取、设置线程的优先级。

3. 编码实现

首先定义线程。

定义杨辉三角形线程 PascalTriangleThread，使用继承 Thread 类的方式，代码如下：

```
public class PascalTriangleThread extends Thread {
    /*
* 输出杨辉三角形
*/
    public void printPascalTriangle() {

    }

    public void run(){
        printPascalTriangle();
    }
}
```

定义斐波那契数列线程 FibonacciThread，使用实现 Runnable 接口的方式，代码如下：

```
public class FibonacciThread implements Runnable {
	/*
* 输出斐波那契数列
	*/
	public void printFibonacci() {

	}

	@Override
	public void run() {
		// TODO Auto-generated method stub
		printFibonacci();
	}
}
```

然后创建线程，即创建线程类的对象。

创建杨辉三角形线程的对象，代码如下：

```
// 创建杨辉三角形线程的对象
PascalTriangleThread ptt = new PascalTriangleThread();
// 设置线程的名称
ptt.setName(" 打印杨辉三角形线程 ");
```

创建斐波那契数列线程的对象，代码如下：

```
// 创建斐波那契数列线程的对象。通过 Thread 的构造方法 Thread(Runnable target) 实现
FibonacciThread ft=new FibonacciThread();
Thread ftt=new Thread(ft);
```

再启动线程。

通过调用 start() 方法来启动线程，线程启动后将执行 run() 方法体内的代码。代码如下：

```
ptt.start(); // 启动杨辉三角形线程
ftt.start(); // 启动斐波那契数列线程
```

4. 运行结果

（1）如果线程都启动，运行结果如图 6-4 所示。

```
Problems  @ Javadoc  Declaration  Search  Console
<terminated> ThreadUserdTest [Java Application] C:\Program Files\Java\jre1.8.0_181\bin\javaw.exe (2020年11月13日 下午4:13:08)
杨辉三角形:
斐波那契数列:

1	1	1
2	1	3	1
5
1	2	1
1	3	3	8	1
1	4	6	4	1
13	1	21	5	34	10	55
10	89	5	144	1
1	6	233	15	377	20	15	6	1
1	7	21	35	35	21	7	1
1	8	28	56	70	56	28	8	1
1	9	36	84	126	126	84	36	9	1
610
987	1597	2584	4181	6765
```

图 6-4　运行结果

从运行结果上可以看到创建的多个线程是交替执行的，这就体现了线程的并发性。

（2）通过线程的调度查看线程的状态。

首先在 FibonacciThread 类中增加如下方法，代码如下：

```
public synchronized void waitForASecond() throws InterruptedException {
        wait(500); // 使当前线程等待 0.5s 或等到其他线程调用 notify() 或 notifyAll() 方法
}

public synchronized void waitForYears() throws InterruptedException {
        wait(); // 使当前线程永久等待，直到其他线程调用 notify() 或 notifyAll() 方法
}

public synchronized void notifyNow() throws InterruptedException {
        notify(); // 唤醒由于调用 wait() 方法进入等待状态的线程
}
```

然后在 FibonacciThread 类的 run() 方法中添加对 waitForASecond() 和 waitForYears() 方法的调用，代码如下：

```
try {
 printFibonacci();
waitForASecond(); // 在新线程中运行 waitForASecond() 方法
waitForYears(); // 在新线程中运行 waitForYears() 方法
} catch (InterruptedException e) {
e.printStackTrace();
}
```


再在 ThreadUsedTest 的 main() 方法中添加代码查看线程的状态。代码如下：

```
// 新建线程时的状态
FibonacciThread ft=new FibonacciThread();
Thread ftt=new Thread(ft);
System.out.println(" 新建线程时的状态 ：" + ftt.getState());

// 启动线程时的状态
ftt.start();
System.out.println(" 启动线程时的状态 ：" + ftt.getState());

// 计时等待时的状态
Thread.sleep(100); // 当前线程休眠 0.1s，使新线程运行 waitForASecond() 方法
System.out.println(" 计时等待时的状态 ：" + ftt.getState());

// 等待线程时的状态
Thread.sleep(1000); // 当前线程休眠 1s，使新线程运行 waitForYears() 方法
System.out.println(" 等待线程时的状态 ：" + ftt.getState());

// 唤醒线程时的状态
ft.notifyNow(); // 调用 ft 的 notifyNow() 方法
System.out.println(" 唤醒线程时的状态 ：" + ftt.getState());

// 线程终止后的状态
Thread.sleep(1000); // 当前线程休眠 1s，使新线程结束
System.out.println(" 线程终止后的状态 ：" + ftt.getState());
```

最后得到运行结果如图 6-5 所示。

```
Console
<terminated> ThreadUsedTest [Java Application] C:\
新建线程时的状态：NEW
启动线程时的状态：RUNNABLE
斐波那契数列：

1       1       2       3       5
8       13      21      34      55
89      144     233     377     610
987     1597    2584    4181    6765

计时等待时的状态：TIMED_WAITING
等待线程时的状态：WAITING
唤醒线程时的状态：TERMINATED
线程终止后的状态：TERMINATED
```

图 6-5　运行结果

（3）设置并获取线程的优先级。

首先创建两个线程的对象，代码如下：

```
PascalTriangleThread ptt2 = new PascalTriangleThread();
FibonacciThread ft2=new FibonacciThread();
Thread ftt2=new Thread(ft2);
```

然后设置优先级，代码如下：

```
ftt2.setPriority(10);
System.out.println(" 斐波那契数列线程的优先级 : "+ftt2.getPriority());
ptt2.setPriority(1);
System.out.println(" 杨辉三角形线程的优先级 : "+ptt2.getPriority());
```

再启动线程，代码如下：

```
ptt2.start();
ftt2.start();
```

运行后得到运行结果如图 6-6 所示。

```
Console
<terminated> ThreadUsedTest [Java Application] C:\Program Files\Java\jre1.8.0_181\bin\javaw.exe (2021年
斐波那契数列线程的优先级：10
杨辉三角形线程的优先级：1
杨辉三角形：
斐波那契数列：

1       1
1       1       2       3       5
8       13      21      34      55
89      144     233     377     610
987     1597    2584    1
4181    1       6765    2       1
1       3       3       1
1       4       6       4       1
1       5       10      10      5       1
1       6       15      20      15      6       1
1       7       21      35      35      21      7       1
1       8       28      56      70      56      28      8       1
1       9       36      84      126     126     84      36      9       1
```

图 6-6　运行结果

6.3.2　Java 多线程同步机制使用实例

1. 任务描述

使用 Java 多线程的同步机制编写应用程序。

任务需求如下。

- 模拟火车站售票大厅进行火车票售票的过程。
- 有 4 个窗口，每个窗口是一个线程。
- 不能出现多个窗口出售同一张票的情况。

2. 任务分析、设计

任务分析如下。

（1）火车票使用同一个静态值。

（2）为保证不会出现卖出同一张票的情况，使用 Java 多线程同步机制。

任务设计如下。

（1）设计一个票池，作为共享资源，每张票包含座位号。

（2）创建售票窗口类 TicketWindow，作为线程类，在 run() 方法里面执行售票操作，售票要使用同步机制：即有一个窗口卖某张票时，其他窗口不能卖这张票。

（3）创建售票大厅类 TicketLobby Test，在 main() 方法中创建 4 个售票窗口，即 4 个线程，启动线程，开始售票。

其类图如图 6-7 所示。

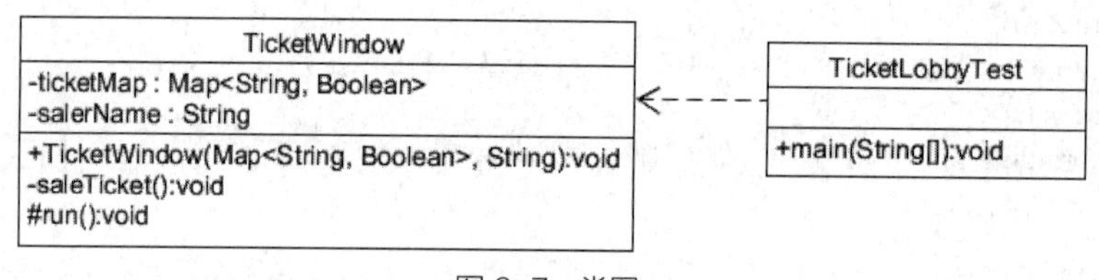

图 6-7　类图

3. 任务实施

编写两个类：售票窗口类 TicketWindow 和售票大厅类 TicketLobbyTest。

（1）创建售票窗口类 TicketWindow，代码如下：

```
/**
 * 售票窗口类，每个窗口包含一个售票员和共享票池
 *
 * @author 戴远泉
 *
 */
public class TicketWindow implements Runnable {
    private Map<String, Boolean> ticketMap;// 票池
    private String salerName;// 售票员姓名
    public TicketWindow(Map<String, Boolean> ticketMap, String salerName) {
        this.ticketMap = ticketMap;
        this.salerName = salerName;
    }
    // 售票
    private void saleTicket() {

    }
    @Override
```

```
    public void run() {
        saleTicket();
    }
}
```

第一步，通过 implements Runnable 来创建线程。

```
public class TicketWindow implements Runnable {
    @Override
    public void run() {

    }
}
```

第二步，封装成员属性。

每个售票窗口类有一个售票员并共享一个公共的票池，票池采用 Map<String,Boolean> 结构，表示票是否被售卖。成员属性通过构造方法初始化。

```
public class TicketWindow implements Runnable {
    private Map<String, Boolean> ticketMap;// 票池
    private String salerName;// 售票员姓名
    public TicketWindow(Map<String, Boolean> ticketMap, String salerName) {
        this.ticketMap = ticketMap;
        this.salerName = salerName;
    }
```

第三步，定义售票方法 saleTicket()。

```
    // 售票
    private void saleTicket() {
        for (Iterator<String> it = ticketMap.keySet().iterator();;) {
            synchronized (ticketMap) {
                if (it.hasNext()) {
                    String ticketNo = it.next();
                    if (!ticketMap.get(ticketNo)) {
                        System.out.println(salerName + ":"
                                + ticketNo + " 已被售出。");
                        ticketMap.put(ticketNo, true);
                        try {
                            // 让当前线程睡眠片刻，使得别的线程有机会执行
                            Thread.sleep(100);
                        } catch (InterruptedException e) {
                            // TODO Auto-generated catch block
                            e.printStackTrace();
                        }
                    }
                } else {
                    break;
                }
            }
        }
    }
}
```

使用迭代器遍历票池中的每一张票，如果某张票没有被售卖，就卖此张票，此时休眠 0.1s，

让当前线程睡眠片刻，使得别的线程有机会执行。这里通过 synchronized (ticketMap) 同步票池实现线程间的同步。

第四步，重载 run() 方法。

```
@Override
public void run() {
    saleTicket();
}
```

（2）创建售票大厅类 TicketLobbyTest，代码如下：

```
/**
 * 售票大厅，开设多个售票窗口，每个窗口设一个售票员。每个窗口是一个线程，独立售票
 *
 * @author 戴远泉
 *
 */
public class TicketLobbyTest {
    public static void main(String[] args) {
        // 初始化票池：<票编号，是否已出售>

        // 生成 1000 张火车票到票池

        // 生成 4 个售票窗口

        // 每个窗口创建一个线程

        // Java 通过 Executors 提供一个可缓存线程池

        // 执行完线程池中的线程后尽快退出
        service.shutdown();
    }
}
```

第一步，初始化票池。

票池采用 Map 存储，多个售票窗口共享同一个票池。

```
// 初始化票池：<票编号，是否已出售>
Map< String, Boolean> ticketMap = new HashMap<String, Boolean>();
// 生成 1000 张火车票到票池
for (int i = 1; i <= 1000; i++) {
    ticketMap.put("T" + i, false);
}
```

第二步，创建四个售票窗口。

```
// 生成 4 个售票窗口
TicketWindow s1 = new TicketWindow(ticketMap, "张三");
TicketWindow s2 = new TicketWindow(ticketMap, "李四");
TicketWindow s3 = new TicketWindow(ticketMap, "王五");
TicketWindow s4 = new TicketWindow(ticketMap, "何六");
```

第三步，每个窗口创建一个线程。

```
// 每个窗口创建一个线程
Thread t1 = new Thread(s1);
Thread t2 = new Thread(s2);
Thread t3 = new Thread(s3);
Thread t4 = new Thread(s4);
```

第四步，使用线程池启动线程并管理线程。

Java 提供了 Executors 类，可以通过该类的静态方法 newCachedThreadPool() 创建一个可缓存线程池。可以通过线程池来管理多个线程，代码如下：

```
// Java 通过 Executors 提供一个可缓存线程池
ExecutorService service = Executors.newCachedThreadPool();
service.execute(t1);
service.execute(t2);
service.execute(t3);
service.execute(t4);
```

第五步，释放资源。

```
// 执行完线程池中的线程后尽快退出
service.shutdown();
```

4. 运行结果

最后运行程序，得到图 6-8 所示的结果。

```
Markers  Properties  Servers  Data Source Explorer  Snippets  Console ☒  Search
<terminated> TestTicketLobby [Java Application] C:\Java\jdk1.7.0_67\bin\javaw.exe (2017年8月5日 上午1:20:31)
李四:T740已被售出.
李四:T739已被售出.
李四:T738已被售出.
李四:T731已被售出.
李四:T730已被售出.
李四:T733已被售出.
李四:T732已被售出.
李四:T735已被售出.
李四:T734已被售出.
李四:T737已被售出.
李四:T736已被售出.
李四:T750已被售出.
李四:T751已被售出.
李四:T749已被售出.
李四:T744已被售出.
李四:T743已被售出.
李四:T742已被售出.
何六:T741已被售出.
何六:T748已被售出.
李四:T747已被售出.
王五:T746已被售出.
王五:T745已被售出.
王五:T202已被售出.
何六:T203已被售出.
何六:T760已被售出.
何六:T204已被售出.
何六:T761已被售出.
张三:T205已被售出.
张三:T762已被售出.
张三:T206已被售出.
王五:T207已被售出.
王五:T208已被售出.
李四:T209已被售出.
```

图 6-8　运行结果

6.4 实训项目

6.4.1 使用 Java 多线程机制编写应用程序

实训工单　使用Java多线程机制编写应用程序

<table>
<tr><td>任务名称</td><td>使用 Java 多线程机制编写应用程序</td><td>学时</td><td></td><td>班级</td><td></td></tr>
<tr><td>姓名</td><td></td><td>学号</td><td></td><td>任务成绩</td><td></td></tr>
<tr><td>实训设备</td><td></td><td>实训场地</td><td></td><td>日期</td><td></td></tr>
<tr><td>实训任务</td><td colspan="5">根据如下要求，编写应用程序。
1. 随机产生 1 ～ 100 的 10 个整数，存储在一个 Map<K,V> 中。其中 K 为 Integer 类型，表示需要被判定的数；V 为 String 类型，表示是不是素数
2. 编写线程类，实现素数的判定，并将判定的结果存进 Map 中
3. 定义线程类、创建线程的对象、启动线程；调用线程的调度方法并显示线程的状态；设置线程的优先级并显示
4. 进行调试和测试</td></tr>
<tr><td>实训目的</td><td colspan="5">1. 理解进程、线程及多线程的概念及其应用场景
2. 掌握线程的定义、创建和启动的方法
3. 理解线程的生命周期、状态及状态间的转换
4. 掌握线程的优先级设置及线程的常用调度方法
5. 能熟练使用 Java 多线程机制编写应用程序
6. 能熟练查阅 Java API 帮助文档</td></tr>
<tr><td>相关知识</td><td colspan="5">1. 进程、线程及多线程的概念
2. 线程的定义、创建和启动
3. 线程的生命周期、状态及状态间的转换
4. 线程的优先级设置及线程的常用调度方法
5. Java API 帮助文档</td></tr>
<tr><td>决策计划</td><td colspan="5">根据任务要求，提出分析方案，确定所需要的设备、工具，并对小组成员进行合理分工，制定详细的工作计划。
1. 分析方案

2. 需要的实训工具

3. 小组成员分工

4. 工作计划</td></tr>
<tr><td>实施</td><td colspan="5">1. 任务

2. 实施主要事项

3. 实施步骤</td></tr>
</table>

续表

评估	1. 请根据自己的任务完成情况，对自己的工作进行评估，并提出改进意见 （1） （2） （3） 2. 教师对学生工作情况进行评估，并进行点评 （1） （2） （3） 3. 总结 （1） （2） （3）

实训阶段过程记录表

序号	错误信息	问题现象	分析原因	解决办法	是否解决

实训阶段综合考评表

考评项目		自我评估	组长评估	教师评估	备注
素质考评(40分)	劳动纪律（10分）				
	工作态度（10分）				
	查阅资料（10分）				
	团队协作（10分）				
工单考评(10分)	完整性（10分）				
实操考评(50分)	工具使用（5分）				
	任务方案（10分）				
	实施过程（30分）				
	完成情况（5分）				
小计	100分				
总计					

6.4.2 使用 Java 多线程同步机制编写应用程序

实训工单　使用Java多线程同步机制编写应用程序

<table>
<tr><td>任务名称</td><td>使用 Java 多线程同步机制
编写应用程序</td><td>学时</td><td></td><td>班级</td><td></td></tr>
<tr><td>姓名</td><td></td><td>学号</td><td></td><td>任务成绩</td><td></td></tr>
<tr><td>实训设备</td><td></td><td>实训场地</td><td></td><td>日期</td><td></td></tr>
<tr><td>实训任务</td><td colspan="5">根据如下要求，编写应用程序。
1. 模拟银行账户，两个以上的用户可同时进行存、取操作
2. 银行有一个账户，有两个用户各自向同一个账户存 3000 元，每次存 1000 元，存 3 次
3. 余额大于取款金额才可取钱
4. 多人多次存取完毕后，余额正确
5. 当一个用户对金额进行修改时，其他用户应不可进行修改，使用同步机制</td></tr>
<tr><td>实训目的</td><td colspan="5">1. 理解并行 / 并发的概念及其应用场景
2. 理解同步 / 异步的概念及其应用场景
3. 掌握多线程的同步机制</td></tr>
<tr><td>相关知识</td><td colspan="5">1. 并行 / 并发的概念及其应用场景
2. 同步 / 异步的概念及其应用场景
3. 多线程的同步机制
4. Java API 帮助文档</td></tr>
<tr><td>决策计划</td><td colspan="5">根据任务要求，提出分析方案，确定所需要的设备、工具，并对小组成员进行合理分工，制定详细的工作计划。
1. 分析方案

2. 需要的实训工具

3. 小组成员分工

4. 工作计划</td></tr>
<tr><td>实施</td><td colspan="5">1. 任务

2. 实施主要事项

3. 实施步骤</td></tr>
</table>

续表

<table>
<tr><td>评估</td><td>1. 请根据自己的任务完成情况，对自己的工作进行评估，并提出改进意见
（1）
（2）
（3）
2. 教师对学生工作情况进行评估，并进行点评
（1）
（2）
（3）
3. 总结
（1）
（2）
（3）</td></tr>
</table>

实训阶段过程记录表

序号	错误信息	问题现象	分析原因	解决办法	是否解决

实训阶段综合考评表

<table>
<tr><th colspan="2">考评项目</th><th>自我评估</th><th>组长评估</th><th>教师评估</th><th>备注</th></tr>
<tr><td rowspan="4">素质考评(40分)</td><td>劳动纪律（10分）</td><td></td><td></td><td></td><td></td></tr>
<tr><td>工作态度（10分）</td><td></td><td></td><td></td><td></td></tr>
<tr><td>查阅资料（10分）</td><td></td><td></td><td></td><td></td></tr>
<tr><td>团队协作（10分）</td><td></td><td></td><td></td><td></td></tr>
<tr><td>工单考评(10分)</td><td>完整性（10分）</td><td></td><td></td><td></td><td></td></tr>
<tr><td rowspan="4">实操考评(50分)</td><td>工具使用（5分）</td><td></td><td></td><td></td><td></td></tr>
<tr><td>任务方案（10分）</td><td></td><td></td><td></td><td></td></tr>
<tr><td>实施过程（30分）</td><td></td><td></td><td></td><td></td></tr>
<tr><td>完成情况（5分）</td><td></td><td></td><td></td><td></td></tr>
<tr><td>小计</td><td>100分</td><td></td><td></td><td></td><td></td></tr>
<tr><td>总计</td><td colspan="5"></td></tr>
</table>

6.5 拓展知识

6.5.1 线程之间的通信

多个线程并发执行时，在默认情况下 CPU 是随机切换线程的。当我们需要多个线程来共同完成一件任务，并且希望它有规律的执行时，多线程之间需要协调通信，以此来帮我们达到多线程共同操作一份数据的目的。

线程间通信就是指当多个线程共同操作共享的资源时，互相告知自己的状态以避免资源争夺。

线程间通信有两种机制：共享内存机制和消息传递机制。共享内存机制是指线程之间共享程序的公共状态，线程之间通过读写内存中的公共状态来隐式通信。消息传递机制是指线程之间没有公共的状态，线程之间必须通过明确的发送信息来显式地进行通信。

每种机制有不同的实现方法。共享内存机制使用 synchronized 关键字、volatile 关键字和 Lock 接口。消息传递机制使用等待 / 通知机制。等待 / 通知机制提供了 3 个方法用于线程间的通信。

- wait()，当前线程释放锁并进入等待（阻塞）状态。
- notify()，唤醒一个正在等待相应对象锁的线程，使其进入就绪队列，以便在当前线程释放锁后继续竞争锁。
- notifyAll()，唤醒所有正在等待相应对象锁的线程，使其进入就绪队列，以便在当前线程释放锁后继续竞争锁。

等待 / 通知机制是指一个线程 A 调用了对象 Object 的 wait() 方法进入等待状态，而另一线程 B 调用了对象 Object 的 notify() 或者 notifyAll() 方法，当线程 A 收到通知后就可以从对象 Object 的 wait() 方法返回，进而执行后序的操作。线程间的通信需要通过对象 Object 中的 wait()、notify()、notifyAll() 方法来实现。

6.5.2 3 个经典多线程同步问题

1. 生产者 - 消费者问题

问题描述如下。

一组生产者进程和一组消费者进程共享一个初始为空、大小为 *n* 的缓冲区，只有当缓冲区没满时，生产者才能把消息放入缓冲区，否则必须等待；只有当缓冲区不空时，消费者才能从中取出消息，否则必须等待。由于缓冲区是临界资源，它只允许一个生产者放入消息，或者一个消费者从中取出消息。

分析如下。

（1）关系分析：生产者和消费者对缓冲区的访问有互斥关系；同时生产者和消费者又有相互协作的关系；只有在生产者生产之后，消费者才能消费，它们也有同步关系。

（2）整理思路：这里的情况比较简单，只有生产者和消费者两个进程，且这两个进程存在着互斥关系和同步关系。那么需要解决的是互斥和同步的 PV 操作的位置。

（3）信号量设置：信号量 mutex 作为互斥信号量，用于控制互斥访问缓冲池，初始值为 1；信号量 full 用于记录当前缓冲池中“满”缓冲区数，初始值为 0；信号量 empty 用于记录当前缓冲池中“空”缓冲区数，初始值为 n。

2. 读者－写者问题

问题描述如下。

有读者和写者两组并发线程，共享一个文件，当两个或以上的读者线程同时访问共享数据时不会产生副作用。但若某个写者线程和其他线程（读者线程或写者线程）同时访问共享数据时则可能导致数据不一致的错误。因此要求如下。

- 允许多个读者可以同时对文件执行读操作。
- 只允许一个写者往文件中写信息。
- 任一写者在完成写操作之前不允许其他读者或写者工作。
- 写者执行写操作前，应让已有的读者和写者全部退出。

分析如下。

（1）关系分析：由问题描述可知，读者和写者是互斥的，写者和写者也是互斥的，而读者和读者不存在互斥问题。

（2）整理思路：写者是比较简单的，它与任何线程互斥，用互斥信号量的 PV 操作即可解决。读者的问题比较复杂，它必须实现与写者的互斥，多个读者还可以同时读。所以，在这里用到了一个计数器，用它来判断当前是否有读者读文件。当有读者读的时候写者是无法写文件的，此时读者会一直占用文件，当没有读者读的时候写者才可以写文件。同时，不同的读者对计数器的访问也应该是互斥的。

（3）信号量设置：首先设置一个计数器 count，用来记录当前的读者数量，初始值为 0；设置互斥信号量 mutex，用于保证更新 count 变量时的互斥；设置互斥信号量 rw 用于保证读者和写者的互斥访问。

3. 哲学家进餐问题

问题描述如下。

一张圆桌上坐着 5 名哲学家，桌子上每两个哲学家之间摆了一根筷子，桌子的中间是一碗米饭。哲学家们“倾注毕生精力”用于思考和进餐，哲学家在思考时，并不影响他人。只有当哲学家饥饿的时候，才试图拿起左、右两根筷子（一根一根拿起）。如果筷子已在他人手上，则需等待。饥饿的哲学家只有同时拿到了两根筷子才可以开始进餐，当进餐完毕后，放下筷子继续思考。

分析如下。

（1）关系分析：5 名哲学家与左右邻居对其中间筷子的访问有互斥关系。

（2）整理思路：显然这里有 5 个线程，那么要如何让一个哲学家拿到左、右两根筷子而不造成死锁或饥饿现象？解决方法有两个，一个是让他们同时拿两根筷子；二是对每个哲学家的动作制定规则，避免饥饿或死锁现象的发生。

（3）信号量设置：定义互斥信号量数组 chopstick[5] = {1,1,1,1,1}，用于对 5 根筷子的互斥访问。

6.6 拓展训练

6.6.1 通过回调函数向线程传递参数

微课

通过回调函数向线程传递参数

一、实验描述

通过构造方法和通过变量及 setter 方法向线程中传递数据的方法是非常常用的。但这两种方法都是在 main() 方法中主动将数据传入线程类的。这对于线程来说，是被动接收这些数据的。然而，在有些应用中需要在线程运行的过程中动态地获取数据。

本实验通过回调函数向主线程传递参数值。

二、实验目的

熟练通过回调函数向线程传递参数。

三、分析设计

主程序（即主调线程）需要计算前 n 项的斐波那契数列，由于计算耗时就调用计算线程（即被调线程）来计算。通过计算线程的构造方法传入 n 的值，计算线程调用本身的计算方法计算前 n 项的斐波那契数列，计算完成后就通过回调函数将斐波那契数列传给主调线程。

实现方式如下。

（1）编写计算线程类 CalculateWithCallback，实现 Runnable 接口。其中：编写方法 fibonacci()，计算斐波那契数列前 n 项值，并将数列存在数组里；重写 run() 方法，计算斐波那契数列前 n 项，然后将计算结果传给主程序。

（2）编写主程序类 CalculateWithCallbackTest，运行计算斐波那契数列前 n 项的方法，调用计算线程类的构造方法并传入 n 的值，待计算线程计算完成后通过回调函数接受计算线程传入的斐波那契数列，然后显示结果。

四、实验步骤

1. 编写计算线程类 CalculateWithCallback

```
public class CalculateWithCallback implements Runnable {
    int n;
    int[] fib = new int[n];// 斐波那契数列前 n 项的值
    // 引用主程序类的对象
    CalculateWithCallbackTest cwcd;


    public CalculateWithCallback(int m, int[] f, CalculateWithCallbackTest cwcd) {
        // TODO Auto-generated constructor stub
        n = m;
```

```
        fib = f;
        this.cwcd = cwcd;
    }


    void fibonacci() {

    }

    @Override
    public void run() {
        // TODO Auto-generated method stub

    }
}
```

该线程采用实现 Runnable 接口的方式定义线程。编程步骤如下。

（1）引用主程序类的对象。

```
CalculateWithCallbackTest cwcd;
```

（2）定义计算斐波那契数列的方法。

```
/**
 *
 * @Title: fibonacci
 * @Description: 计算斐波那契数列前 n 项的值并存入数组中
 * @param n
 * @return void
 * @throws
 */
void fibonacci() {
    fib[0] = 1;
    fib[1] = 1;
    for (int i = 2; i < n; i++) {
        fib[i] = fib[i - 1] + fib[i - 2];
    }
}
```

（3）重写 run() 方法，代码如下：

```
public void run() {
    // TODO Auto-generated method stub
    fibonacci();
    cwcd.receiveFibonacci(fib);
    }
```

当执行完计算方法后回调给主程序类，即调用主程序类的 receiveFibonacci 方法，将计算后的值传给程序类。

2. 编写主调类

（1）封装 n、斐波那契数列数组 f 等属性。代码如下：

```
public class CalculateWithCallbackTest {
    int n;
```

```
    int[] f = new int[n];

    public CalculateWithCallbackTest(int n, int[] f) {
        // TODO Auto-generated constructor stub
        this.n = n;
        this.f = f;
    }

}
```

（2）编写计算斐波那契数列，代码如下：

```
/**
 *
 * @Title: calculateFibonacci
 * @Description: 计算斐波那契数列前 n 项
 * @param
 * @return void
 * @throws
 */
void calculateFibonacci() {
    CalculateWithCallback cwc = new CalculateWithCallback(n, f, this);
    Thread tThread = new Thread(cwc);
    tThread.start();
}
```

主程序需计算前 n 项的值。首先创建计算线程的对象 cwc，将 n、f、this 等作为参数传入构造方法，然后启动线程。主调方将本身（this）传递给被调方，这样被调方就可以在执行完毕之后回调给主调方。调用计算线程的方法进行计算，并将 n 值通过计算线程的构造方法传入。

（3）编写回调函数。

```
/**
 *
 * @Title: receiveFibonacci
 * @Description: 回调函数。接受计算线程传入的参数 f，即斐波那契数列。
 * @param f
 * @return void
 * @throws
 */
void receiveFibonacci(int[] f) {
    this.f = f;
}
```

（4）编写显示斐波那契数列的方法。

```
/**
 *
 * @Title: display
 * @Description: 显示斐波那契数列，每行显示 5 个
 * @param
 * @return void
 * @throws
 */
void display() {
    for (int i = 0; i < f.length; i++) {
```

```
            if (i % 5 == 0) {
                System.out.println("\n");
            }
            System.out.print(f[i] + "\t");
        }
    }
```

（5）测试。

```
public static void main(String[] args) {
    // TODO Auto-generated method stub
    int n = 20;
    int[] f = new int[n];
    CalculateWithCallbackTest cwcd = new CalculateWithCallbackTest(n, f);
    cwcd.calculateFibonacci();
    cwcd.display();
}
```

五、实验结果

最后运行程序，得到图 6-9 所示的结果。

```
Problems  @ Javadoc  Declaration  Search  Console  Progress
<terminated> CalculateWithCallbackDemo [Java Application] C:\Program Files\Java\jre1.8.0_181\bin\javaw.exe (2020年12月29日 下午2:09:24)


1       1       2       3       5

8       13      21      34      55

89      144     233     377     610

987     1597    2584    4181    6765
```

图 6-9　运行结果

六、实验小结

（1）回调机制是一种常见的设计模式，它把工作流内的某个功能，按照约定的接口暴露给外部使用者，为外部使用者提供数据，或要求外部使用者提供数据。

（2）回调也是一种双向调用模式，也就是说，被调用方在接口被调用时也会调用对方的接口。

（3）回调的两个基本条件如下。

① ClassA 调用 ClassB 中的 X() 方法。

② ClassB 的 X() 方法执行的过程中调用 ClassA 中的 Y() 方法完成回调。

6.6.2　使用多线程实现生产者 – 消费者模式

微课

使用多线程实现生产者 – 消费者模式

一、实验描述

生产者 – 消费者模式，也称有限缓冲问题（Bounded-buffer Problem），是一个多线程同步问题的经典案例。该问题描述了两个共享固定大小缓冲区的线程（即“生产者”和“消费者”）在实际运行时会发生的问题。生产者的主要作用是生成一定量的数据放到缓冲区中，然后重复此过程。与此同时，消费者也从缓冲区中消耗这些数据。该问题的关键就是要保证生产者不会在缓冲区满时加入数据，消费者也不会在缓冲区中空时消费数据。

本实验使用等待 / 通知机制实现生产者 - 消费者模式。

二、实验目的

熟练编程使用 wait() 和 notify() 方法实现多线程同步。

三、分析设计

1. Object 类的等待 / 通知机制

在 Java 语言中，Object 类的等待 / 通知机制主要包含两个方法。

- wait() 方法：使当前执行代码的线程进行等待，该方法用来将当前线程置入“欲执行队列”中，并且在 wait() 所在的代码处停止执行，直到接到通知或被中断为止。在调用 wait() 方法之前，线程必须获得该对象的对象锁，即只能在同步方法或者同步块中调用 wait() 方法。在执行 wait() 方法后，当前线程释放锁。
- notify() 方法：该方法也要在同步方法或同步块中调用，即在调用前，线程也必须获得该对象的对象锁。

2. 实现思路

要解决生产者 - 消费者同步问题，就必须让生产者在缓冲区满时休眠，等到下次消费者消耗缓冲区中的数据的时候，生产者才能被唤醒，此时生产者才开始往缓冲区添加数据。同样，也可以让消费者在缓冲区空时进入休眠，等到生产者往缓冲区添加数据之后，再唤醒消费者。

（1）定义生产者线程，生产产品。当有产品时停止生产；当没有产品时生产，并通知消费者消费产品。

（2）定义消费者线程，消费产品。当没有产品时停止消费；当有产品时消费，然后通知生产者再次生产产品。

（3）使用 Object 的等待 / 通知机制实现线程间通信。

四、实验步骤

1. 定义生产者线程 Producer

```
public class Producer extends Thread {
    String name;// 线程名称
    Object lock;// 对象锁

    public Producer(String name,Object lock) {
        this.name=name;
        this.lock = lock;
    }

}
```

编程步骤如下。

（1）封装锁对象 Object lock。

（2）提供构造方法构造生产者实例。

（3）定义生产方法。

```
public void produce() throws InterruptedException {
    synchronized (lock) {
        while (true) {
            if (Product.flag == true) {
                System.out.println(" 有产品，等待消费者消费 ");
                lock.wait();
            }
            System.out.println(Thread.currentThread().getName() + " 没产品，准备生产 ");
            Product.flag = true;
            lock.notify();// 通知消费者消费
        }
    }
}
```

如果有产品，即 Product.flag 为 true，则生产者线程等待（停止生产产品），否则生产产品并唤醒消费者线程消费产品。

（4）重写 run() 方法。

```
@Override
public void run() {
    try {
        produce();
    } catch (InterruptedException e) {
        // TODO Auto-generated catch block
        e.printStackTrace();
    }
}
```

2. 定义消费者线程 Consumer

```
public class Consumer extends Thread{
    String name;
    Object lock;

    public Consumer(String name,Object lock) {
        this.name=name;
        this.lock = lock;
    }

}
```

编程步骤如下。

（1）封装锁对象 Object lock。

（2）提供构造方法构造消费者实例。

（3）定义消费方法。

```
public void consume() throws InterruptedException {
    synchronized (lock) {
        while(true){
            if (Product.flag == false) {
```

```
                System.out.println(" 没有产品消费，等待生产者生产！ ");
                lock.wait();
            }
              System.out.println(Thread.currentThread().getName() + " 有产品了，消费者开始消费 ");
            Product.flag = false;
            lock.notify();// 通知生产者生产
        }
    }
}
```

如果没产品，即 Product.flag 为 false，则消费者等待（即停止消费），否则消费产品，并通知生产者线程再次生产产品。

3. 定义产品类

```
public class Product {
    public static boolean flag = false;
}
```


4. 测试

```
public static void main(String[] args) {
    // TODO Auto-generated method stub
    Object lock = new Object();
    Consumer consumer = new Consumer(" 消费者 ", lock);
    Producer producer = new Producer(" 生产者 ", lock);
    consumer.start();
    producer.start();
}
```

五、实验结果

最后运行程序得到图 6-10 所示的结果。

```
Problems  @ Javadoc  Declaration  Search  Console ☒  Progress
<terminated> ProducerConsumerTest [Java Application] C:\Program Files\Java\jre1.8.0_181\bin\javaw.exe (2020年12月29日 下午6:28:19)
有产品,等待消费者消费
Thread-0有产品了,消费者开始消费
没有产品消费,等待生产者生产!
生产者没产品,准备生产
有产品,等待消费者消费
Thread-0有产品了,消费者开始消费
没有产品消费,等待生产者生产!
生产者没产品,准备生产
有产品,等待消费者消费
Thread-0有产品了,消费者开始消费
没有产品消费,等待生产者生产!
生产者没产品,准备生产
有产品,等待消费者消费
Thread-0有产品了,消费者开始消费
```

图 6-10　运行结果

从图 6-10 中可以看到一个生产者与一个消费者的模拟中，生产者生产一次，消费者消费一次，有序地进行。

六、实验小结

（1）生产者 - 消费者模式是典型的多线程同步问题。生产者在缓冲区满时休眠，等到下次消

费者消耗缓冲区中的数据的时候,生产者才能被唤醒,此时生产者才开始往缓冲区添加数据。同样，也可以让消费者在缓冲区空时进入休眠，等到生产者往缓冲区添加数据之后，再唤醒消费者。

（2）生产者生产产品和消费者消费产品的方法中使用了同步代码块。在同步代码块中调用 wait() 方法、notify() 方法。wait() 方法的调用有两个作用：使当前线程由运行状态变为等待状态；释放当前线程持有的锁。notify() 方法的调用只有一个作用：唤醒因为调用 wait() 而处于等待状态的线程。

6.7 课后小结

1. 线程的概念

线程，又称为轻量级进程，是程序执行流的最小单元，是被系统独立调度和分派的最小单位。

多个线程拥有共享的进程资源。但就每个线程而言，只有很少的独有资源，如控制线程运行的线程控制块、保留局部变量和少数参数的栈空间等。

2. 多线程的概念

Java 多线程机制是指 Java 语言提供了一些接口、类，以实现对多线程的支持，重点解决在多线程并发情境下线程间通信、线程间同步的问题。

线程的定义有两种方式：继承 Thread 类和实现 Runnable 接口。

JDK 中用 Thread.State 类定义了线程的 6 种状态，包含 NEW、RUNNABLE、BLOCKED、WAITING、TIMED_WAITING、TERMINATED。

3. 多线程的同步

多线程在一些关键点上可能需要互相等待与互通消息，这种相互制约的等待与互通消息被称为多线程同步。

多线程同步是为了确保线程安全，解决数据不一致问题。

Java 提供的多线程同步机制，是指使用一些关键字、接口和类以及常用调度方法来实现多线程的同步。

常用的 3 种同步方法：使用 synchronized 关键字、使用 volatile 关键字和使用 Lock 接口。

6.8 课后习题

一、填空题

1. 当某个类实现 Runnable 接口时，需要实现该接口的________方法。

2. 实现多线程的两种方式是：________和________。

3. 取得当前线程的语句是：________。

4. 主线程的名称是________，默认创建的第一个子线程的名称是________。

5. 可以调用 Thread 类的________和________方法来存取线程的优先级，线程的优先级界于 1（MIN_PRIORITY）和 10（MAX_PRIORITY）之间，缺省是 5（NORM_PRIORITY）。

6. 当多个线程同时运行时，可能会产生数据错误及其他冲突问题。Java 语言提供了线程同步控制机制：一是________锁定共享资源，使得在任何时刻只有一个线程能够访问共享资源，以保持共享资源的完整和一致；二是让互相通信的线程________运行，以保证通信的正确性。

7. 线程之间的通信有两种方法：一是把共享变量和方法封闭在一个类中；二是利用系统方法________和________控制线程通信。

8. 实现对共享资源互斥访问的方法是在方法声明中加入________关键字来声明一个访问共享资源的方法，或者声明同步块。

二、单选题

1. Thread 类位于（　　）包中。

A. java.sql　　B. java.io　　C. java.lang　　D. java.util

2. 用户在创建线程时所处的状态是（　　），在用户使用该线程实例调用 start() 方法之前，线程处于该状态。

A. 等待状态　　B. 死亡状态　　C. 休眠状态　　D. 新建状态

3. 线程同步需要使用（　　）关键字。

A. synchrons　　B. synchronized　　C. implements　　D. extends

4. 下列关于 Java 线程的说法哪些是正确的？（　　）

A. 每一个 Java 线程可以看成由代码、一个真实的 CPU 以及数据三部分组成

B. 创建线程的两种方法中，从 Thread 类中继承的创建方式可以防止出现多父类问题

C. Thread 类属于 java.util 程序包

D. 以上说法无一正确

5. 运行下列程序，会产生什么结果？（　　）

```
public class X extends Thread implements Runable{
public void run(){
System.out.println("this is run()");
}
public static void main(String args[]) {
Thread t=new    Thread(new X());
t.start();
}
}
```

A. 第 1 行会产生编译错误　　B. 第 6 行会产生编译错误

C. 第 6 行会产生运行错误　　D. 程序会运行和启动

6. 线程生命周期中正确的状态是（　　）。

A. 新建状态、运行状态和终止状态

B. 新建状态、运行状态、阻塞状态和终止状态

C. 新建状态、可运行状态、运行状态、阻塞状态和终止状态

D. 新建状态、可运行状态、运行状态、恢复状态和终止状态

7. Thread 类中能运行线程的方法是（　　）。

A. start()　　B. resume()

C. init()　　D. run()

8. 在线程同步中，为了唤醒另一个等待的线程，使用下列方法（　　）。

A. sleep()　　B. wait()

C. notify()　　D. join()

9. 在 Java 多线程中，用下面哪种方式不会使线程进入阻塞状态？（　　）

A. sleep()　　B. suspend()

C. wait()　　D. yield()

10. 关于 sleep() 和 wait()，以下描述错误的一项是（　　）。

A. sleep() 是线程类（Thread）的方法，wait() 是 Object 类的方法

B. sleep() 不释放对象锁，wait() 释放对象锁

C. 调用 sleep() 暂停线程，但监控状态仍然保持，结束后会自动恢复

D. 某线程在调用 wait() 后进入等待状态，只有针对此线程调用 notify() 方法后获取对象锁，该线程才会进入运行状态。

三、简答题

1. 编写多线程程序有几种实现方式？它们各自的优缺点是什么？
2. 线程的生命周期包括哪几个阶段？
3. 为什么多线程中要引入同步机制？在 Java 中如何实现线程的同步？
4. Thread 类的 sleep() 方法和对象的 wait() 方法都可以让线程暂停执行，它们有什么区别？
5. 简述 synchronized 关键字的用法。
6. 简述线程的基本状态以及状态之间的关系。
7. 简述 volatile 和 synchronized 的区别。

知识领域7 Java网络编程

07

知识目标

1. 了解 Java 网络编程的相关概念、Java 网络编程的几种方式及其应用场景。
2. 理解 Java 基于 TCP 网络编程的相关类及其常用方法。
3. 掌握 Java 基于 TCP 网络编程的步骤。
4. 理解 Java 基于 UDP 网络编程的相关类及其常用方法。
5. 掌握 .Java 基于 UDP 网络编程的步骤。

能力目标

1. 熟练编写 Java 基于 TCP 网络通信的应用程序。
2. 熟练编写 Java 基于 UDP 网络通信的应用程序。

素质目标

1. 培养学生分析问题、解决问题的能力。
2. 培养学生勇于创新、敬业乐业的工作作风。
3. 培养学生自主、开放的学习能力。
4. 培养学生查阅科技文档和撰写分析文档的能力。

7.1 应用场景

网络编程的目的就是直接或间接地通过网络协议在多个计算机设备或多个进程间交换数据。在开发网络应用程序时首先要选择合适的网络通信协议。在传输层有两种协议：TCP（Transmission Control Protocol，传输控制协议）和 UDP（User Datagram Protocol，用户数据报协议）。

TCP 适用于对效率要求相对低，但对准确性要求相对高的场景，或者是有连接需求的场景。例如以下场景：

- 文件传输（FTP、HTTP 对数据准确性要求高，速度可以相对慢）；

- 发送或接收邮件（POP、IMAP、SMTP 对数据准确性要求高，非紧急应用）；
- 远程登录（Telnet、SSH 对数据准确性有一定要求，有连接的需求）；
- 数据传输（用于网络数据库、分布式高精度计算系统的数据传输）。

UDP 适用于对效率要求相对高，对准确性要求相对低的场景。例如以下场景：

- 即时通信（QQ 消息、微信消息、手机短信等对数据准确性和丢包要求比较低，但速度必须快）；
- 在线视频（RTSP 要求速度一定要快，保证视频连续，偶尔有一个模糊的图像帧，人们是能接受的）；
- 网络语音电话（VoIP 语音数据包一般比较小，需要高速发送，偶尔断音或串音也没有问题）；
- 服务系统内部各部分之间的数据传输（因为数据可能比较多，内部系统局域网内的丢包、错包率又很低，即便丢包，顶多只是操作无效）。

7.2 相关知识

7.2.1 网络相关知识

计算机网络是指将地理位置不同的具有独立功能的多台计算机及其外部设备，通过通信线路连接起来，在网络操作系统、网络管理软件及网络通信协议的管理和协调下，实现资源共享和信息传递的计算机系统。

网络协议是为在计算机网络中进行数据交换而建立的规则、标准，或者说是约定的集合，包括对速率、传输代码、代码结构、传输控制步骤、出错控制等制定的标准。TCP/IP 是因特网上最基本的协议，它采用 4 层的体系结构，分为应用层、传输层、网络层和数据链路层，其中传输层的主要协议有 UDP、TCP，传输层是使用者使用平台和计算机信息网内部数据结合的通道，可以实现数据传输与数据共享。

TCP/IP 中还有一个非常重要的内容，那就是给因特网上的每台计算机和其他设备都规定了一个唯一的地址，叫作“IP 地址”。IP 地址是指 TCP/IP 提供的一种统一的地址，由网络号（包括子网号）和主机号组成。IP 地址是一个 32 位的二进制数，通常被分割为 4 个“8 位二进制数”（也就是 4 个字节）。IP 地址通常用“点分十进制”表示成“a.b.c.d”的形式，其中，a、b、c、d 都是 0 ～ 255 的十进制整数。例如：点分十进制 IP 地址“100.4.5.6”，实际上是 32 位二进制数“01100100.00000100.00000101.00000110”。

微课

Java 基于 TCP 网络编程

7.2.2 Java 基于 TCP 网络编程

1. TCP

TCP 是面向连接的、可靠的、有序的，以字节流的方式发送数据。

TCP/IP 在通信的两端各建立一个 Socket，从而在通信的两端之间形成网络虚拟链路。一旦建立了网络虚拟链路，两端的程序就可以通过网络虚拟链路进行通信。

Socket 即套接字，是两个进程或两台机器之间网络虚拟链路的端点，通常用来实现客户端和服务器的连接。Socket 本身并不是协议，而是应用层与 TCP/IP 栈通信的中间软件抽象层，它是一组接口，是对 TCP/IP 的封装，它把复杂的 TCP/IP 族隐藏在 Socket 接口后面，使得程序员更方便地使用 TCP/IP 栈。

Socket 与 IP 地址和端口号相关联，即一个 Socket 等于“IP 地址 + 端口号”。

2. 基于 TCP 网络编程相关类

Java 对基于 TCP 的网络编程提供了良好的封装，在 java.net 包下有两个类 Socket 和 ServerSocket，分别用来实现双向安全连接的客户端和服务端。Java 基于 TCP 通信有时也称为 Java 基于 Socket 通信。

（1）Socket 类

Socket 类表示客户端套接字,用于向服务端发送请求。Socket 通过 IP 地址和端口号建立连接。Socket 类构造方法如下。

Socket(String host, int port)，创建流套接字并将其连接到指定主机上的指定端口。

Socket(InetAddress address, int port)，创建流套接字并将其连接到指定 IP 地址的指定端口。

Socket 类常用方法如下。

getInetAddress()，返回与此 Socket 对象关联的 InetAddress。

getInputStream()，返回与此 Socket 对象关联的 InputStream。

getOutputStream()，返回与此 Socket 对象关联的 OutputStream。

（2）ServerSocket 类

ServerSocket 类用来描述网络服务端，其作用是创建一个网络服务，等待客户端连接。ServerSocket 类构造方法如下。

ServerSocket()，无参构造方法，创建未绑定的服务器套接字。

ServerSocket(int port)，有参构造方法，创建绑定到指定端口的服务器套接字。

ServerSocket 类常用方法如下。

accept()，监听要连接到此服务器套接字的客户端的 Socket 并接受它。

getInetAddress()，返回此服务器套接字的本地地址。

getLocalPort()，返回此服务器套接字正在监听的端口。

setSoTimeout(int timeout)，设置带有指定超时值的超时时间。对 accept() 的调用将启用超时时间。

3. 基于 Socket 网络编程步骤

Java 基于 Socket 的通信模型如图 7-1 所示。

Java 基于 Socket 网络编程一般分为服务端程序和客户端程序。其编程步骤通常按照 Java 基于 Socket 的通信模型展示的步骤进行。

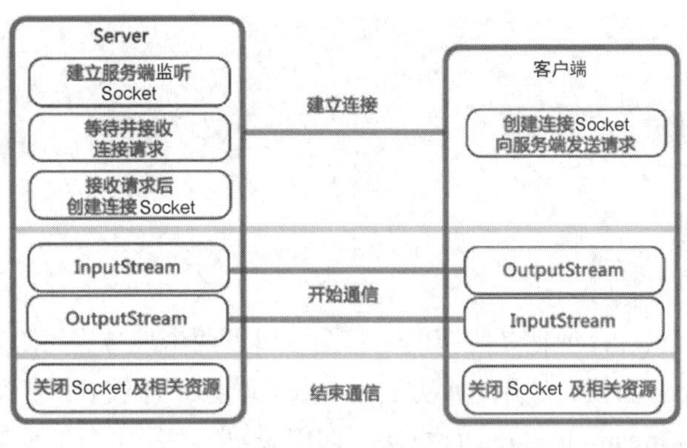

图 7-1　Java 基于 Socket 的通信模型

服务端程序如下：

```
// 创建服务端 ServerSocket 的对象并绑定指定端口
ServerSocket serverSocket =new ServerSocket(9999);

// 调用 accept() 方法，进行监听，接受客户端的连接请求。
Socket socket = serverSocket.accept();

// 调用客户端 Socket 的 getInputStream() 方法，获取字节输入流。网络传输的是字节流，需转换为字符流，因此这里使用了 InputStreamReader 类和 BufferedReader 类

InputStream is= socket.getInputStream();
InputStreamReader isr=new InputStreamReader(is);
BufferedReader bufferedReader=new BufferedReader(isr);

// 循环读取数据
String str = bufferedReader.readLine();

// 输出
System.out.println(str);

// 关闭流和 Socket
bufferedReader.close();
socket.close();
```

客户端程序如下：

```
// 创建客户端 Socket 对象，指定服务端 IP 地址和端口，并请求服务端连接
Socket socket =new Socket("127.0.0.1",9999);

// 调用客户端 Socket 的 getOutputStream() 方法，获取字节输出流。网络传输的是字节流，需转换为字符流，因此这里使用了 OutputStreamWriter 类和 BufferedWriter 类。

OutputStream os=socket.getOutputStream();
OutputStreamWriter osw=new OutputStreamWriter(os);
BufferedWriter bufferedWriter =new BufferedWriter(osw);

// 设置字符串
```

```
String str=" 你好 !";

// 向输出流中写入字符串
bufferedWriter.write(str);

// 关闭流和 Socket
bufferedWriter.close();
socket.close();
```

有一点需要说明。Socket 通信是阻塞的，它会在以下两个地方进行阻塞。

- 第一个是 accept() 方法，调用这个方法后，服务端会一直阻塞，直到有客户端连接进来。
- 第二个是 InputStream 上的 read() 方法，调用 read() 方法也会发生阻塞。

Java 基于 UDP 网络编程

7.2.3 Java 基于 UDP 网络编程

1. UDP

UDP（User Datagram Protocol）即用户数据报协议。用它传输的信息叫数据报（Datagram），数据报是通过网络传输的数据的基本单元。

UDP 在通信的两端各建立一个 Socket，但在两个 Socket 之间并没有网络虚拟链路，这两个 Socket 只是发送、接收数据报的对象。

由于 UDP 是面向无连接的协议，没有建立连接的过程，因此它的通信效率很高；也正是因为如此，它的可靠性不如 TCP。

2. UDP 编程相关类

Java 对基于 UDP 的网络通信有很好的支持，JDK 提供了两个相关的类：DatagramSocket 和 Datagram Packet。

（1）DatagramSocket 类。

DatagramSocket 类，用来发送和接收数据报包。

DatagramSocket 类构造方法如下。

- DatagramSocket()，构造数据报套接字并将其绑定到本地主机上的任何可用端口。
- DatagramSocket(int port)，构造数据报套接字并将其绑定到本地主机上的指定端口。

DatagramSocket 类常用方法如下。

- send(DatagramPacket p)，从该套接字发送数据报包。DatagramPacket 包含要发送的数据、数据长度、远程主机的 IP 地址以及远程主机上的端口号等信息。
- receive(DatagramPacket p)，从该套接字接收数据报包。当此方法返回时，DatagramPacket 的缓冲区将填充所接收的数据。数据报包还包含发送方的 IP 地址和发送方机器上的端口号。

通过上面三个构造方法中的任意一个即可创建一个 DatagramSocket 实例，之后，就可以通过 send()、receive() 两个方法来发送和接收数据。

当程序使用 UDP 时，实际上并没有明显的服务器端和客户端，因为双方都需要先建立一个 DatagramSocket 对象，用来接收或发送数据报，然后使用 DatagramPacket 对象作为传输数据的载体。如果是定义接收端，则需指定端口；如果是定义发送端，则可以不指定端口，这时 Java 会为发送端随机分配一个可用的端口。

（2）DatagramPacket 类。

DatagramPacket 类表示数据报包，用来封装 UDP 传输的数据。

DatagramPacket 类的构造方法如下。

① DatagramPacket(byte[] bs, int length)，构造一个 DatagramPacket，用于接收长度为 length 的数据报包。

② DatagramPacket(byte[] bs, int length,InetAddress addr, int port)，构造一个 DatagramPacket，用于将长度为 length 的数据报包发送到指定主机上的指定端口。

③ DatagramPacket(byte[] buf, int offset, int length)，构造用于接收长度为 length 的数据报包的 DatagramPacket，指定缓冲区中的偏移量。

④ DatagramPacket(byte[] buf, int offset, int length, InetAddress address, int port)，构造一个 DatagramPacket，用于将具有偏移量的数据报包发送到指定主机上的指定端口。

DatagramPacket 类构造方法的使用有两种情况。

第一种情况，如果是接收数据，应该采用上面的第①个或第③个构造方法生成一个 DatagramPacket 对象，给出接收数据的字节数组及其长度。然后调用 DatagramSocket 的 receive() 方法接收数据报包，receive() 将一直等待（即阻塞调用该方法的线程），直到收到一个数据报包为止。例如：

```
DatagramPacket dPacket=new DatagramPacket(buf, 256);
socket.receive(dPacket);
```

第二种情况，如果是发送数据，调用第②个或第④个构造方法创建 DatagramPacket 对象，此时的字节数组里存放了想发送的数据。除此之外，还要给出完整的目的地址，包括 IP 地址和端口号。发送数据是通过 DatagramSocket 的 send() 方法实现的，send() 方法根据数据报的目的地址来寻址以传送数据报。例如：

```
DatagramPacket packet = new DatagramPacket(buf, length, address, port);
socket.send(packet);
```

DatagramPacket 类常用方法如下。

- getData()，返回数据缓冲区。
- getLength()，返回要发送的数据的长度或接收到的数据的长度。
- getAddress()，返回发送数据报或接收数据报的计算机的 IP 地址。
- getPort()，返回发送数据报的远程主机上的端口号，或用于接收数据报的端口号。

3. 基于 UDP 编程步骤

Java 基于 UDP 的通信模型如图 7-2 所示。

Java 基于 UDP 编程的步骤一般是按照 Java 基于 UDP 的通信模型展示的步骤进行的。

编写接收端程序的基本步骤如下。

（1）通过 DatagramSocket(int port) 创建接收端的数据报套接字对象，并绑定指定端口。

（2）通过 DatagramPacket(byte[]buf,int length) 创建接收端的数据报包对象，指定字节数组和长度用于接收数据报包。

（3）调用 DatagramSocket 的 receive(DatagramPacket p) 方法，接收数据报包。

（4）调用 DatagramPacket 类对象的 getData() 方法，解析数据报包。

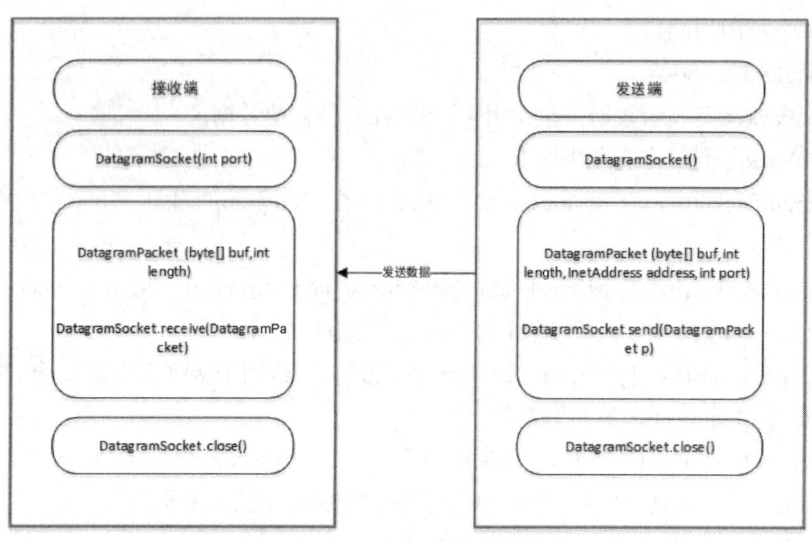

图 7-2　Java 基于 UDP 的通信模型

（5）关闭 DatagramSocket。

编写发送端程序的基本步骤如下。

（1）通过 DatagramSocket() 或 DatagramSocket(int port) 创建发送端的数据报套接字对象。

（2）通过 DatagramPacket(byte[]buf, int length,InetAddress address,int port) 创建数据报包对象，即要发送的数据报包，包含：数据、长度、接收端的 IP 地址和端口号。

（3）调用 DatagramSocket 的 send(DatagramPacket p) 方法发送数据报包。

（4）关闭数据报套接字。

7.3 使用实例

7.3.1 Java 基于 TCP 网络编程使用实例

1. 任务描述

使用 TCP Socket 编写网络通信的应用程序。

任务需求如下。

- 使用图形界面，显示发送和接收到的信息。
- 客户端可向服务端发送信息也可接收从服务端发送的信息，服务端可向客户端发送信息也可从客户端接收信息。
- 使用 TCP 实现通信。

微课　Java 基于 TCP 网络编程使用实例

运行效果如图 7-3 和图 7-4 所示。

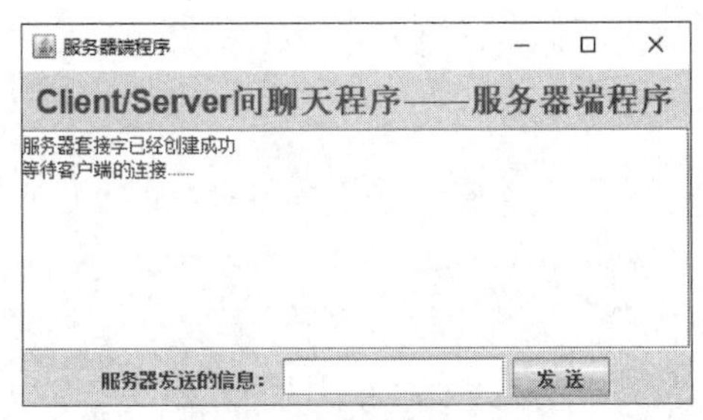

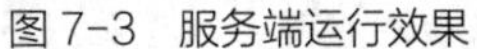
图7-3　服务端运行效果

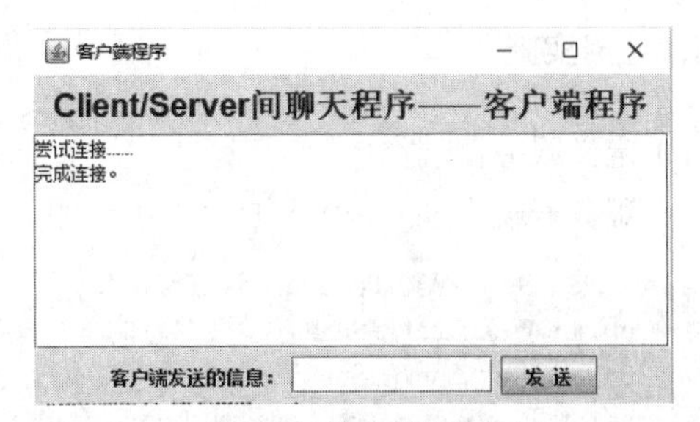

图7-4　客户端运行效果

2. 任务分析、设计

根据任务需求，在该问题域中设计两个类：服务器端类 ServerWithTCP 和客户端类 ClientWithTCP。

ServerWithTCP 类继承 JFrame 类，以实现图形界面。封装图形界面所使用的属性、I/O 流对象以及 ServerSocket 和 Socket 对象等。构造方法 ServerWithTCP() 用于初始化图形界面。setServer() 方法用于设置服务器端的服务。getClientInfo() 方法用于获取客户端发送来的消息。其运行效果如图 7-3 所示。

ClientWithTCP 类继承 JFrame 类，以实现图形界面。封装图形界面所使用的属性、I/O 流对象以及 ServerSocket 和 Socket 对象等。构造方法 ClientWithTCP () 用于初始化图形界面。setConnect() 方法用于请求与服务器端建立连接。getServernfo() 方法用于接收服务器端发送来的消息。其运行效果如图 7-4 所示。

类图如图 7-5 所示。

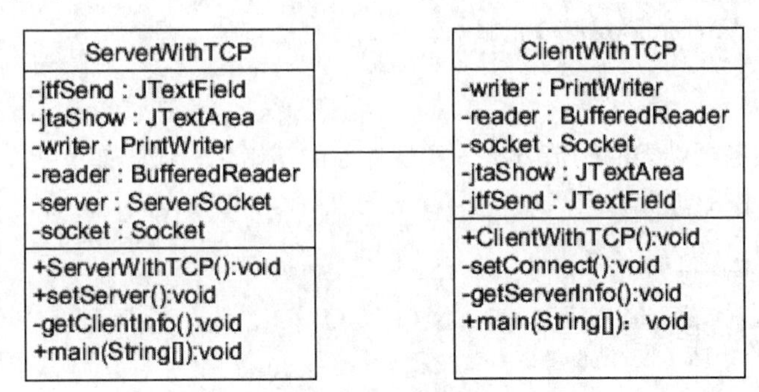

图7-5　类图

实现思路如下。

按照类图定义服务器端类和客户端类。

服务器端发送信息给客户端的步骤如下。用户在单行文本框中输入信息。用户单击“发送”按钮，按钮事件进行处理。按钮事件做 3 件事：将单行文本框中的信息写入输出流，然后发送给客户端；将信息追加到本地的多行文本框中，用于本地显示；清空单行文本框。

客户端发送信息给服务器端的步骤如下。用户在单行文本框中输入信息。用户单击“发送”按钮，按钮事件进行处理。按钮事件做 3 件事：将单行文本框中的信息写入输出流，然后发送给服务端；将信息追加到本地的多行文本框中，用于本地显示；清空单行文本框。

按照基于 Socket 的通信模型编写程序。

3. 任务实施

（1）定义服务器端类。

定义服务器端类 ServerWithTCP，代码如下：

```
public class ServerWithTCP extends JFrame {
    private JTextField jtfSend;// 发送信息的单行文本框
    private JTextArea jtaShow;// 显示信息的多行文本框
    private PrintWriter writer; // 声明 PrintWriter 类对象
    private BufferedReader reader; // 声明 BufferedReader 对象
    private ServerSocket server; // 服务端套接字对象
    private Socket socket; // 客户端套接字对象

public ServerWithTCP () {


  }

  public void setServer() {

  }

  private void getClientInfo() {

  }

  public static void main(String[] args) { // 主方法
      ServerWithTCP frame = new ServerWithTCP (); // 创建本类对象
      frame.setVisible(true);
      frame.setServer(); // 设置服务端的服务
  }
}
```

第一步，编写服务器端类的构造方法，实现界面的初始化，代码如下：

```
public ServerWithTCP () {
     super();
    setTitle(" 服务器端程序 ");
    setDefaultCloseOperation(JFrame.EXIT_ON_CLOSE);
    setBounds(100, 100, 379, 260);

    // 窗体采用上（顶部）、中（中部）、下（底部）布局
    // 布局顶部。顶部面板包含一个大标题
    final JPanel panel1 = new JPanel();// 顶部面板
    getContentPane().add(panel1, BorderLayout.NORTH);// 顶部面板布局在顶部

    final JLabel label1 = new JLabel("Client/server 间聊天程序——服务器端程序 ");// 大标题
    label1.setForeground(new Color(0, 0, 255));
    label1.setFont(new Font("", Font.BOLD, 22));
    panel1.add(label1);

    // 布局中部。中部面板包含一个滚动面板，滚动面板上设置一个多行文本框，用于显示发送和接收的消息
    final JScrollPane scrollPane = new JScrollPane();// 中部使用滚动面板
```

```
        getContentPane().add(scrollPane, BorderLayout.CENTER);

        jtaShow = new JTextArea();
        scrollPane.setViewportView(jtaShow);

        // 布局底部。底部面板包含一个标签、一个单行文本框、一个按钮
        final JPanel panel2 = new JPanel();// 底部面板
        getContentPane().add(panel2, BorderLayout.SOUTH);

        final JLabel label = new JLabel(" 服务器发送的信息 : ");
        panel2.add(label);

        jtfSend = new JTextField();
        jtfSend.setPreferredSize(new Dimension(150, 25));
        panel2.add(jtfSend);

        final JButton button = new JButton(" 发  送 ");
        panel2.add(button);
        //"发送"按钮单击事件处理，单击按钮即发送消息
        // 编写按钮事件处理代码
    }
```

根据图 7-3，使用 Java 的图形控件进行布局。这里主要是“发送”按钮事件处理，代码如下：

```
    button.addActionListener(new ActionListener() {
        public void actionPerformed(final ActionEvent e) {
          // 将要发送的单行文本框中的信息写入输出流
          writer.println(jtfSend.getText());
          // 同时将要发送的单行文本框中的信息显示在多行文本框中
          jtaShow.append(" 服务器发送的信息是 : " + jtfSend.getText() + "\n");
          // 将单行文本框清空
          jtfSend.setText("");
        }
    });
```

首先，“发送”按钮 button 调用 addActionListener() 方法，用于注册监听器，即把监听器添加在事件源 button 上。然后通过 new ActionListener() 实例化一个监听器对象，此处采用匿名类。最后重写 actionPerformed() 方法。在 actionPerformed() 方法中，做 3 件事：将单行文本框中的信息写入输出流、将单行文本框中的信息显示在多行文本框中、将单行文本框清空。

第二步，编写 setServer() 方法，用于设置服务器端服务，等待客户端连接。代码如下：

```
    public void setServer() {
        try {
            server = new ServerSocket(1978);
            while (true) {
                jtaShow.append(" 等待客户端的连接 ......\n"); // 输出信息
                socket = server.accept();
                InputStream is = socket.getInputStream();
                InputStreamReader isr = new InputStreamReader(is);
                reader = new BufferedReader(isr);
                getClientInfo(); // 获取客户端的消息
            }
```

```
        } catch (Exception e) {
            e.printStackTrace(); // 输出异常信息
        }
    }
```

创建服务端 Socket 并指定端口，调用 accept() 方法，接收客户端请求，如果接收成功则返回客户端的 Socket 对象。调用 Socket 对象的 getInputStream() 方法获得客户端套接字的字节输入流。创建 InputStreamReader 字符输入流对象。创建 BufferedReader 缓冲字符输入流对象,用于接收数据。最后调用 getClientInfo() 方法，从 BufferedReader 对象中读取信息，从而获取客户端发来的消息。

第三步，编写 getClientInfo() 方法代码，用于服务器端接收客户端数据。代码如下：

```
    private void getClientInfo() {
        try {
            while (true) {
                String line = reader.readLine();// 读取客户端发送的信息
                if (line != null)
                // 显示客户端发送的信息
                jtaShow.append(" 接收到客户端发送的信息 ：" + line + "\n");
            }
        } catch (Exception e) {
            jtaShow.append(" 客户端已退出。\n"); // 输出异常信息
        } finally {
            // 关闭资源
        }
    }
```

循环调用 reader.readLine() 方法读取客户端发送的信息，如果消息不为空，则追加到多行文本框中显示。最后关闭 Socket 及相关资源。

第四步，编写 main() 方法。代码如下：

```
    public static void main(String[] args) {
        // 创建服务器端对象，调用构造方法初始化界面
        ServerWithTCP frame = new ServerWithTCP();
        frame.setVisible(true);
        // 设置服务器端服务
        frame.setServer();
    }
```

创建服务端的对象，通过构造方法初始化图形界面，设置界面为可见状态，调用 setServer() 方法设置服务端的服务。

（2）创建客户端类。

定义客户端类 ClientWithTCP。代码如下：

```
    /**
     * 客户端
     * @author 戴远泉
     *@version 1.0
     */
    public class ClientWithTCP extends JFrame {
        private PrintWriter writer; // 声明 PrintWriter 类对象
        private BufferedReader reader; // 声明 BufferedReader 对象
        private Socket socket; // 声明客户端 Socket 对象
```

```
    private JTextArea jtaShow; // 显示信息的多行文本框
private JTextField jtfSend; // 发送信息的单行文本框
/**
   * 构造方法，实现界面的初始化
   */
  public ClientWithTCP () {

}

/**
   * 请求与服务器端的连接
   */
  private void setConnect() {

  }

/**
   * 接收服务器端发送来的消息
   */
private void getServerInfo() {

}

  public static void main(String[] args) { // 主方法
    // 创建客户端对象，调用构造方法初始化界面
    ClientWithTCP client = new ClientWithTCP();
    client.setVisible(true);
    // 请求与服务端的连接
    client.setConnect();
}
}
```

第一步，编写客户端类的构造方法，实现界面的初始化。代码如下。

```
/**
* 构造方法，实现界面的初始化
*/
public ClientWithTCP () {
super();
    setTitle(" 客户端程序 ");
    setBounds(100, 100, 361, 257);
    setDefaultCloseOperation(JFrame.EXIT_ON_CLOSE);

    // 窗体采用上（顶部）、中（中部）、下（底部）布局
    // 布局顶部。顶部面板包含一个大标题
    final JPanel panel1 = new JPanel();
    getContentPane().add(panel1, BorderLayout.NORTH);
    final JLabel label1 = new JLabel();
    label1.setForeground(new Color(0, 0, 255));
    label1.setFont(new Font("", Font.BOLD, 22));
    label1.setText("Client/Server 间聊天程序——客户端程序 ");
    panel1.add(label1);

    // 布局中部。中部面板包含一个滚动面板，滚动面板上设置一个多行文本框，用于显示发送和接收的消息
```

```
        final JScrollPane scrollPane = new JScrollPane();
        getContentPane().add(scrollPane, BorderLayout.CENTER);
        jtaShow = new JTextArea();
        scrollPane.setViewportView(jtaShow);

        // 布局底部。底部面板包含一个标签、一个单行文本框、一个按钮
        final JPanel panel2 = new JPanel();
        getContentPane().add(panel2, BorderLayout.SOUTH);
        final JLabel label2 = new JLabel(" 客户端发送的信息 ：");
        panel2.add(label2);

        jtfSend = new JTextField();
        jtfSend.setPreferredSize(new Dimension(140, 25));
        panel2.add(jtfSend);

        final JButton button = new JButton(" 发 送 ");
        panel2.add(button);
        //"发送" 按钮单击事件处理，单击按钮即发送消息
        // 编写按钮事件处理代码
    }
```

根据图 7-4，使用 Java 的图形控件进行布局。这里主要是“发送”按钮事件处理。代码如下：

```
button.addActionListener(new ActionListener() {
    public void actionPerformed(final ActionEvent e) {
        // 将要发送的单行文本框中的信息写入输出流
        writer.println(jtfSend.getText());
        // 同时将要发送的单行文本框中的信息显示在多行文本框中
        jtaShow.append(" 客户端发送的信息是 ：" + jtfSend.getText() + "\n");
       // 将单行文本框清空
        jtfSend.setText("");
    }
});
```

首先，“发送”按钮 button 调用 addActionListener() 方法，用于注册监听器，即把监听器添加在事件源 button 上。然后通过 new ActionListener() 实例化一个监听器对象，此处采用匿名类。最后重写 actionPerformed() 方法。在 actionPerformed() 方法中，做 3 件事：将单行文本框中信息写入输出流、将单行文本框中的信息显示在多行文本框中、将单行文本框清空。

第二步，编写 setConnect() 方法，用于客户端请求连接服务器。

首先创建连接 Socket，向服务器端发送连接请求。代码如下：

```
socket = new Socket("127.0.0.1", 1978); // 实例化 Socket 对象
```

然后创建输出流，用于发送消息到服务器端。调用 Socket 对象的 getOutputStream() 方法获得客户端套接字的字节输出流。创建 PrintWriter 字符输出流的对象，得到 writer 对象，用于发送数据。代码如下：

```
OutputStream os=socket.getOutputStream();
writer = new PrintWriter(os, true);
```

再创建输入流，用于接收从服务端发送来的消息。调用 Socket 对象的 getInputStream() 方法获得客户端套接字的字节输入流。创建 InputStreamReader 字符输入流对象。再创建 BufferedReader 缓冲字符输入流对象，用于接收数据。最后调用 getServerInfo() 方法，从 BufferedReader 对象中获

取消息，获取服务端发来的消息。代码如下：

```
InputStream is=socket.getInputStream();
InputStreamReader isr=new InputStreamReader(is);
reader = new BufferedReader(isr);
// 调用 getServerInfo() 方法 , 从 Buffered Reader 对象中获取消息
getServerInfo();
```

第三步，编写 getServerInfo() 方法，用于客户端接收服务器端数据。循环调用 BufferedReader 对象的 readLine() 方法读取服务端发送的信息。如果消息不为空，则追加到多行文本框中显示。最后关闭 Socket 及相关资源。代码如下：

```
// 客户端接收服务器端数据
private void getServerInfo() {
    try {
            while (true) {
                    if (reader != null) {
                            String line = reader.readLine();// 读取服务器发送的信息
                            if (line != null)
// 显示服务器端发送的信息
                                    jtaShow.append(" 接收到服务器发送的信息 : " + line + "\n");
                    }
            }
    } catch (Exception e) {
            e.printStackTrace();
    } finally {
            reader.close();
            socket.close();
    }
}
```

第四步，编写 main() 方法。创建客户端的对象，通过构造方法初始化图形界面，设置界面为可见状态，调用 setConnect() 方法请求与服务器的连接。代码如下：

```
public static void main(String[] args) {
        // TODO Auto-generated method stub
        // 创建客户端对象，调用构造方法初始化界面
        ClientWithTCP client = new ClientWithTCP();
        client.setVisible(true);
        // 请求与服务端的连接
        client.setConnect();
}
```

4. 运行结果

首先启动服务器端程序，接着启动客户端程序。然后分别在服务器端和客户端发送和接收数据。运行结果如图 7-3 和图 7-4 所示。

7.3.2 Java 基于 UDP 网络编程使用实例

1. 任务描述

基于 UDP 编写网络通信的应用程序。

任务需求如下。

- 使用控制台发送和接收信息。
- 客户端可向服务端发送信息也可从服务端接收信息，服务端可向客户端发送信息也可从客户端接收信息。
- 使用 UDP 编写。

2. 任务分析、设计

设计客户端（发送端）类和服务端（接收端）类。其编程步骤按照 Java 基于 UDP 的通信模型展示的步骤进行。

3. 编码实现

（1）定义发送端（客户端）类。

定义发送端类 ClientWithUDP，其代码结构如下：


```
public class ClientWithUDP {
    public static void main(String[] args) {
        //1. 向服务器端发送信息数据
        // ①定义服务器的 IP 地址、端口号、数据

        // ②创建数据报，包含发送的数据信息

        // ③创建 DatagramSocket 对象

        // ④向服务器发送数据


        //=========================================
        // 2. 接收服务器端响应的数据
        // ①创建数据报，用于接收服务器端响应的数据

        // ②接收服务器响应的数据

        // ③关闭资源

    }
}
```

向接收端（服务器端）发送信息数据有以下 4 步。

① 定义接收端的 IP 地址、端口号及要发送的数据。代码如下：

```
InetAddress address = null;
address = InetAddress.getByName("127.0.0.1");
int port = 10020;
byte[] data = " 用户名: admin; 密码: 123".getBytes();
```

② 创建 DatagramPacket，包含将要发送的信息。代码如下：

```
DatagramPacket packet = new DatagramPacket(data, data.length, address,port);
```

③ 创建 DatagramSocket。使用 DatagramSocket() 无参构造方法，未指定发送端口，系统会分

配一个可用的随机端口号，接收端可通过 getPort() 方法来获取发送端的端口号。代码如下：

```
DatagramSocket socket = new DatagramSocket();
```

④ 向接收端发送数据。调用 DatagramSocket 的 send() 方法发送数据报包。数据报包中封装了接收端的 IP 地址和端口号。代码如下：

```
socket.send(packet);
```

发送端接收接收端响应的数据有以下 3 步。

① 创建数据报，用于接收服务器端发送回来的响应数据。这里定义一个空的字节数组，用于存放接收到的数据，通过 DatagramPacket 的构造方法来创建一个数据报包的对象。代码如下：

```
byte[] data2 = new byte[1024];
DatagramPacket packet2 = new DatagramPacket(data2, data2.length);
```

② 接收服务器响应的数据并处理数据。代码如下：

```
socket.receive(packet2);

String reply = new String(data2, 0, packet2.getLength());
System.out.println(" 我是客户端，服务器说：" + reply);
```

③ 关闭资源

```
socket.close();
```

（2）定义接收端（服务端）类。

定义接收端类 ServerWithUDP，其代码结构如下：

```
public class ServerWithUDP{
    public static void main(String[] args) {
            //1. 接收客户端发送的信息数据
            // ①创建服务器端 DatagramSocket，指定端口号

            // ②创建数据报，用于接收客户端发送的数据

            // ③接收客户端发送的数据

            // ④读取数据


            //=================================================
            //2. 向客户端响应数据
            // ①定义客户端的 IP 地址、端口号、数据

            // ②创建数据报，包含响应的数据信息

            // ③响应客户端

            // ④关闭资源

    }
}
```

接收从客户端发送来的信息数据有以下 4 步。

① 创建接收端 DatagramSocket，指定端口号。代码如下：

```
DatagramSocket socket = null;
socket = new DatagramSocket(10020);
```

② 创建 DatagramPacket，用于接收数据报包。使用空的字节数组，然后通过 DatagramPacket 的构造方法创建数据报包的对象，用于接收数据。代码如下：

```
byte[] data = new byte[1024];
DatagramPacket packet = new DatagramPacket(data, data.length);
```

③ 接收客户端发送的数据。调用 DatagramSocket 的 receive() 方法接收数据报包，此方法在会一直阻塞线程，直到接收到数据报包。代码如下：

```
socket.receive(packet);
```

④ 解析数据。

```
String info = new String(data, 0, data.length);
System.out.println(" 我是服务器，客户端告诉我 " + info);
```

响应客户端，即接收到发送端发来的信息后返回一个信息给发送端，有以下 4 步。

① 获取客户端的 IP 地址、端口号，并指定响应数据。

```
InetAddress address = packet.getAddress();
int port = packet.getPort();
byte[] data2 = " 欢迎您！ ".getBytes();
```

从接收到的数据报包里获取发送端的 IP 地址和端口号，通过调用数据报包的 getAddress() 方法和 getPort() 方法实现。

② 创建数据报，包含响应的数据信息。

```
DatagramPacket packet2 = new DatagramPacket(data2, data2.length,
                    address, port);
```

③ 响应客户端。

```
socket.send(packet2);
```

④ 关闭资源。

```
socket.close();
```

4. 运行结果

先运行服务器端程序，再运行客户端程序，最后得到运行结果如图 7-6 和图 7-7 所示。

图 7-6　服务端运行结果

图 7-7　客户端运行结果

7.4 实训项目

7.4.1 使用 TCP 编写网络通信的应用程序

实训工单　使用TCP编写网络通信的应用程序

任务名称	使用 TCP 编写网络通信的应用程序	学时		班级	
姓名		学号		任务成绩	
实训设备		实训场地		日期	
实训任务	根据如下要求，编写应用程序。 1. 实现网络连接上不同的主机之间传输一个大文件，如视频文件 2. 使用 TCP 3. 分析比较源文件和目标文件的大小，分析传输时间 4. 进一步分析传输文件的类型问题				
实训目的	1. 理解 Java 网络编程的相关概念、Java 网络编程的几种方式及其应用场景 2. 掌握 TCP 网络编程的相关类 Socket、ServerSocket 及其常用方法的使用方法 3. 掌握 Java 使用 TCP 进行网络通信的实现步骤 4. 熟练使用 TCP 编写网络通信的应用程序				
相关知识	1. Java 网络编程的相关概念、Java 网络编程的几种方式及其应用场景 2. Java 基于 TCP 网络编程的相关类 Socket、ServerSocket 及其常用方法 3. Java 使用 TCP 进行网络通信的实现步骤 4. TCP/IP 栈 5. Java I/O 流 6. Java API 帮助文档中 java.net 中的接口和类				
决策计划	根据任务要求，提出分析方案，确定所需要的设备、工具，并对小组成员进行合理分工，制订详细的工作计划。 1. 分析方案 （1）编写发送端类。 （2）编写接收端类。 （3）按照 Java 中使用 TCP 进行网络通信的实现步骤进行编程。 （4）分析源文件和目标文件。 2. 需要的实训工具 3. 小组成员分工 4. 工作计划				
实施	1. 任务 2. 实施主要事项 3. 实施步骤				

续表

评估	1. 请根据自己的任务完成情况，对自己的工作进行评估，并提出改进意见 （1） （2） （3） 2. 教师对学生工作情况进行评估，并进行点评 （1） （2） （3） 3. 总结 （1） （2） （3）

实训阶段过程记录表

序号	错误信息	问题现象	分析原因	解决办法	是否解决

实训阶段综合考评表

考评项目		自我评估	组长评估	教师评估	备注
素质考评（40分）	劳动纪律（10分）				
	工作态度（10分）				
	查阅资料（10分）				
	团队协作（10分）				
工单考评（10分）	完整性（10分）				
实操考评（50分）	工具使用（5分）				
	任务方案（10分）				
	实施过程（30分）				
	完成情况（5分）				
小计	100分				
总计					

7.4.2 使用 UDP 编写网络通信的应用程序

实训工单　使用UDP编写网络通信的应用程序

<table>
<tr><td>任务名称</td><td>使用 UDP 编写网络通信的应用程序</td><td>学时</td><td></td><td>班级</td><td></td></tr>
<tr><td>姓名</td><td></td><td>学号</td><td></td><td>任务成绩</td><td></td></tr>
<tr><td>实训设备</td><td></td><td>实训场地</td><td></td><td>日期</td><td></td></tr>
<tr><td>实训任务</td><td colspan="5">根据如下要求，编写应用程序。
1. 实现网络连接上不同的主机之间传输一个大文件如视频文件
2. 使用 UDP
3. 分析比较源文件和目标文件的大小，分析传输时间
4. 优化程序，设计简单的校验，解决丢包问题。校验规则是采用一次握手协议，即发送端发送一部分数据之后，等待接收端响应。若成功接收到响应，发送端继续传递下一部分数据，直至整个文件传输完成，进行一次握手，通讯结束</td></tr>
<tr><td>实训目的</td><td colspan="5">1. 理解 Java 网络编程的相关概念、Java 网络编程的几种方式及其应用场景
2. 掌握 UDP 网络编程的相关类 DatagramSocket、DatagramPacket 及其常用方法的使用方法
3. 掌握 Java 使用 UDP 进行网络通信的实现步骤
4. 熟练使用 UDP 编写网络通信的应用程序</td></tr>
<tr><td>相关知识</td><td colspan="5">1. Java 网络编程的相关概念、Java 网络编程的几种方式及其应用场景
2. Java 基于 UDP 网络编程的相关类 DatagramSocket、DatagramPacket 类及其常用方法
3. Java 使用 UDP 进行网络通信的实现步骤
4. TCP/IP 栈
5. Java I/O 流
6. Java API 帮助文档中 java.net 中的接口和类</td></tr>
<tr><td>决策计划</td><td colspan="5">根据任务要求，提出分析方案，确定所需要的设备、工具，并对小组成员进行合理分工，制订详细的工作计划。
1. 分析方案
（1）编写发送端类。
（2）编写接收端类。
（3）按照 Java 中基于 UDP 网络编程的实现步骤进行编程。
（4）采用一次握手协议，即发送端发送一部分数据之后，等待接收端响应。若成功，发送端继续传递下一部分数据。直至整个文件传输完成，进行一次握手，通讯结束。
2. 需要的实训工具

3. 小组成员分工

4. 工作计划</td></tr>
<tr><td>实施</td><td colspan="5">1. 任务

2. 实施主要事项

3. 实施步骤</td></tr>
</table>

续表

评估	1. 请根据自己的任务完成情况，对自己的工作进行评估，并提出改进意见 （1） （2） （3） 2. 教师对学生工作情况进行评估，并进行点评 （1） （2） （3） 3. 总结 （1） （2） （3）

实训阶段过程记录表

序号	错误信息	问题现象	分析原因	解决办法	是否解决

实训阶段综合考评表

考评项目		自我评估	组长评估	教师评估	备注
素质考评（40分）	劳动纪律（10分）				
	工作态度（10分）				
	查阅资料（10分）				
	团队协作（10分）				
工单考评（10分）	完整性（10分）				
实操考评（50分）	工具使用（5分）				
	任务方案（10分）				
	实施过程（30分）				
	完成情况（5分）				
小计	100分				
总计					

7.5 拓展知识

为了进一步掌握网络编程，下面再研究一个网络编程中的问题，即如何使服务器端支持多个客户端同时工作？

一个服务器端一般都需要同时为多个客户端提供通信服务，如果需要同时支持多个客户端，则必须使用前面介绍的线程。简单来说，当服务器端接收到一个连接时，启动一个专门的线程处理和该客户端的通信。服务端代码如下：

```
// 建立连接
serverSocket = new ServerSocket(port);
while (true) {
    // 获得连接
    socket = serverSocket.accept();
    // 启动线程
    new LogicThread(socket);
}
```

在该示例代码中，实现了一个 while(true) 的死循环，由于 accept() 方法是阻塞方法，所以当客户端连接未到达时，将阻塞该程序的执行。当客户端连接到达时，接收客户端连接，然后开启专门的逻辑线程处理该连接。LogicThread 类实现对一个客户端连接的逻辑处理，将处理的逻辑放置在该类的 run() 方法中。再按照循环的执行流程，继续等待下一个客户端连接。这样通过多个线程支持多个客户端的同时处理。服务器端逻辑线程代码如下：

```
public class LogicThread extends Thread {
    Socket socket;
    InputStream is;
    OutputStream os;
    public LogicThread(Socket socket){
        this.socket = socket;
        start(); // 启动线程
    }

    public void run(){
        byte[] b = new byte[1024];
        try{
            // 初始化流
            os = socket.getOutputStream();
            is = socket.getInputStream();
            for(int i = 0;i < 3;i++){
                int n = is.read(b); // 读取数据
                byte[] response = logic(b,0,n); // 逻辑处理
                os.write(response); // 反馈数据
            }
        }catch(Exception e){
            e.printStackTrace();
        }finally{
            close();
```

```
            }
        }
}
```

在上面代码中，每次使用一个 Socket 对象构造一个线程，此 Socket 对象就是该线程需要处理的连接。在线程构造完成以后，该线程就被启动了。然后在 run() 方法内部对客户端连接进行处理，接收客户端发送过来的数据，传递给 logic() 方法进行处理，形成新的 response 数据反馈给客户端。

7.6 拓展训练

7.6.1 使用 TCP 实现多人聊天室

一、实验描述

本实验实现多人聊天室。多个用户同时访问服务端，各自可以不断请求服务端获取响应的数据，并可实现群聊和私聊功能。服务器则实现对数据的转发功能。

二、实验目的

熟练编写多人聊天室程序。

三、分析设计

1. 分析

客户端功能是实现群聊和私聊，私聊格式使用：@ 服务器用户 ID：消息。

服务端功能是数据转发和用户注册，支持多用户同时在线。

2. 实现思路

客户端实现思路如下。

将客户端的接收和发送功能通过两个线程进行分割，这样接收数据和发送数据就可以不用同时进行。客户端的主程序中实现：用户名提交；启动数据发送线程，启动数据接收线程，通过线程池管理这两个线程。

服务端实现思路如下。

服务端支持多用户同时在线，使用 allClient 存放在线用户。每个用户被看成一个内部类 Channel 的对象。封装服务器的接收和发送数据方法，这样一个客户端就对应一个 Channel 对象。Channel 实现 Runnable 接口，并封装接收数据方法和发送数据方法。服务端的主程序中实现：创建服务端对象并指定端口；调用 accept() 方法接收客户端请求，使用该客户端对象创建 Channel 对象，并添加到 allClient 中；启动 Channel 线程，实现数据的转发；如果是群聊则向所有人发送，如果是私聊则进行前缀判断然后发送数据。

资源关闭问题的解决思路如下。

代码中操作了大量的输入流和输出流，都需要进行关闭操作，如 DataInputStream、DataOutputStream、BufferedReader、Socket 等。这些资源都是 Closeable 接口的实现类，都有对应的 close() 方法。于是可以封装一个工具类，ChatUtil。ChatUtil 提供了一个 close() 方法，参数为 Closeable 接口的实现类对象。这里使用可变长参数：Closeable… closeable。可变长参数在方法中使用的过程里对应一个数组，这里可以通过增强 for 循环来使用。

四、实验步骤

1. 编写客户端类

代码如下：

```
public class ClientMultiUser {
    public static void main(String[] args) throws IOException {
            System.out.println("-----Client-----");
            System.out.println(" 请输入用户名：");
            BufferedReader reader = new BufferedReader(
                new InputStreamReader(System.in));
            String name = reader.readLine();

            // 创建 Socket，绑定服务器 IP 地址和端口号
            Socket  client  =new Socket("localhost",8989);

          // 使用线程池管理两个线程，一个是发送线程，另一个是接收线程
            ExecutorService pool = Executors.newFixedThreadPool(2);

            pool.submit(new SendThreadClient(client,name));
            pool.submit(new ReceiveThreadClient(client));
        }
    }
```

代码中，首先输入用户名。然后创建客户端的 Socket，绑定服务端的 IP 地址和端口号，用于请求与服务端建立连接。接着创建发送线程和接收线程，使用线程池管理这两个线程，在线程中完成数据的发送和接收。

2. 编写客户端发送线程类

发送线程类封装输出流、输入流及客户端套接字等。该类构造方法使用客户端套接字和用户名构造客户端发送线程类对象，在构造方法中初始化输入流和输出流对象。在线程方法 run() 中循环读取字符串并调用发送方法 send() 发送消息。发送方法 send() 将消息写入 DataOutputStream 中。代码如下：

```
public class SendThreadClient implements Runnable {
    private BufferedReader reader;
    private DataOutputStream dos;
    private Socket clientSocket;
    private boolean isRunning;
    private String name;

  /**
    * Description: 使用连接服务端的 Socket 对象及用户指定的用户名来创建 SendThreadClient 对象。
```

```
     * 同时初始化输出流和键盘输入的输入流对象。
     * @param client 客户端连接服务器对应的 Socket 对象
     * @param name 用户名，用于服务器注册
    */
public SendThreadClient(Socket client, String name) {
        this.clientSocket = client;
        this.isRunning = true;
        // 获取名称
        this.name = name;
        reader = new BufferedReader(new InputStreamReader(System.in));
        try {
                dos = new DataOutputStream(client.getOutputStream());
                // 发送用户名给服务器，用户名用于注册，需要调用 send() 方法
                send(name);
    } catch (IOException e) {
            e.printStackTrace();
            // 释放相应的资源，包括：输入流、输出流及套接字
            release();
    }
}

    // 线程代码，只要当前是连接状态，就一直读取字符串和发送消息
    @Override
    public void run() {
        while (isRunning) {
                String msg = null;
                try {
                    msg = reader.readLine();
                } catch (IOException e) {
                    System.out.println(" 数据写入失败 ");
                    release();
                }
                send(msg);

        }
    }

    /**
*
     * @Title: send
     * @Description: 发送数据给服务端
     * @param msg
     * @return void
     * @throws
*/
    public void send(String msg) {
    try {
            dos.writeUTF(msg);
            dos.flush();
    } catch (IOException e) {
            System.out.println(" 数据发送失败 ");
            release();
    }
```

```
    }

    // 释放资源
    public void release() {
        ChatUtils.close(dos, clientSocket, reader);
    }
}
```

3. 编写客户端接收线程类

接收线程类封装输入流、输出流对象及客户端套接字对象。该类构造方法使用客户端套接字对象和用户名构造接收线程类对象，在构造方法中初始化输入流。编写接收方法，在线程的 run() 方法中一直循环调用，用于接收消息。代码如下：

```
public class ReceiveThreadClient implements Runnable {
    private boolean isRunning;
    private DataInputStream dis;
    private Socket client;

    /**
     * Description: 构造方法。需要 Socket 对象作为当前构造方法的参数
     * @param client 客户端连接服务端对应的 Socket 对象
    */
    public ReceiveThreadClient(Socket client) {
        this.client = client;
        this.isRunning = true;
        try {
            dis = new DataInputStream(client.getInputStream());
        } catch (IOException e) {
            System.out.println("DataInputStream 对象创建失败 ");
            release();
        }
    }

    // 线程代码，只要当前是连接状态，就一直接收从服务端发来的数据
    @Override
    public void run() {
        while (isRunning) {
            String msg = "";
            msg = receive();
            if (!msg.equals("")) {
                System.out.println(msg);
            }

        }
    }

    // 从服务器接收数据
    /**
*
     * @Title: receive
     * @Description: 从服务端接收数据
     * @param
```

```
     * @return String
     * @throws
     */
  public String receive() {
     String msg = null;
     try {
        msg = dis.readUTF();
        return msg;
     } catch (IOException e) {
        System.out.println(" 数据接收失败 ");
        release();
     }
     return "";
     }

     // 释放资源
     public void release() {
        isRunning = false;
        ChatUtils.close(dis, client);
     }
}
```


4．编写服务端

代码如下

```
public class ServerMultiUser {
    // 用于存储所有客户端的一个容器，涉及多线程的并发操作
    // 使用 CopyOnWriteArrayList 保证线程的安全
    private static CopyOnWriteArrayList<Channel> allClient = new CopyOnWriteArrayList<Channel>();

    public static void main(String[] args) throws Exception {
        System.out.println("-----Server-----");
        // 建立 ServerSocket 对象，并绑定本地端口
        ServerSocket server = new ServerSocket(8989);

        // 一直循环，接收来自多个客户端的请求
        while (true) {
            // 监听
            Socket clientSocket = server.accept();
            Channel client = new Channel(clientSocket);
            allClient.add(client); // 添加一个客户端
            System.out.println(" 一个客户端建立了连接 ");
            new Thread(client).start();
        }
    }
```

代码中，首先创建 ServerSocket 对象，循环接收客户端的连接请求。将每一个客户端都添加到 allClient 容器中。

再创建静态内部类 Channel，用于封装处理客户端的数据。每一个客户端对应一个 Channel 对象。代码如下：

```
// 静态内部类，封装处理客户端的数据
    static class Channel implements Runnable {
        private DataInputStream dis;
        private DataOutputStream dos;
        private Socket client;
        private boolean isRunning;
        private String name;

        // 构造方法
        public Channel(Socket client) {
            this.client = client;
            this.isRunning = true;
            try {
                dis = new DataInputStream(client.getInputStream());
                dos = new DataOutputStream(client.getOutputStream());
                this.name = receive(); // 接收客户端的名称
                this.send(" 欢迎光临聊天室 ...");
                this.sendOther(this.name + " 来到了聊天室 ...", true);
            } catch (IOException e) {
                release();
            }
        }
```

程序还可以实现私聊功能。私聊格式采用“@服务器用户 ID：消息”，私聊功能使用 sendOther() 方法实现，代码如下：

```
/**
 * 获取自己的消息，然后发送给其他人
 * boolean isSys 表示是否为系统消息
 * 添加私聊的功能：可以向某一特定的用户发送数据
 * 约定格式：@服务器用户 ID：消息
 * @return
 */
public void sendOther(String msg, boolean isSys) {
        // 判断数据是否以 @ 开头
        boolean isPrivate = msg.startsWith("@");
        if (isPrivate) {
                // 寻找 “:”
                int index = msg.indexOf(":");
                // 截取 ID
                String targetName = msg.substring(1, index);
                // 截取消息内容
                String datas = msg.substring(index + 1);
                for (Channel other : allClient) {
                        if (other.name.equals(targetName)) {
                                other.send(this.name + " 悄悄对你说：" + datas);
                        }
                }

        } else {
                for (Channel other : allClient) {
                        if (other == this) { // 不再自己发给自己了
                                continue;
                        }
```

```
                if (!isSys) {
                        other.send(this.name + " 对大家说 : " + msg);
                } else {
                        other.send(msg);
                }
            }
        }
}
```

五、实验结果

首先启动服务器端程序，然后依次启动多个客户端程序，运行结果如图 7-8 ～图 7-11 所示。

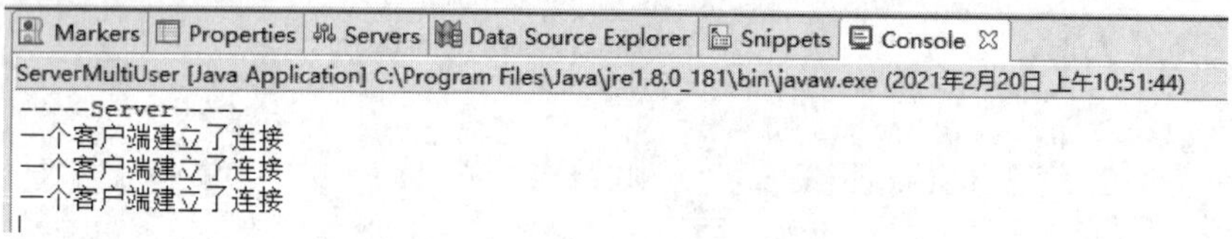

```
Markers | Properties | Servers | Data Source Explorer | Snippets | Console
ServerMultiUser [Java Application] C:\Program Files\Java\jre1.8.0_181\bin\javaw.exe (2021年2月20日 上午10:51:44)
-----Server-----
一个客户端建立了连接
一个客户端建立了连接
一个客户端建立了连接
```

图 7-8　多人聊天室服务端运行结果

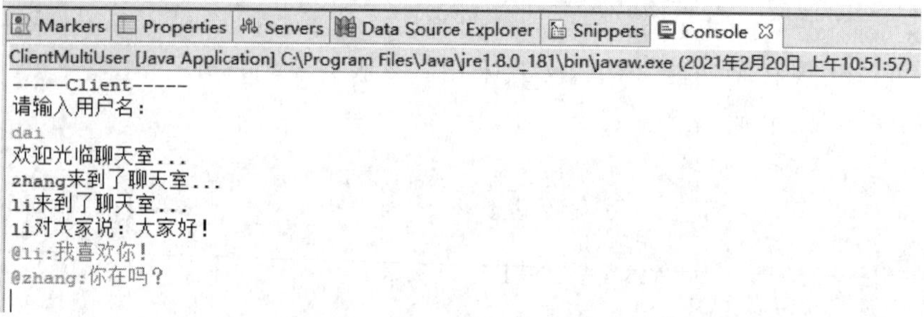

```
Markers | Properties | Servers | Data Source Explorer | Snippets | Console
ClientMultiUser [Java Application] C:\Program Files\Java\jre1.8.0_181\bin\javaw.exe (2021年2月20日 上午10:51:57)
-----Client-----
请输入用户名：
dai
欢迎光临聊天室...
zhang来到了聊天室...
li来到了聊天室...
li对大家说：大家好！
@li:我喜欢你！
@zhang:你在吗？
```

图 7-9　多人聊天室客户端 1 运行结果

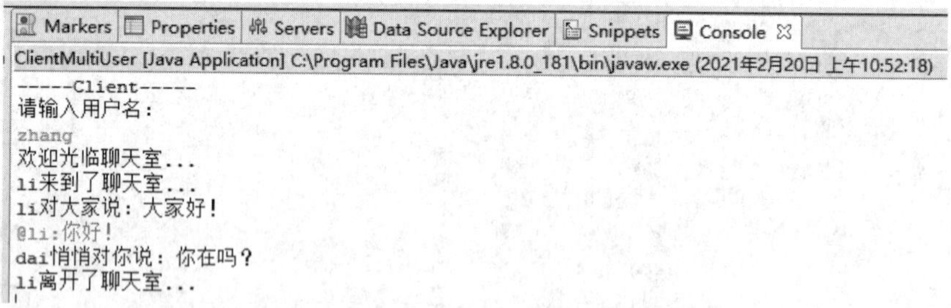

```
Markers | Properties | Servers | Data Source Explorer | Snippets | Console
ClientMultiUser [Java Application] C:\Program Files\Java\jre1.8.0_181\bin\javaw.exe (2021年2月20日 上午10:52:18)
-----Client-----
请输入用户名：
zhang
欢迎光临聊天室...
li来到了聊天室...
li对大家说：大家好！
@li:你好！
dai悄悄对你说：你在吗？
li离开了聊天室...
```

图 7-10　多人聊天室客户端 2 运行结果

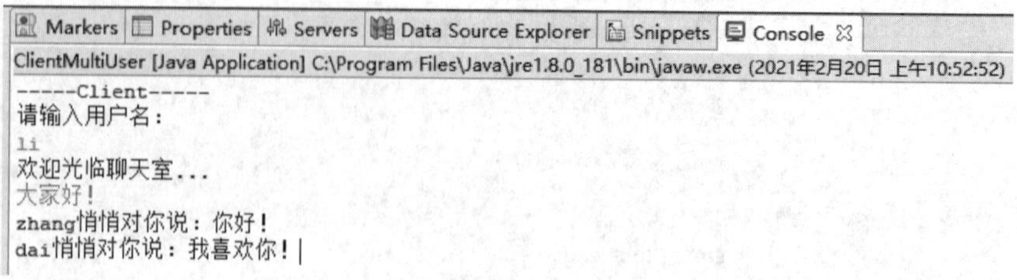

```
Markers | Properties | Servers | Data Source Explorer | Snippets | Console
ClientMultiUser [Java Application] C:\Program Files\Java\jre1.8.0_181\bin\javaw.exe (2021年2月20日 上午10:52:52)
-----Client-----
请输入用户名：
li
欢迎光临聊天室...
大家好！
zhang悄悄对你说：你好！
dai悄悄对你说：我喜欢你！
```

图 7-11　多人聊天室客户端 3 运行结果

六、实验小结

（1）实现多人聊天室，重点在于多线程。

（2）将客户端的接收和发送功能通过两个线程进行分割，这样接收数据和发送数据就可以不用同时进行。

（3）将服务器的接收和发送数据方法用一个 Channel 类进行封装，这样一个客户端就对应一个 Channel 对象。

微课

使用 UDP 实现传输大文件

7.6.2 使用 UDP 实现传输大文件

一、实验描述

在网络中传输文件可以使用 TCP 或 UDP。用 TCP 发送时，由于 TCP 是数据流协议，因此不存在包大小的限制。如果使用 UDP，则受到包大小的限制。而且 UDP 是不可靠的、无连接的服务，因此在传输时可能会存在丢包的现象。

本实验使用 UDP 传输大文件，并解决丢包问题。

二、实验目的

熟练编写使用 UDP 传输大文件的应用程序。

三、分析设计

UDP数据报的长度是指包括报头和数据部分在内的总字节数，要求小于64KB。如果超过范围，发送方 IP 层就需要将数据报分成若干片，而接收方 IP 层就需要进行数据报的重组。

实现思路如下。

编写发送端（客户端）类，指定本地文件，读取字节数组，并封装数据报包，然后发送。

编写接收端（服务端）类，循环接收发送端的数据报包，然后写入本地文件中。

四、实验步骤

1. 编写客户端类

编写客户端（发送端）类 ClientBigFileWithUDP，其中 DatagramSocket 对象，用于发送数据报包，指定本地端口号；数据报包 DatagramPacket 对象，用于封装数据报，需指定接收端（服务端）的 IP 地址和端口号；文件输入流 fis、数据输入流 dis 等用于读取文件。程序编写步骤如下。

首先选择文件并读取文件信息，代码如下：

```
// 选择进行传输的文件
File file = new File("D:\\ 自由式摔跤积分制规则 .mp4");
System.out.println(" 文件长度 :" + (int) file.length());

fis = new FileInputStream(file);
dis = new DataInputStream(fis);
```

然后发送文件名，接着发送文件长度数据，代码如下：

```
// 发送文件名
System.out.println(" 文件名 ："+file.getName());
buf = file.getName().getBytes();
dp.setData(buf, 0, buf.length);
ds.send(dp);

// 接着发送文件长度
String fileLen = Long.toString((long) file.length());
buf = fileLen.getBytes();
System.out.println("buf 文件长度 " + new String(buf));
dp.setData(buf, 0, buf.length);
ds.send(dp);
```

再发送文件数据，文件较大，不能一次性封装到 buf 里，使用循环读取并发送，代码如下：

```
// 循环发送文件数据
while (true) {
    int readLen = 0;
    if (fis != null) {
        readLen = fis.read(buf);
    }

    if (readLen == -1) {
        break;
    }
    dp.setData(buf, 0, readLen);
    ds.send(dp);
}
```

随后发送文件结束标志，代码如下：

```
// 给服务器发送一个终止信号
dp.setData(buf, 0, 0);
ds.send(dp);
System.out.println(" 文件传输完成 ");
```

最后关闭资源。

```
if (fis != null)
    fis.close();
if (ds != null)
    ds.close();
```

2. 编写接收端类

编写接收端（服务端）类 ServerBigFileWithUDP，其中：DatagramPacket 对象，用于封装数据报；DatagramSocket 对象，用于发送数据报包，指定接收端的 IP 地址和端口号。程序编写步骤如下。

首先使用 DatagramSocket 对象接收文件名，在本地创建该文件，再接收文件长度，代码如下：

```
dp = new DatagramPacket(buf, buf.length);
ds = new DatagramSocket(port, InetAddress.getByName("localhost"));
System.out.println(" 正在等待客户端连接 ...");

// 获取文件名
ds.receive(dp);
```

```
fileName = new String(dp.getData(), 0, dp.getData().length).trim();
System.out.println(fileName);
File file = new File(fileDir + fileName);
if (!file.exists()) {
    file.createNewFile();
}

fileOut = new DataOutputStream(new BufferedOutputStream(new FileOutputStream(file)));

// 获取文件长度
ds.receive(dp);
len = Long.parseLong(new String(buf, 0, dp.getLength()));
System.out.println(" 文件长度 : " + len);
```

然后循环接收数据报包，并写入本地文件中，代码如下：

```
System.out.println(" 开始接收文件 !" + "\n");
ds.receive(dp);
while ((readSize = dp.getLength()) != 0) {
    passedlen += readSize;
    fileOut.write(buf, 0, readSize);
    fileOut.flush();
    ds.receive(dp);
}

if (passedlen != len) {
    System.out.printf("IP:%s 发来的 %s 传输过程中失去连接 \n", dp.getAddress(), fileName);
    file.delete();// 将缺损文件删除
} else
System.out.println(" 接收完成，文件存为 " + file + "\n");
```

如果传输过程中服务器端发现客户端断开，服务器端应删除文件，并在屏幕上提示，如“从 IP 地址 1.2.3.4 发来 abcd.txt 文件在传输过程中失去连接。”。如果客户端发现服务器端不工作，客户端应提示“服务器 1.2.3.5:62345 失去连接”。

最后关闭资源。

```
if (fileOut != null)
    try {
        fileOut.close();
    } catch (IOException e) {
        // TODO Auto-generated catch block
        e.printStackTrace();
    }
if (ds != null)
    ds.close();
if (passedlen != len) {
    System.out.printf("IP: 地址 %s 发来的 %s 传输过程中失去连接 \n", dp.getAddress(), fileName);
}
```

五、实验结果

运行结果如图 7-12 和图 7-13 所示。

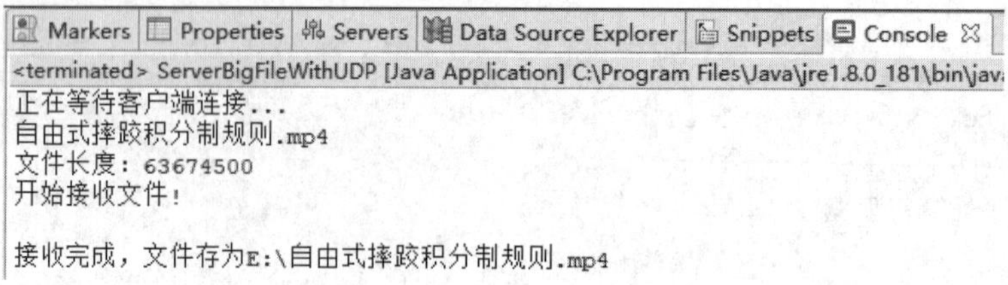

Markers | Properties | Servers | Data Source Explorer | Snippets | Console

<terminated> ServerBigFileWithUDP [Java Application] C:\Program Files\Java\jre1.8.0_181\bin\java

正在等待客户端连接...
自由式摔跤积分制规则.mp4
文件长度：63674500
开始接收文件！

接收完成，文件存为E:\自由式摔跤积分制规则.mp4

图 7-12　服务端运行结果

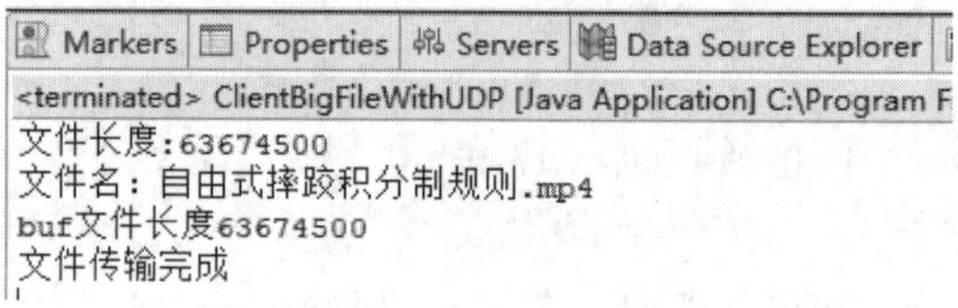

Markers | Properties | Servers | Data Source Explorer

<terminated> ClientBigFileWithUDP [Java Application] C:\Program F

文件长度:63674500
文件名：自由式摔跤积分制规则.mp4
buf文件长度63674500
文件传输完成

图 7-13　客户端运行结果

单机测试多次,传输 1.3GB 的 .mp4 视频。目标文件大小与源文件大小一致,视频能正常播放,没有损坏。

六、实验小结

（1）UDP 是一种不可靠的传输连续数据的协议。UDP 数据报的长度要求小于 64KB。传输过程中可能会有丢包，而且接收到包的次序也是随机的。这意味着所接收到的文件并不一定是正确和完整的。

（2）解决丢包的问题有很多种方法。本实验采用的方法是：发送方 IP 层需要将数据报分成若干片，而接收方 IP 层需要进行数据报的重组。

7.7　课后小结

1. TCP

在传输层有两种协议 TCP 和 UDP。

TCP 适用于对效率要求相对低，但对准确性要求相对高的场景，或者是有连接需求的场景。

TCP 是面向连接的、可靠的、有序的，以字节流的方式发送数据。

基于 TCP 网络编程使用两个类 Socket 和 ServerSocket，分别用来实现双向安全连接的客户端和服务端，使用 I/O 流进行通信。

Socket 类表示客户端套接字，用于向服务端发送请求，通过 IP 地址和端口号请求建立连接。

ServerSocket 类用来描述网络服务端，其作用是创建一个网络服务，等待客户端连接。

ServerSocket 类的 accept() 方法，监听要连接到此服务器套接字的客户端的 Socket，并返回客户端 Socket 对象。该方法将阻塞线程直到建立连接。

2. UDP

UDP 适用于对效率要求相对高，对准确性要求相对低的场景。

基于 UDP 网络编程使用两个类 DatagramSocket 和 DatagramPacket，DatagramSocket 用来发送或接收数据报包，DatagramPacket 表示数据报包，用来封装 UDP 传输的数据。

DatagramSocket 既可以用来发送数据报包，也可以接收数据报包，分别使用 send() 和 receive() 方法实现。

DatagramPacket 对象使用不同的构造方法来表示是接收的数据报包或发送的数据报包。

7.8 课后习题

一、填空题

1. Socket 技术是构建在________之上的。
2. 数据报技术是构建在________之上的。
3. ServerSocket 对象调用 accept() 返回________对象，使服务器与客户端相连。
4. ________是用于封装 IP 地址和 DNS 的一个类。
5. TCP/IP 套接字是最可靠的双向流协议之一。等待客户端连接的服务器使用________，而要连接到服务器的客户端则使用________。
6. 基于 UDP 的客户端 - 服务器编程，首先都要建立一个________对象，用来接收或发送数据报，然后使用________类对象作为传输数据的载体。

二、单选题

1. IP 地址封装类是________。

   A. InetAddress 类　　B. Socket 类

   C. URL 类　　D. ServerSocket 类

2. InetAddress 类中获得主机名的方法是（　　）。

   A. getFile()　　B. getHostName()

   C. getPath()　　D. getHostAddress()

3. Java 中面向无连接的数据报通信的类有（　　）。

   A. DatagramPacket 类

   B. DatagramSocket 类

   C. DatagramPacket 类和 DatagramSocket 类

   D. Socket 类

4. Java 网络程序位于 TCP/IP 参考模型的哪一层？（　　）

   A. 网络层　　B. 应用层

   C. 传输层　　D. 数据链路层

5. 以下哪种协议位于传输层？（　　）

   A. TCP　　B. HTTP

   C. SMTP　　D. IP

6. 如何判断一个 ServerSocket 已经与特定端口绑定，并且还没有被关闭？（　　）

A. boolean isOpen=serverSocket.isBound();

B. boolean isOpen=serverSocket.isBound()&& !serverSocket.isClosed();

C. boolean isOpen=serverSocket.isBound() &&serverSocket.isConnected();

D. boolean isOpen=!serverSocket.isClosed();

7. Java 程序中，使用 TCP 套接字编写服务端程序的套接字类是（　　）。

A. Socket　　B. ServerSocket

C. DatagramSocket　　D. DatagramPacket

8. ServerSocket 的监听方法 accept() 的返回值类型是（　　）。

A. void　　B. Object

C. Socket　　D. DatagramSocket

9. 当使用客户端套接字创建对象时，需要指定（　　）。

A. 服务器主机名称和端口　　B. 服务器端口和文件

C. 服务器名称和文件　　D. 服务器 IP 地址和文件

10. 使用流式套接字编程时，为了向对方发送数据，则需要使用哪个方法？（　　）

A. getInetAddress()　　B. getLocalPort()

C. getOutputStream()　　D. getInputStream()

11. 使用 UDP 套接字通信时，常用哪个类把要发送的信息打包？（　　）

A. String　　B. DatagramSocket

C. MulticastSocket　　D. DatagramPacket

12. 使用 UDP 套接字通信时，哪个方法用于接收数据？（　　）

A. read()　　B. receive()

C. accept()　　D. Listen()

三、简答题

1. 客户端和服务器模式有什么特点？
2. 简述 TCP 与 UDP 的区别。
3. 简述基于 TCP 的 Socket 编写客户端应用程序的步骤。
4. 简述基于 UDP 网络编程的开发步骤。
5. 什么是 Socket？
6. 写出 DatagramSocket 的常用构造方法。
7. 对于建立功能齐全的 Socket，简述其工作过程包含的 4 个基本步骤。

知识领域8 Java数据库编程

知识目标

1. 了解 JDBC 数据库访问技术及其应用场景。
2. 理解 JDBC 相关类和接口及其常用方法。
3. 掌握 Java 使用 JDBC 访问数据库的步骤。
4. 掌握 Java 使用 JDBC 对数据库进行 CRUD 操作的方法。
5. 理解第三方组件的概念及使用方法。
6. 掌握第三方组件库 DBCP、JSON、JFreeChart 的使用方法。

能力目标

1. 熟练使用 JDBC 编写对数据库做 CRUD 操作的应用程序。
2. 熟练使用 DBCP、JSON、JFreeChart 编写应用程序。

素质目标

1. 掌握 Java 数据库编程。
2. 培养学生协同合作的团队精神。
3. 培养学生查阅科技文档和撰写分析文档的能力。
4. 培养学生逻辑思维和实际动手能力。
5. 培养学生创新意识。

8.1 应用场景

大多数软件系统都需要处理非常庞大的数据，这些数据并不是使用内存或集合就能处理的，这时就需要借助数据库系统。

使用 Java 语言配合 JDBC（Java Database Connectivity，Java 数据库互连）技术提供的 API，可以用纯 Java 语言实现对数据的 CRUD 操作，从而编写完整的数据库应用程序。

在互联网上有很多由第三方团队开发的第三方组件，它们功能强大，扩展性好，能够满足不同类型应用的需要。使用第三方组件，程序员可以避免进行大量编码，可节约开发的成本，提高开发的效率，减少出错的可能。

8.2 相关知识

8.2.1 JDBC 技术

1. 数据库访问技术

一般来说，要对数据库中的数据执行CRUD操作，需要访问数据库。访问数据库有两种方式：一是通过数据库管理工具来访问，这种方式适合 DBA（Database Administrator，数据库管理员）对数据库进行管理；二是通过 API 来访问数据库，这种方式适合在应用程序中访问数据库。

由于数据库的种类有很多，所以通过 API 方式编写的程序很难应用到不同的数据库上，这给编程带来了很大的不便，因此有异构数据库访问的技术。常用的数据库访问技术有如下几种。

- ODBC（Open Database Connectivity，开放数据库互联），为访问不同的数据库提供了一个公共的接口。
- JDBC，用于 Java 程序连接数据库、执行 SQL 的 API。
- ADO.NET，用于和数据库交互的面向对象的类库。
- PDO（PHP Data Object，PHP 数据对象），为 PHP 访问数据库定义了一个轻量级的、一致性的接口。

2. JDBC 常用类和接口

JDBC 是 Java 语言中用来规范客户端程序访问数据库的应用程序接口。JDBC 提供了一系列的类和接口，用于编程开发，使程序能方便地进行数据访问和处理。这些类和接口位于 java.sql 包中。其描述见表 8-1 所示。

表8-1　JDBC常用类和接口表

类和接口	描述
Driver 接口	一种规范，规范了 Java 开发人员该怎么去访问数据库。但这只是一个接口，具体接口的实现，是数据库厂商以驱动程序的形式实现的
DriverManager 类	驱动程序管理器类，负责管理各种不同的驱动程序。驱动程序加载后，可通过该类的静态方法 getConnection（URL）连接到一个数据库，并返回一个 Connection 对象
Connection 接口	该接口的对象表示与指定数据库的连接。只有连接成功后，程序才能执行后续有关数据库的所有操作

续表

类和接口	描述
Statement 接口	将 SQL 语句传送给数据库并返回结果。即使用 Connection 连接到数据库，由 Statement 创建和执行 SQL 语句
ResultSet 接口	针对有返回结果的 SQL 语句，ResultSet 接口用来处理结果

8.2.2 Java 使用 JDBC 访问数据库

访问数据库就是对数据库进行CRUD操作。JDBC抽象了与数据库交互的过程。

1. Java 使用 JDBC 访问数据库的步骤

使用 JDBC 访问数据库的编程步骤如图 8-1 所示。

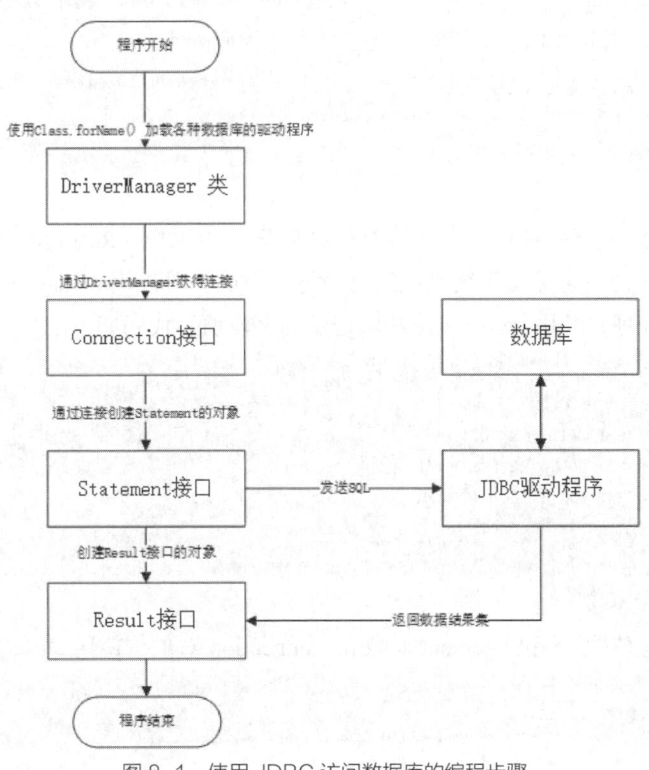

图 8-1　使用 JDBC 访问数据库的编程步骤

其具体步骤如下。

（1）加载驱动程序。

加载驱动程序的方法是使用 Class.forName() 方法显式加载一个驱动程序，假如要加载 MySQL 驱动程序，代码如下：

```
Class.forName("com.mysql.jdbc.Driver");
```

（2）建立连接。

采用 DriverManager 类中的 getConnection() 方法实现与 URL（Uniform Resource Lactor，统一资源定位符）所指定的数据源建立连接并返回一个 Connection 类的对象，以后对这个数据源的操作都基于该 Connection 类对象。代码如下：

```
String url = "jdbc:mysql://localhost:3306/bms";
connection conn = DriverManager.getConnection(url,"root","123456");
```

（3）发送 SQL。

要执行 SQL 可以使用 Statement 或 PreparedStatement，通过其对象向数据库发送 SQL 命令，实现 CRUD 操作。

如果要对数据库发送 SELECT 语句，可以使用 executeQuery() 方法实现，查询成功后该方法会以 ResultSet 对象的形式返回查询结果。代码如下：

```
    Statement stmt = conn.createStatement();
    String sql = "SELECT  * FROM  book";
    ResultSet rs = stmt. executeQuery(sql);
```

如果要对数据库发送 INSERT、UPDATE 和 DELETE 等不需要返回查询结果的 SQL 语句，则采用 executeUpdate() 方法实现。该方法返回值类型为 int，表示数据库表收到 INSERT、UPDATE 和 DELETE 语句并执行后影响的数据行数。代码如下：


```
Statement stmt = conn.createStatement();
String sql = "DELETE FROM book WHERE bNo = 2";
int ret = stmt.executeUpdate(sql);
```

（4）处理结果集。

对 ResultSet 对象进行处理后，可以将查询结果显示给用户。ResultSet 对象是一个包含所有查询结果的集合。最初，游标位于结果集的第一行的前面，可以用 next() 方法使游标下移一行以便对结果进行逐行处理，并用 getter 方法获取记录的字段值。代码如下：

```
while(rs.next()){  //当游标位于结果集最后一行的后面时，返回 false
        int bNo = rs.getInt("bNo");
        String title = rs.getString("title");
        String author = rs.getString("author");
        String bType = rs.getString("bType");
        int number = rs.getInt("number");
}
```

（5）关闭数据库连接。

在程序结束前应依次关闭 Statement 对象和 Connection 对象，使用 close() 方法。代码如下：

```
stmt.close();
conn.close();
```

2. Java 对数据库表执行 CRUD 操作

（1）添加图书。

首先使用 insert into 语句并提供占位符构建用于插入记录的 SQL 字符串。然后为每个占位符设置值，即 Java 对象对应的属性值。最后通过 PrepareStatement 对象传递 SQL 命令，最后调用该对象的 executeUpdate() 方法完成插入操作。其关键代码如下：

```
String sqiString = "insert into bookinfo(bookNo,bookname,author
        ,publisher,price,publishtime,ISBN,amount) values(?,?,?,?,?,?,?,?)";

ps = conn.prepareStatement(sqlString);
```

```
ps.setString(1, book.getBookNo());
ps.setString(2, book.getBookname());
ps.setString(3, book.getAuthor());
ps.setString(4, book.getPublisher());
ps.setDouble(5, book.getPrice());
ps.setString(6, book.getPublishtime());
ps.setString(7, book.getISBN());
ps.setInt(8, book.getAmount());
flag = ps.executeUpdate() != 0 ? true : false;
```

（2）查询图书。

首先使用 select from where 语句并提供占位符构建用于查询记录的 SQL 字符串。然后为每个占位符设置值，这里使用模糊查询 bname = “%” + bname + “%”。再通过 PrepareStatement 对象传递 SQL 命令，调用该对象的 executeQuery () 方法完成查询操作，返回结果集给 rs。最后对 rs 进行解析并转换为 Java 对象。将该 Java 对象添加到 bookList 集合中并把该集合从该方法返回。其关键代码如下：

```
String sqlString = "select * from bookinfo where bookname like ?";

ps = conn.prepareStatement(sqlString);
bname = "%" + bname + "%";
ps.setString(1, bname);
ResultSet rs = ps.executeQuery();
while (rs.next()) {
        int bookId = rs.getInt("ID");
        String bookNo = rs.getString("bookNo");
        String bookname = rs.getString("bookname");
        String author = rs.getString("author");
        String publisher = rs.getString("publisher");
        String publishtime = rs.getString("publishtime");
        double price = rs.getFloat("price");
        String ISBN = rs.getString("ISBN");
        int amount = rs.getInt("amount");
        BookInfo book = new BookInfo(bookNo, bookname, author);
        book.setId(bookId);
        book.setPublisher(publisher);
        book.setPublishtime(publishtime);
        book.setISBN(ISBN);
        book.setPrice(price);
        book.setAmount(amount);
        bookList.add(book);
}
return bookList;
```

（3）删除图书。

首先使用 delete from 语句并提供占位符构建用于删除记录的 SQL 字符串。然后为每个占位符设置值，这里使用 id。再通过 PrepareStatement 对象传递 SQL 命令，调用该对象的 execute () 方法完成删除操作。其关键代码如下：

```
String sql = "delete from bookinfo where ID=?";

ps = conn.prepareStatement(sql);
ps.setInt(1, id);
ps.execute() ;
```

（4）修改图书。

首先使用 update set 语句并提供占位符构建用于更新记录的 SQL 字符串。然后为每个占位符设置值，即给定 Java 对象对应的属性值。再通过 PrepareStatement 对象传递 SQL 命令，即调用该对象的 executeUpdate () 方法完成删除操作。其关键代码如下 ：

```
String sql = "update bookinfo set bookNo = ?,bookname = ?,author=?,publisher=?
        ,price=?,publishtime=?,ISBN=?,amount=? where ID=?";

ps = conn.prepareStatement(sql);
ps.setString(1, book.getBookNo());
ps.setString(2, book.getBookname());
ps.setString(3, book.getAuthor());
ps.setString(4, book.getPublisher());
ps.setDouble(5, book.getPrice());
ps.setString(6, book.getPublishtime());
ps.setString(7, book.getISBN());
ps.setInt(8, book.getAmount());
ps.setInt(9, book.getId());
flag = ps.executeUpdate() > 0 ? true : false;
```


8.2.3 Java 使用第三方组件访问数据库

微课

Java 使用第三方组件访问数据库

1. 第三方组件的概念

第三方组件是针对某种软件在应用功能上的不足或缺陷，由软件编制方以外的其他公司、组织或个人开发的相关组件。第三方组件一般是自定义组件或者用户组件，它们继承自 Java 中的某些基类，重写或者扩展了一些方法和属性，从而能实现某些新的功能。同时它们有较大的可定制性，可以根据使用者的需要设置不同的特性，从而完全满足特定项目的需求，比如一些日期组件、数据组件等。

2. 一些常用的第三方组件

第三方组件的种类很多。简单的第三方组件，如按钮、文本框等；复杂的第三方组件，包括报表组件、表格组件和文字处理组件等。也会有一些组件库，它由一系列组件组成，通常包括表格、报表、图表、菜单、工具栏、数据输入验证等组件。这里列出了一些较为常用的第三方组件库。

（1）Commons Math，Apache 的一个轻量级容器的数学和统计计算组件库，包含大多数常用的数值算法。

（2）Log4j，一个日志开源项目，可以控制每一条日志的信息级别、生成过程、输出方式、输出格式等。

（3）Jackson，用来处理 JSON 数据的 Java 类库，可以将 Java 对象转换成 JSON 对象和 XML 文档，同样也可以将 JSON 对象、XML 文档转换成 Java 对象。

（4）JFreeChart，Java 平台上的一个开放的图表绘制类库。它完全使用 Java 语言编写，是为 Applications、Applets、Servlet 以及 JSP（Java Server Page，Java 服务器页面）等所设计的。

（5）C3P0，一个开源的 JDBC 连接池，它实现了数据源和 JNDI（Java Naming and Directory

Interface，Java 命名与目录接口）绑定，支持 JDBC 3.0 规范和 JDBC 2.0 的标准扩展。

（6）TensorFlow，一个机器学习框架，是一个使用数据流图进行数值计算的开源软件库。

3. 第三方组件的使用方法

在 Java 工程项目中使用第三方组件的方法可归纳如下。

（1）下载第三方组件相应的 JAR（Java Archive，Java 归档）包。

（2）将 JAR 包导入 Java 工程项目中。

（3）引用 JAR 包的接口、类、方法等编写应用程序。

由于第三方组件较多，这里只介绍 DBCP、JSON 和 JFreeChart。

4. DBCP

池（Pool）是资源的集合，当使用的时候按照需要去取资源，使用完就回收资源。池技术在一定程度上可以明显优化服务器应用程序的性能、提高程序执行效率和降低系统资源开销，被广泛应用在服务器端软件的开发上。广义的池有：数据库连接池、线程池、内存池、对象池等。

数据库连接池（Database Connection Pool）技术的核心思想是连接复用，即通过建立一个数据库连接池以及一套连接使用、分配、管理策略，使得该连接池中的连接可以得到高效、安全的复用，避免产生数据库连接频繁建立、关闭的开销。

Java 中常用的数据库连接池有：DBCP、C3P0、Druid。还有其他的如：BoneCP、Proxool、DDConnectionBroker、DBPool、XAPool、Primrose、SmartPool、MiniConnectionPoolManager 等。

其中 DBCP 是使用最多的开源连接池之一，配置方便，而且很多开源项目和 Tomcat 应用例子都使用这个连接池。其相关依赖包为以下 3 个 JAR 包：

- commons-collections-3.1.jar；
- commons-dbcp-1.2.1.jar；
- commons-pool-1.2.jar。

使用 DBCP 时需设置一些参数，DBCP 的参数说明见表 8-2 所示。

表8-2 DBCP的参数说明

参数	说明
username	传递给 JDBC 驱动程序的用于建立连接的用户名
password	传递给 JDBC 驱动程序的用于建立连接的密码
url	传递给 JDBC 驱动程序的用于建立连接的 URL
driverClassName	使用的 JDBC 驱动程序的完整有效的 Java 类名
initialSize	连接池启动时创建的初始连接数量
maxActive	连接池在同一时间能够分配的活动连接的最大数量
maxIdle	连接池中容许保持空闲状态的连接的最大数量
minIdle	连接池中容许保持空闲状态的连接的最小数量，低于这个数量
maxWait	当没有可用连接时，连接池等待连接被归还的最长时间

5. JSON

JSON 是一种轻量级的数据交换格式，易于人阅读和编写，同时也易于机器解析和生成，并可有效地提升网络传输效率。JSON 本质是字符串，可用于表示对象和数组。

JSON 对象是由花括号括起来的，并由逗号分隔的成员构成，成员是由字符串键和值组成的，不同成员由逗号分隔，例如：

```
{
  "name":"John Doe",
  "age":18,
  "address":{
    "country":"china",
    "zip-code":"10000"
  }
}
```

JSON 数组由方括号括起来的一组值构成，例如：

```
[
  {
    "name":" 张三 ",
    "age":18
  },
  {
    "name":" 李四 ",
    "age":19
  },
  {
    "name":" 王五 ",
    "age":17
  }
]
```

目前对 Java 开源的 JSON 类库有很多，其中主流的有：Json-lib、Jackson、Gson 和 FastJson 等。

Gson 是一个开源的基于 Java 的类库，用于将 Java 对象序列化为 JSON 字符串，也可用于将 JSON 字符串转换为等效的 Java 对象。Gson 可以处理任意 Java 对象。Gson 易于使用、性能优、无依赖性，其支持泛型、复杂的内部类。Gson 依赖包是 gson-2.8.6.jar。

Gson 提供了 toJson() 方法将 Java 对象转换成 JSON 字符串。

Java 对象转为 JSON 字符串如下所示：

```
Gson gson = new Gson();
Person person=new Person() ;
String str = gson.toJson(person);
```

List 对象转为 JSON 字符串如下所示：

```
Gson gson = new Gson();
List<Person> persons = new ArrayList<Person>();
for (int i = 0; i < 10; i++) {
Person p = new Person();
p.setName("name" + i);
```

```
p.setAge(i * 5);
persons.add(p);
}
String str = gson.toJson(persons);
```

Gson 提供了 fromJson() 方法来实现 JSON 字符串转换为 Java 对象。

JSON 字符串转为 Java 对象如下所示：

```
String str=" [{"name":"name0","age":0}]" ;
Person person = gson.fromJson(str, Person.class);
```

JSON 字符串转为 List 对象如下所示：

```
List<Person> ps = gson.fromJson(str, new TypeToken<List<Person>>(){}.getType());
for(int i = 0; i < ps.size() ; i++){
  Person p = ps.get(i);
  System.out.println(p.toString());
}
```

其中 TypeToken 是 Gson 提供的数据类型转换器，可以支持各种数据集合类型转换。

6. JFreeChart

JFreeChart 是 Java 平台上的一个开放的图表绘制类库，使用它可以生成多种通用性的报表，也可生成饼图（Pie Chart）、柱状图（Bar Chart）、散点图（Scatter Plot）、时序图（Time Serie）、甘特图（Gantt Chart）等多种图表，并且可以产生 PNG 和 JPEG 格式的输出，还可以与 PDF 文件和 Excel 文件关联。JFreeChart 可以在应用程序、小程序、Servlet 和 JSP 中使用。

JFreeChart 依赖包有两个，jcommon- 版本号 .jar 和 jfreechart- 版本号 .jar，可从官网下载。

使用 JFreeChart 的步骤大致为以下 3 步。

第一步，创建数据集对象，代码如下：

```
DefaultCategoryDataset dataSet = new DefaultCategoryDataset();
```

第二步，创建 JFreeChart 对象，代码如下：

```
JFreeChart chart = ChartFactory.createBarChart3D();
```

第三步，创建呈现媒介，并将 chart 装入媒介，代码如下：

```
ChartFrame cf = new ChartFrame(title, chart, true);
```

8.3 使用实例

8.3.1 Java 使用 JDBC 访问数据库使用实例

1. 任务描述

使用 JDBC 编写访问数据库的应用程序。

任务需求如下。

- 使用 JDBC 编写连接 MySQL 数据库的程序。
- 使用 JDBC 编写对数据库做 CRUD 操作的应用程序。

2. 任务分析、设计

（1）分析类。

此实例中涉及多个类，包括图书类 Book、图书访问类 BookDAO、数据库管理类 DBManager 及各个功能测试类。其类图如图 8-2 所示。

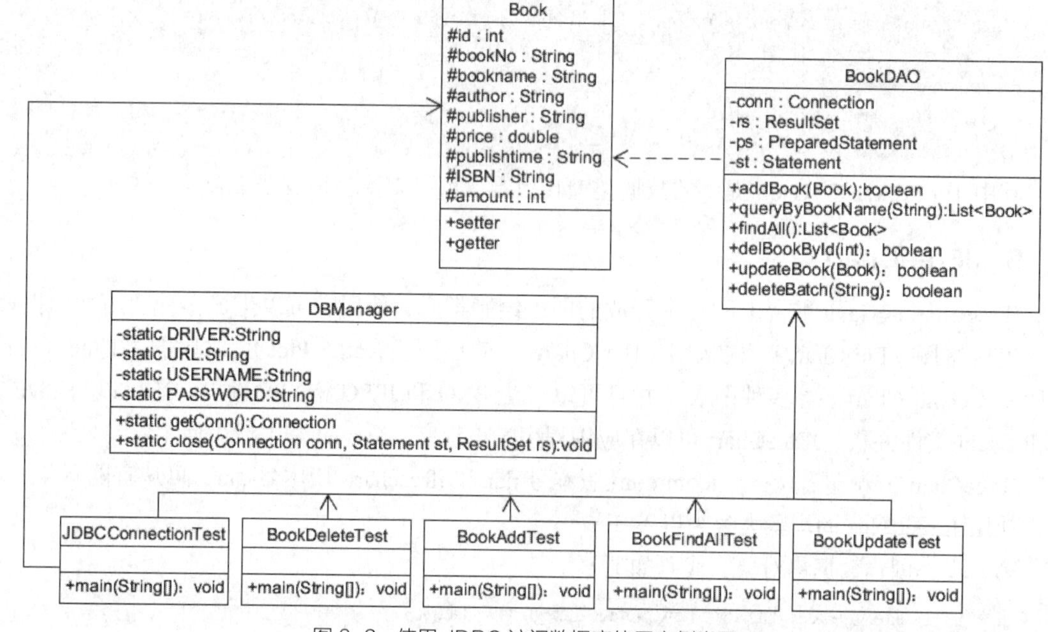

图 8-2　使用 JDBC 访问数据库使用实例类图

（2）实现思路。

首先创建数据库、创建表。然后封装 Book 类，对应数据库中的表 book。再使用 JDBC 连接字符串连接 MySQL 数据库。创建 BookDAO 类，其中封装 CRUD 方法，如 addBook(Book book)、delBookById(int id) 、updateBook(Book book)、findAll() 等，用于完成对数据库表的 CRUD 操作。最后分别编写测试类，对这些方法进行测试。

3. 任务实施

任务 1　编码实现 Java 使用 JDBC 连接 MySQL 数据库

前期准备工作是创建数据库、创建表，表结构如图 8-3 所示。

实施步骤如下。

（1）导入 JAR 包。

由于 Java 连接 MySQL 数据库需要 JDBC，因此需下载 mysql-connector-java-5.1.40.jar 包并导入 JAR 包到项目中。操作步骤是在工程目录中创建 lib 文件夹，将 JAR 包放到该文件夹下，在项目名上右击，依次选择“Build Path → Configure Build Path... → Java Build Path → Libraries → Add External Jars...”，找到下载的 JAR 包，单击“打开”按钮。

名	类型	长度	小数点	允许空值 (	
id	int	10	0	☐	1
bookNo	varchar	10	0	☐	
bookname	varchar	40	0	☐	
author	varchar	20	0	☑	
publisher	varchar	20	0	☑	
price	double	4	2	☑	
publishtime	varchar	10	0	☑	
ISBN	varchar	20	0	☑	
amount	int	4	0	☑	

图 8-3　数据库表结构

（2）新建类 DBManager 类。

在 util 包下新建 DBManager 类，其中指定连接 URL、用户名和密码。代码如下：

```
/**
 * 数据库的连接和关闭等的管理类
 * @author 戴远泉
 */
public class DBManager {
    private static final String DRIVER = "com.mysql.jdbc.Driver";
    private static final String URL = "jdbc:mysql://localhost:3306/test";
    private static final String USRENAME = "root";
    private static final String PASSWORD = "123456";

    static {
        try {
            Class.forName(DRIVER);
        } catch (ClassNotFoundException e) {
            e.printStackTrace();
        }
    }

    public static Connection getConn() {

    }

    public static void close(Connection conn, Statement st, ResultSet rs) {
        // 关闭资源
    }
}
```

（3）编写连接方法。

```
public static Connection getConn() {
        Connection conn = null;
        try {
            conn = DriverManager.getConnection(URL, USRENAME, PASSWORD);
        } catch (SQLException e) {
            e.printStackTrace();
        }
        return conn;
}
```

（4）编写测试方法。

```
public static void main(String[] args) {
    System.out.print(DBManager.getConn());
}
```

（5）运行结果。

运行程序，如未出现异常，则从控制台看到的结果如图 8-4 所示。

图 8-4　数据库连接成功

任务 2　编码实现对数据库表做查询操作

实施步骤如下。

（1）编写查询方法。

在 dao 包下创建 BookDAO 类，其中定义 findAll()，用于查询所有的记录。首先使用 select from where 语句构建用于查询所有记录的 SQL 字符串。然后通过 PrepareStatement 对象传递 SQL 命令，调用该对象的 executeQuery () 方法完成查询操作，返回结果集赋值给 ResultSet 的对象 rs。再对 rs 进行解析，通过循环将每一行数据转换为 Java 对象，并添加到 bookList 集合中。最后把 bookList 集合通过该方法返回。代码如下：

```
/**
 * 查询所有的图书
 *
 * @return 图书结果集
 */
public List<Book> findAll() {
    List<Book> bookList = new ArrayList<Book>();
    conn = DBManager.getConn();
    String sql = "select * from Book";
    try {
        ps = conn.prepareStatement(sql);
        rs = ps.executeQuery();

        while (rs.next()) {
            Book book = new Book();
            book.setId(rs.getInt(1));
            book.setBookNo(rs.getString(2));
            book.setBookname(rs.getString(3));
            book.setAuthor(rs.getString(4));
            book.setPublisher(rs.getString(5));
            book.setPrice(rs.getDouble(6));
            book.setPublishtime(rs.getString(7));
            book.setISBN(rs.getString(8));
            book.setAmount(rs.getInt(9));
            bookList.add(book);
        }
    } catch (SQLException e) {
```

```
            // TODO Auto-generated catch block
            e.printStackTrace();
        }
        return bookList;

    }
```

（2）编写测试类。

在 test 包下创建测试类 BookFindAllTest。首先创建 BookDAO 的对象，然后调用其 findAll() 方法，该方法返回查询结果集，再遍历该集合。代码如下：

```
public static void main(String[] args) {
    // TODO Auto-generated method stub
    BookDAO bookDAO = new BookDAO();
    List<Book> bookList = bookDAO.findAll();
    for (Book bookInfo : bookList) {
            System.out.println(bookInfo.getId() + "\t" + bookInfo.getBookNo() + "\t" + bookInfo.getBookname() + "\t"+
                    bookInfo.getAuthor());
    }
}
```

（3）运行并查看结果。

运行程序，从控制台查看，结果如图 8-5 所示。

图 8-5　查询所有记录

任务 3　编码实现对数据库表做添加操作

实施步骤如下。

（1）编写添加图书方法。

在 dao 包下的 BookDAO 类中定义 addBook(Book book)，用于向数据库表添加记录。首先使用 insert into 语句并提供占位符构建用于插入记录的 SQL 字符串，然后为每个占位符设置值，即 Java 对象对应的属性值。再通过 DBManager.getConn() 方法获取与数据库的连接 conn。通过 conn 创建 PrepareStatement 对象，传递 SQL 命令，最后调用该对象的 executeUpdate() 方法完成插入操作。代码如下：

```
/**
     * 添加图书
     *
     * @param book
     * @return boolean
     */
    public boolean addBook(Book book) {
        boolean flag = false;
        conn = DBManager.getConn();
        String sqlString = "insert into Book(bookNo,bookname,author,publisher,price,publishtime,ISBN,amount)
values(?,?,?,?,?,?,?,?)";
```

```
    try {
        ps = conn.prepareStatement(sqlString);
        ps.setString(1, book.getBookNo());
        ps.setString(2, book.getBookname());
        ps.setString(3, book.getAuthor());
        ps.setString(4, book.getPublisher());
        ps.setDouble(5, book.getPrice());
        ps.setString(6, book.getPublishtime());
        ps.setString(7, book.getISBN());
        ps.setInt(8, book.getAmount());
        flag = ps.executeUpdate() != 0 ? true : false;
    } catch (Exception e) {
        e.printStackTrace();
    }
    return flag;
}
```

（2）编写测试类。

在 test 包下创建测试类 BookAddTest。

```
public static void main(String[] args) {
    // TODO Auto-generated method stub
    BookDAO bookInfoDAO = new BookDAO();

    Book book = new Book(null, null, null);
    book.setBookNo("08803");
    book.setBookname("Java 高级程序设计 ");
    book.setAuthor(" 戴远泉 ");
    book.setPublisher(" 高等教育出版社 ");
    book.setPublishtime("20170809");
    book.setAmount(4);
    book.setPrice(45.05);
    book.setISBN("98745372123");

    if(bookInfoDAO.addBook(book))
        System.out.println(" 添加成功！ ");
    else {
        System.out.println(" 添加失败！ ");
    }
}
```

（3）运行结果。

运行程序，分别从控制台和数据库查看结果，如图 8-6 和图 8-7 所示。

Console
<terminated> BookAddTest [
Sun Aug 15 20:32:21 C
添加成功！

图 8-6　添加记录成功（控制台）

book @test (myconn) - 表
文件　编辑　查看　窗口　帮助
导入向导　导出向导　筛选向导　网格查看　表单查看　备注　十六进制　图像　升序排序　降序排序　移除排

id	bookNo	bookname	author	publisher	price	publishtime	ISBN	amount
59	22234	大数据技术应用	戴远泉	清华大学出版社	58.5	2019-09-09	234892348	10
60	20201	Java语言程序设计基础	刘君	高等教育出版社	42.8	2018-09-09	34243235	20
66	909090	Python语言程序设计	王军	清华大学出版社	58	20210101	142352345234	40
67	3423234	大数据应用开发	戴远泉	人民邮电出版社	58.5	2020-09-09	22222222	10
69	33333333	大数据应用开发	戴远泉	人民邮电出版社	58.5	2020-09-09	22222222	10
71	TP/234	大数据技术应用	戴远泉	人民邮电出版社	58.5	2019-09-09	234892348	10
73	08803	Java高级程序设计	戴远泉	高等教育出版社	45.05	20170809	98745372123	4

图 8-7　添加记录成功（数据库）

任务 4　编码实现对数据库表做修改操作

实施步骤如下。

（1）编写修改记录的方法。

在 dao 包下的 BookDAO 类中定义 updateBook (Book book)，用于更新图书记录。首先使用 update set 语句并提供占位符构建用于更新记录的 SQL 字符串，然后为每个占位符设置值，即给定 Java 对象对应的属性值。再通过 DBManager.getConn() 方法获取与数据库的连接 conn，通过 conn 创建 PrepareStatement 对象。通过 PrepareStatement 对象传递 SQL 命令，最后调用该对象的 executeUpdate () 方法完成修改操作。代码如下：

```
/**
 * 根据图书 ID 修改图书的信息
 *
 * @param book
 * @return
 */
public boolean updateBook(Book book) {
    boolean flag = false;
    conn = DBManager.getConn();
    String sql = "update Book set bookNo = ?,bookname = ?,author=?,publisher=?,price=?,publishtime=?,ISBN=?,
amount=? where ID=?";
    try {
        ps = conn.prepareStatement(sql);
        ps.setString(1, book.getBookNo());
        ps.setString(2, book.getBookname());
        ps.setString(3, book.getAuthor());
        ps.setString(4, book.getPublisher());
        ps.setDouble(5, book.getPrice());
        ps.setString(6, book.getPublishtime());
        ps.setString(7, book.getISBN());
        ps.setInt(8, book.getAmount());
        ps.setInt(9, book.getId());
        flag = ps.executeUpdate() > 0 ? true : false;
    } catch (Exception e) {
        e.printStackTrace();
    }
    return flag;
}
```

（2）编写测试类。

在 test 包下创建测试类 BookUpdateTest，代码如下：

```
public static void main(String[] args) {
    // TODO Auto-generated method stub
    BookDAO bdao = new BookDAO();
    Book book = new Book("0203", " 高级 ", " 戴远泉 ");
    List<Book> bookList = new ArrayList<Book>();
    bookList = bdao.queryByBookName(book.getBookname());

    for (Book Book : bookList) {
        System.out.println(Book.getId() + "\t" + Book.getBookNo()
                + "\t" + Book.getBookname() + "\t"
                + Book.getAuthor());
```

```
        }

        book.setId(bookList.get(0).getId());

        book.setBookname(" 操作系统原理 ");
        book.setAuthor(" 王欣 ");
        book.setPublisher(" 华中科技大学出版社 ");
        book.setPublishtime("10170801");

        if (bdao.updateBook(book)) {
            System.out.println(" 修改成功！ ");
        } else {
            System.out.println(" 修改失败！ ");
        }

    }
```

（3）运行结果。

运行程序，分别从控制台和数据库查看结果，其运行结果如图 8-8 和图 8-9 所示。

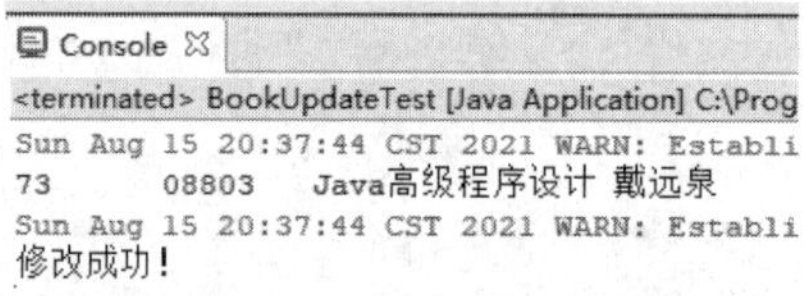

```
Console ☒
<terminated> BookUpdateTest [Java Application] C:\Prog
Sun Aug 15 20:37:44 CST 2021 WARN: Establi
73      08803    Java高级程序设计 戴远泉
Sun Aug 15 20:37:44 CST 2021 WARN: Establi
修改成功！
```

图 8-8　修改记录成功（控制台）

book @test (myconn) - 表

文件　编辑　查看　窗口　帮助

导入向导　导出向导　筛选向导　网格查看　表单查看　备注　十六进制　图像　升序排序　降序排序　移除排

id	bookNo	bookname	author	publisher	price	publishtime	ISBN	amount
59	22234	大数据技术应用	戴远泉	清华大学出版社	58.5	2019-09-09	234892348	10
60	20201	Java语言程序设计基础	刘君	高等教育出版社	42.8	2018-09-09	34243235	20
66	909090	Python语言程序设计	王军	清华大学出版社	58	20210101	142352345234	40
67	3423234	大数据应用开发	戴远泉	人民邮电出版社	58.5	2020-09-09	22222222	10
69	33333333	大数据应用开发	戴远泉	人民邮电出版社	58.5	2020-09-09	22222222	10
71	TP/234	大数据技术应用	戴远泉	人民邮电出版社	58.5	2019-09-09	234892348	10
73	0203	操作系统原理	王欣	华中科技大学出版社	0	10170801	(Null)	0

图 8-9　修改记录成功（数据库）

任务 5　编码实现对数据库表做删除操作

实施步骤如下：

（1）编写删除方法。

在 dao 包下的 BookDAO 类中定义 delBookById(int id) 方法，用于根据 ID 删除图书记录。首先使用 delete from 语句并提供占位符构建用于删除记录的 SQL 字符串，然后为每个占位符设置值，这里使用 id。再通过 DBManager.getConn() 方法获取与数据库的连接 conn，通过 conn 创建 PrepareStatement 对象。通过 PrepareStatement 对象传递 SQL 命令，最后调用该对象的 execute () 方法完成删除操作。代码如下：

```
    /**
     * 根据图书的 ID 删除图书
     *
     * @param id
```

```
     * @return
     */
    public boolean delBookById(int id) {
        boolean flag = false;
        conn = DBManager.getConn();
        String sql = "delete from Book where ID=?";
        try {
            ps = conn.prepareStatement(sql);
            ps.setInt(1, id);
            if (ps.execute()) {
                flag = true;
            } else {
                flag = false;
            }
        } catch (SQLException e) {
            // TODO Auto-generated catch block
            e.printStackTrace();
        }
        return flag;
    }
```

（2）编写测试类。

在 test 包下创建测试类 BookDeleteTest，代码如下：

```
    public static void main(String[] args) {
            // TODO Auto-generated method stub
            BookDAO bookDAO = new BookDAO();
            int bookid = 50;
            boolean flag=bookDAO.delBookById(bookid);
            System.out.println(flag);
            if (flag) {
                System.out.println(" 删除成功！ ");
            } else {
                System.out.println(" 删除失败！ ");
            }
        }
```

（3）运行结果。

运行程序，分别从控制台和数据库查看结果，如图 8-10 和图 8-11 所示。

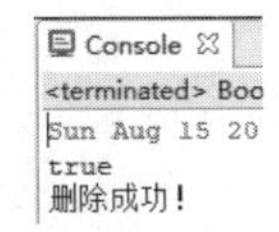

图 8-10　删除记录成功（控制台）

book @test (myconn) - 表

文件　编辑　查看　窗口　帮助

导入向导　导出向导　筛选向导　网格查看　表单查看　备注　十六进制　图像　升序排序　降序排序　移除排

id	bookNo	bookname	author	publisher	price	publishtime	ISBN	amount
59	22234	大数据技术应用	戴远泉	清华大学出版社	58.5	2019-09-09	234892348	10
60	20201	Java语言程序设计基础	刘君	高等教育出版社	42.8	2018-09-09	34243235	20
66	909090	Python语言程序设计	王军	清华大学出版社	58	20210101	142352345234	40
69	33333333	大数据应用开发	戴远泉	人民邮电出版社	58.5	2020-09-09	22222222	10
71	TP/234	大数据技术应用	戴远泉	人民邮电出版社	58.5	2019-09-09	234892348	10
73	0203	操作系统原理	王欣	华中科技大学出版社	0	10170801	(Null)	0

图 8-11　删除记录成功（数据库）

8.3.2 Java 使用第三方组件访问数据库使用实例

微课
Java 使用第三方组件访问数据库使用实例

1. 任务描述

编写使用第三方组件访问数据库的应用程序。

任务需求如下。

假设有图书信息表 book（包括序号、图书编号、图书名称、作者、出版社、单价、出版日期、ISBN、库存数量等）。从图书信息表中查询信息，将查询的结果转换成 JSON 格式数据，以便于网络传输或显示。

2. 任务分析、设计

（1）分析类。

分析任务需求，包含以下类。

① DBCPConnPool 类，统一管理数据库的连接和关闭，数据库的连接采用连接池。

② Book 类，存放图书基本信息。

③ BookDAOWithDBCPConnPool 类，封装对数据库表的 CRUD 操作方法。

④ BookService 类，封装业务方法。其中方法 String queryByBookname(String bookname) 用于按书名查询，并将查询得到的结果集转换成 JSON 格式的字符串。

其类图如图 8-12 所示。

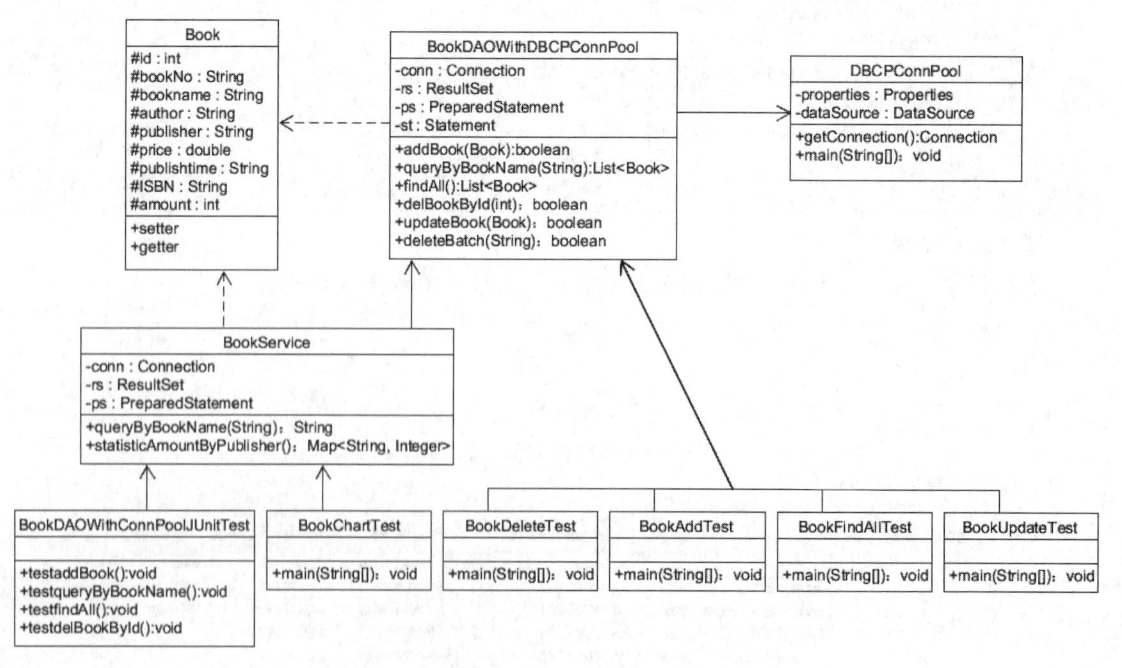

图 8-12　使用第三方组件访问数据库使用实例类图

由于类较多，将类分别放在不同的包里。系统包结构如图 8-13 所示。

```
com.daiinfo.javaadvanced.know8.example.bean
    Book.java
com.daiinfo.javaadvanced.know8.example.dao
    BookDAO.java
    BookDAOWithDBCPConnPool.java
com.daiinfo.javaadvanced.know8.example.service
    BookService.java
com.daiinfo.javaadvanced.know8.example.test
    BookAddTest.java
    BookChartTest.java
    BookDAOWithConnPoolJUnitTest.java
    BookDeleteTest.java
    BookFindAllTest.java
    BookQueryByNameTest.java
    BookShowOnTableTest.java
    BookUpdateTest.java
    JDBCConnectionTest.java
com.daiinfo.javaadvanced.know8.example.util
    DBCPConnPool.java
    DBManager.java
    bookinfo.sql
```

图 8-13　系统包结构

（2）实现思路。

首先准备数据库、表。封装图书类 Book，对应数据库表 book。然后封装 DBCPConnPool，用于使用 DBCP 连接池连接 MySQL 数据库，数据源配置使用 dbcp.properties。再封装 BookDAOWith DBCPConnPool 类，其中编写 CRUD 方法，使用连接池连接数据库；封装 BookService 类，其中声明业务方法，用于按书名查询并将查询结果以 JSON 格式数据返回。最后进行单元测试，使用 JUnit 测试。

3. 任务实施

前期准备工作需创建数据库、创建表。然后按如下步骤编程。

（1）封装 Book 类。

在 bean 包下编写图书类 Book，代码如下：

```
public class Book implements Serializable {
    int id;
    String bookNo;
    String bookname;
    String author;
    String publisher;
    double price;
    String publishtime;
    String ISBN;
    int amount;

    // 省略 getter 和 setter 方法
}
```

（2）创建 DBCPConnPool 类。

在 util 包下创建 DBCPConnPool 类，使用 DBCP 连接池。该类用于配置数据源、从连接池中获取一个连接。数据源信息存放在包 config 下的 dbcp.properties 配置文件里，代码如下：

```
/**
* @ClassName: DBCPConnPool
* @Description: DBCP 配置类
* @author 戴远泉
* @date 2020 年 11 月 14 日下午 9:37:55
*/

public class DBCPConnPool {
    private static Properties properties = new Properties();
    private static DataSource dataSource;

    // 加载 DBCP 配置文件
    static {
        try {
            FileInputStream is = new FileInputStream("config/dbcp.properties");
            properties.load(is);
        } catch (IOException e) {
            e.printStackTrace();
        }

        try {
            dataSource = BasicDataSourceFactory.createDataSource(properties);
        } catch (Exception e) {
            e.printStackTrace();
        }
    }

      // 从连接池中获取一个连接
      public static Connection getConnection() {
        Connection connection = null;
        try {
            connection = dataSource.getConnection();
      } catch (SQLException e) {
            e.printStackTrace();
      }
      try {
            connection.setAutoCommit(false);
      } catch (SQLException e) {
            e.printStackTrace();
      }
      return connection;
    }
}
```

（3）封装 BookDAOWithDBCPConnPool 类。

在 dao 包下创建 BookDAOWithDBCPConnPool 类。该类封装对数据库表的 CRUD 操作方法，使用 DBCP 连接池连接数据库。其中声明 queryByBookName(String bname) 方法，用于根据图书名查询图书，支持模糊查询。代码如下：

```
public List<Book> queryByBookName(String bname) {
    List<Book> bookList = new ArrayList<Book>();
    conn = DBCPConnPool.getConnection();
    String sqlString = "select * from Book where bookname like ?";
```

```
    try {
        ps = conn.prepareStatement(sqlString);
        bname = "%" + bname + "%";
        ps.setString(1, bname);
        ResultSet rs = ps.executeQuery();

        while (rs.next()) {
                int bookId = rs.getInt("ID");
                String bookNo = rs.getString("bookNo");
                String bookname = rs.getString("bookname");
                String author = rs.getString("author");
                String publisher = rs.getString("publisher");
                String publishtime = rs.getString("publishtime");
                double price = rs.getFloat("price");
                String ISBN = rs.getString("ISBN");
                int amount = rs.getInt("amount");

                Book book = new Book(bookNo, bookname, author);
                book.setId(bookId);
                book.setPublisher(publisher);
                book.setPublishtime(publishtime);
                book.setISBN(ISBN);
                book.setPrice(price);
                book.setAmount(amount);
                bookList.add(book);
        }
    } catch (SQLException e) {
                // TODO Auto-generated catch block
                e.printStackTrace();
    }
    return bookList;
}
```

（4）封装 BookSercice 类。

在 service 包下创建 BookService 类，其中定义 queryByBookname(String bookname) 方法，该方法将查询的结果转为 JSON 格式数据。由于该方法将查询的结果转换成 JSON 格式数据，需要使用 Gson，所以先下载 Gson 所需的 JAR 包 gson-2.8.6.jar，然后导入 JAR 包到工程中。在项目名上右击，依次选择“Build Path → Configure Build Path... → Java Build Path → Libraries → Add External Jars...”，找到下载的 JAR 包，单击“打开”。再编写 queryByBookname() 方法，在该方法中，使用 BookDAOWithDBCPConnPool 创建 DAO 的对象，调用 DAO 的 queryByBookName() 方法，查询得到 List 集合，通过 Gson 生成 Gson 对象，调用 Gson 对象的 toJson() 方法，将 List 集合对象转换成字符串后返回。代码如下：

```
public String queryByBookname(String bookname) {
    BookDAOWithDBCPConnPool bDAOPool = new BookDAOWithDBCPConnPool();
    List<Book> list = bDAOPool.queryByBookName(bookname);
    Gson gson = new Gson();
    String listJson = gson.toJson(list);
    return listJson;
}
```

（5）编写测试方法。

使用 JUnit 测试，代码如下：

```
/**
 * 测试
 */
@Test
public void testqueryByBookname() {
    String bookname = "Java";
    System.out.println(queryByBookname(bookname));
}
```

（6）运行结果。

运行程序后在控制台上得到图 8-14 所示的结果。

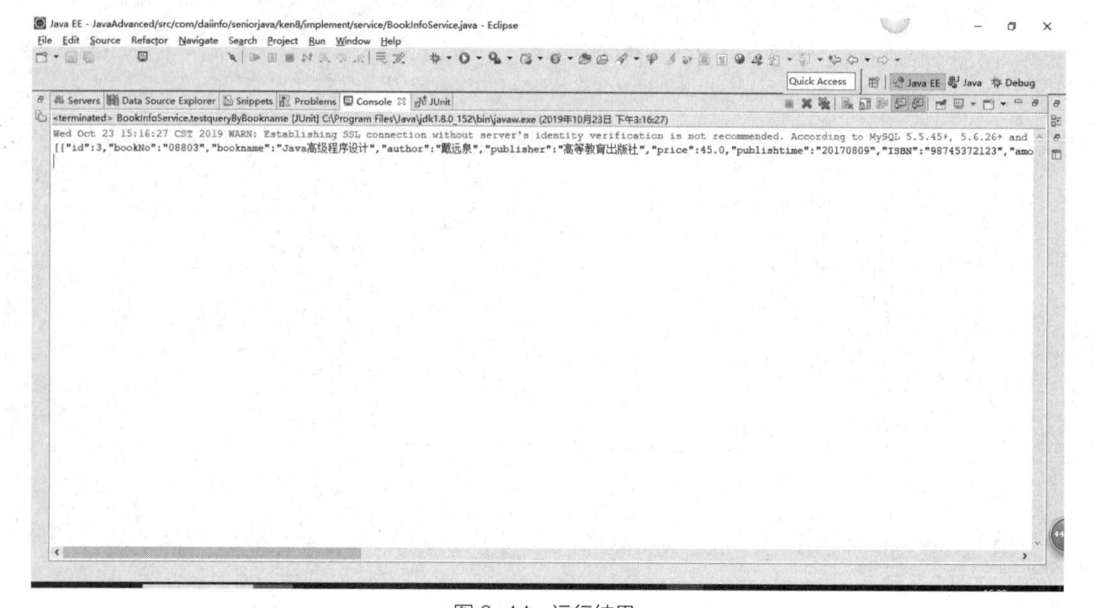

图 8-14　运行结果

将 JSON 字符串格式化后得到结果如图 8-15 所示。

```
1  [{
2      "id": 3,
3      "bookNo": "08803",
4      "bookname": "Java高级程序设计",
5      "author": "戴远泉",
6      "publisher": "高等教育出版社",
7      "price": 45.0,
8      "publishtime": "20170809",
9      "ISBN": "98745372123",
10     "amount": 4
11 }, {
12     "id": 17,
13     "bookNo": "TP/123",
14     "bookname": "Java程序设计基础",
15     "author": "赵",
16     "publisher": "武汉理工大学出版社",
17     "price": 26.799999237060547,
18     "publishtime": "2018-10-09",
19     "ISBN": "45634563",
20     "amount": 1
21 }]
```

图 8-15　JSON 字符串格式化结果

8.4 实训项目

8.4.1 使用 JDBC 编写对数据库做 CRUD 操作的应用程序

实训工单　使用JDBC编写对数据库做CRUD操作的应用程序

<table>
<tr><td>任务名称</td><td>使用 JDBC 编写对数据库做
CRUD 操作的应用程序</td><td>学时</td><td></td><td>班级</td><td></td></tr>
<tr><td>姓名</td><td></td><td>学号</td><td></td><td>任务成绩</td><td></td></tr>
<tr><td>实训设备</td><td></td><td>实训场地</td><td></td><td>日期</td><td></td></tr>
<tr><td>实训任务</td><td colspan="5">根据如下要求，编写应用程序。
1. 安装 DBMS（Database Management System，数据库管理系统），然后创建数据库和表，并添加几行记录。
2. 编写使用 JDBC 连接各种类型的数据库的方法
3. 编写查询数据库表的方法
4. 编写添加数据到数据库表的方法
5. 编写更新数据库表的方法
6. 编写删除数据库表的方法
7. 编写测试类</td></tr>
<tr><td>实训目的</td><td colspan="5">1. 理解数据库访问技术
2. 掌握 JDBC 连接各种类型的数据库的方法
3. 掌握 JDBC 访问数据库的步骤
4. 掌握 JDBC 访问数据库的相关接口、类及其常用方法的使用方法
5. 掌握对数据库做 CRUD 操作的方法</td></tr>
<tr><td>相关知识</td><td colspan="5">1. 数据库访问技术
2. JDBC 技术
3. Java 使用 JDBC 访问数据库的步骤
4. JDBC 访问数据库的相关接口、类及其常用方法
5. 对数据库做 CRUD 操作的方法
6. Java API 帮助文档对 java.sql 包中的接口和类的介绍</td></tr>
<tr><td>决策计划</td><td colspan="5">根据任务要求，提出分析方案，确定所需要的设备、工具，并对小组成员进行合理分工，制订详细的工作计划。
1. 分析方案
（1）安装 MySQL、Oracle、SQL Server 等各种数据库，并建库、建表、添加记录。使用 DBMS 管理工具测试。
（2）创建 DBManager 类，用于管理数据库的连接、连接各种数据库。
（3）创建实体类 User，创建访问数据库类 UserDAO。
（4）在 UserDAO 中定义方法，做 CRUD 操作。
（5）编写测试类。使用测试类，也可以使用 JUnit 测试。
2. 需要的实训工具

3. 小组成员分工

4. 工作计划</td></tr>
</table>

续表

实施	1. 任务 2. 实施主要事项 3. 实施步骤
评估	1. 请根据自己的任务完成情况，对自己的工作进行评估，并提出改进意见 （1） （2） （3） 2. 教师对学生工作情况进行评估，并进行点评 （1） （2） （3） 3. 总结 （1） （2） （3）

实训阶段过程记录表

序号	错误信息	问题现象	分析原因	解决办法	是否解决

实训阶段综合考评表

考评项目		自我评估	组长评估	教师评估	备注
素质考评（40分）	劳动纪律（10分）				
	工作态度（10分）				
	查阅资料（10分）				
	团队协作（10分）				
工单考评（10分）	完整性（10分）				
实操考评（50分）	工具使用（5分）				
	任务方案（10分）				
	实施过程（30分）				
	完成情况（5分）				
小计	100分				
总计					

8.4.2 使用第三方组件编写对数据库做 CRUD 操作的应用程序

实训工单　使用第三方组件编写对数据库做CRUD操作的应用程序

任务名称	使用第三方组件编写对数据库做 CRUD 操作的应用程序	学时		班级	
姓名		学号		任务成绩	
实训设备		实训场地		日期	
实训任务	根据如下要求，编写应用程序。 1. 使用 MySQL 数据库创建一个 student 数据库表 2. 使用第三方数据库连接池连接 MySQL 数据库 3. 编写多个方法，对 student 表进行统计，分别按性别、年龄进行统计 4. 将统计的结果用控制台进行显示 5. 将统计的结果转换成 JSON 格式数据，并在控制台显示输出 6. 使用 JFreeChart 图形方式显示统计的结果，使用柱状图或饼图 7. 使用 JUnit 4 编写测试类				
实训目的	1. 理解第三方组件及其使用方法，了解一些 Java 常用的第三方组件库 2. 掌握使用 Java 第三方组件数据库连接池（如 DBCP、C3P0 等）连接数据库的方法 3. 掌握第三方组件库 JSON、JFreeChart 的使用方法 4. 熟练使用第三方组件编写操作数据库的应用程序				
相关知识	1. 第三方组件及其使用方法、Java 常用的第三方组件库 2. 第三方组件数据库连接池及其依赖包 3. 第三方组件 JSON 及其依赖包 4. 第三方组件 JFreeChart 及其依赖包 5. 第三方组件 JUnit 及其依赖包				
决策计划	根据任务要求，提出分析方案，确定所需要的设备、工具，并对小组成员进行合理分工，制定详细的工作计划。 1. 分析方案 （1）创建数据库并创建表 student，包括学号 id、姓名 name、性别 sex、年龄 age 等字段。 （2）在 config 文件夹中定义数据库配置文件 dbcp.properties，然后创建 DBCPConnPool 类，使用 DBCP 连接池连接数据库。 （3）创建实体类 Student，创建 StudentDAO 数据访问类，创建 StudentService 类。 （4）在 StudentService 类中定义方法，调用 StudentDAO 中的方法，进行统计查询，然后定义 JUnit 测试方法，显示统计结果。 （5）在 StudentService 类中定义方法，将统计的结果转为 JSON 格式数据，然后定义 JUnit 测试方法，显示统计结果。 （6）在 StudentService 类中定义方法，使用 JFreeChart 图形方式显示统计的结果，然后定义 JUnit 测试方法，显示统计结果。 2. 需要的实训工具 3. 小组成员分工 4. 工作计划				

续表

实施	1. 任务 2. 实施主要事项 3. 实施步骤
评估	1. 请根据自己的任务完成情况，对自己的工作进行评估，并提出改进意见 （1） （2） （3） 2. 教师对学生工作情况进行评估，并进行点评 （1） （2） （3） 3. 总结 （1） （2） （3）

实训阶段过程记录表

序号	错误信息	问题现象	分析原因	解决办法	是否解决

实训阶段综合考评表

考评项目		自我评估	组长评估	教师评估	备注
素质考评（40分）	劳动纪律（10分）				
	工作态度（10分）				
	查阅资料（10分）				
	团队协作（10分）				
工单考评（10分）	完整性（10分）				
实操考评（50分）	工具使用（5分）				
	任务方案（10分）				
	实施过程（30分）				
	完成情况（5分）				
小计	100分				
总计					

8.5 拓展知识

通常 MySQL 数据库的备份和恢复是在 CMD（Command，命令提示符）窗口中通过执行 MySQL 命令来实现的。

备份 MySQL 用 dump 命令实现。其格式如下：

```
mysqldump -u 用户名 -p 密码 -h 服务器 IP 地址 数据库名 > 备份文件名
```

例如以下代码，其功能是备份 discuz 数据库到 D 盘 backup 目录下，以 SQL 脚本的方式存储。

```
mysqldump -uroot -p123456 -h192.168.1.2 discuz  >D:\\backup\\discuz.sql
```

恢复 MySQL 用 mysql 命令实现。其格式如下：

```
mysql -u 用户名 -p 密码 -h 服务器 IP 地址 数据库名 < 备份文件名
```

例如以下代码，其功能是将 D 盘 backup 目录下备份的数据库脚本，恢复到数据库中。

```
mysql -uroot -p123456 -h192.168.1.2 discuz  < D:\\backup\\discuz.sql
```

在 CMD 窗口中执行命令，其实是调用 MySQL 安装路径下面的 bin 目录下面的 msqldump.exe 和 mysql.exe 来完成相应的工作。

如果需要使用 Java 编程实现，即 Java 调用外部软件的可执行命令。在企业级项目开发中，无论是强制性的功能需要，还是为了简化 Java 的实现，都需要调用服务器命令脚本来执行某些工作，此时就需要 Runtime 类。

JDK 在 java.lang 包下提供了 Runtime 类，其常用方法如下。

- public Process exec(String command)，在独立进程中执行指定的字符串命令。
- public Process exec(String [] cmdArray)，在独立进程中执行指定命令和变量。
- public Process exec(String command, String [] envp)，在指定环境的独立进程中执行指定命令和变量。
- public Process exec(String [] cmdArray, String [] envp)，在指定环境的独立进程中执行指定的命令和变量。
- public Process exec(String command,String[] envp,File dir)，在指定环境和工作目录的独立进程中执行指定的字符串命令。
- public Process exec(String[] cmdarray,String[] envp,File dir)，在指定环境和工作目录的独立进程中执行指定的命令和变量

例如，在 Windows 下调用“/ 开始 / 搜索程序和文件”的指令，打开 Windows 下的记事本，等价的代码为：

```
Runtime.getRuntime().exec("notepad.exe");
```

使用 Runtime 对象的 exec() 方法执行命令可创建一个本机进程并返回一个 Process 类的对象。JDK 在 java.lang 包下提供了 Process 类。Process 类提供了用于执行进程输入、执行进程的输出、等待进程完成、检查进程的退出状态以及破坏（杀死）进程的方法。

Process 类提供了 getOutputStream()、getInputStream() 和 getErrorStream() 等方法。

- getInputStream() 方法返回连接到子进程的正常输出的输入流。流从由此 Process 对象表示的进程的标准输出中获取数据。

- getOutputStream() 方法返回连接到子进程的正常输入的输出流。到流的输出被管道输入由此 Process 对象表示的进程的标准输入中。
- getErrorStream() 方法返回连接到子进程的错误输出的输入流。流从由此 Process 对象表示的进程的错误输出中获取数据。

8.6 拓展训练

8.6.1 使用 JFreeChart 将数据库查询结果集可视化显示

一、实验描述

微课

使用 JFreeChart 将数据库查询结果集可视化显示

数据可视化是指根据数据的特性，如时间信息和空间信息等，以合适的可视化方式，例如图表（Chart）、图（Diagram）和地图（Map）等，将数据直观地展现出来，以帮助人们理解数据。数据可视化是软件项目生命周期中的最后一步，也是最重要的一步。数据可视化的框架主要有 D3、ECharts 及其他小框架。

本实验使用 JFreeChart 将数据库查询结果集可视化显示。

二、实验目的

1. 了解数据的可视化。
2. 熟练编程实现使用 JFreeChart 将数据库查询结果集可视化显示。

三、分析设计

JFreeChart 是开源项目，它主要用来将数据可视化为各种各样的图表，包括：饼图、柱状图（普通柱状图以及堆栈柱状图）、线图、区域图、分布图、混合图、甘特图以及一些仪表盘等。JFreeChart 主要由 chart 和 data 组成，其中 chart 与图形本身有关，data 与图形显示的数据有关。核心类主要有如下两个。

- org.jfree.chart.JFreeChart：图表对象，任何类型的图表的最终表现形式都是在该对象上进行一些属性的定制后实现的。JFreeChart 本身提供了一个工厂类，用于创建不同类型的图表对象。
- org.jfree.data.category.XXXDataSet：数据集对象，用于提供显示图表所用的数据。不同类型的图表对应着不同类型的数据集对象类。

实现思路如下。

第一步，建立数据源。使用 CategoryDataset 的子类 org.jfree.Data.DefaultCategoryDataset，再用 addValue() 方法把数据加入 dataset 中，建立包含数值的二维阵列。addValue() 中包含 3 个参数：数据、图例和轴向名称。代码如下：

```
DefaultCategoryDataset dataset = new DefaultCategoryDataset();
dataset.addValue(100, "100", " 苹果 ");
dataset.addValue(200, "200", " 梨子 ");
dataset.addValue(300, "300", " 葡萄 ");
```

第二步，创建JFreeChart实例。使用ChartFactory工厂类来创建一个JFreeChart实例。代码如下：

```
JFreeChart chart = ChartFactory.createBarChart3D(
" 水果产量图 ", //JFreeChart 标题
 " 水果 ",      // 目录轴显示标签
" 产量 ",      // 数值轴显示标签
 dataset,    // 数据源
PlotOrientation.VERTICAL,   // 图表方向：水平、垂直
 true,       // 是否显示图例（对于简单的柱状图是 false）
 false,      // 是否生成热点工具
 false       // 是否生成 URL
);
```

第三步，设置图形显示的属性，包括：柱到图上下边的距离、每个柱的颜色、标题字体等。

四、实验步骤

1. 导入 JFreeChart 依赖包

首先下载 JFreeChart 依赖包。JFreeChart 是开放源代码的软件，本实验使用的 JFreeChart 为 jfreechart-1.0.19。然后将需要的两个 JAR 包，即 jcommon- 版本号 .jar、jfreechart- 版本号 .jar，导入工程项目中。导入成功后如图 8-16 所示。

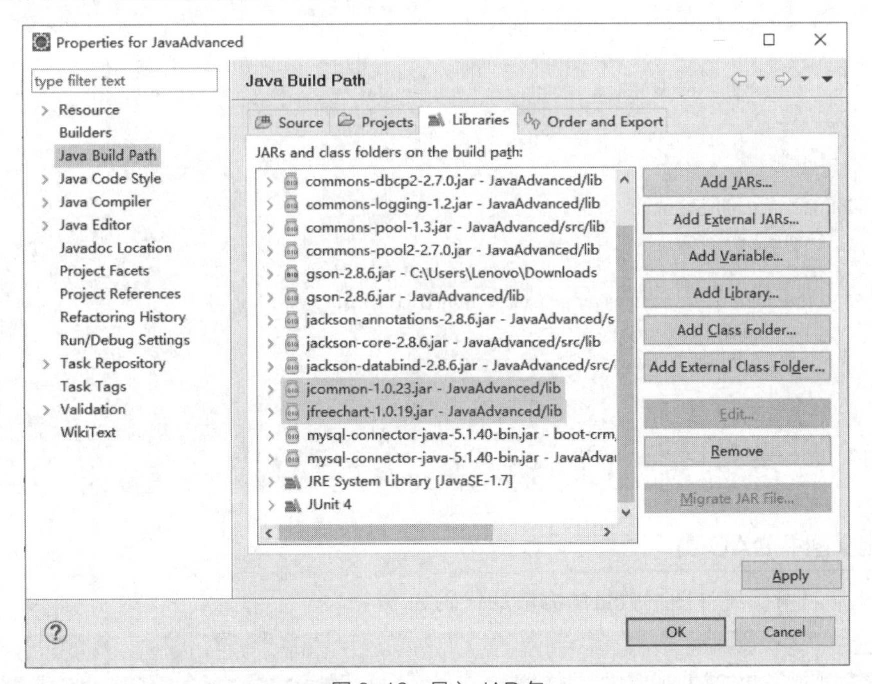

图 8-16　导入 JAR 包

2. 封装图书实体类 BookInfo

代码如下：

```
public class BookInfo implements Serializable{
    private static final long serialVersionUID = 1L;
    int id;
```

```
    String bookNo;
    String bookname;
    String author;
    String publisher;
    double price;
    String publishtime;
    String ISBN;
    int amount;
    // 省略 getter、setter 方法
}
```

3. 定义数据库功能类 DBUtil，获取与数据库的连接

代码如下：

```
public class DBUtil {
    private static final String DRIVER = "com.mysql.jdbc.Driver";
    private static final String URL = "jdbc:mysql://localhost:3306/test";
    private static final String USRENAME = "root";
    private static final String PASSWORD = "123456";

    static {
        try {
            Class.forName(DRIVER);
        } catch (ClassNotFoundException e) {
            e.printStackTrace();
        }
    }

    public static Connection getConn() {
        Connection conn = null;
        try {
            conn = DriverManager.getConnection(URL, USERNAME, PASSWORD);
        } catch (SQLException e) {
            e.printStackTrace();
        }
        return conn;
    }
}
```


4. 定义图书 DAO 类

根据出版社分类统计图书数量的方法的代码如下：

```
    /**
    * @Title: statisticAmountByPublisher
    * @Description: 按出版社分类统计图书的数量
    * @param
    * @return Map<String,Integer> 统计结果（出版社、数量）
    * @throws
     */
    public Map<String, Integer> statisticAmountByPublisher() {
        Map<String, Integer> map = new HashMap<String, Integer>();
        Connection conn = DBUtil.getConn();
        PreparedStatement ps=null;
```

```
        ResultSet rs=null;
        String sql = "select publisher,sum(amount)  from bookinfo GROUP BY publisher";
        try {
                ps = conn.prepareStatement(sql);
                rs = ps.executeQuery();
                while (rs.next()) {
                    // 将统计结果存入 Map（key 为出版社、value 为数量）中
                    map.put(rs.getString(1), rs.getInt(2));
                }
        } catch (SQLException e) {
                // TODO Auto-generated catch block
                e.printStackTrace();
        }
        return map;
    }
```

代码分析说明如下。

（1）分析按出版社分类统计图书库存量的 SQL 语句的结果集结构。

统计查询的 SQL 语句如下：

```
select publisher,sum(amount)  from bookinfo GROUP BY publisher
```

得到的结果集中包含两个字段，出版社名称和数量，分别为字符串和整数，因此可采用 Map 存储。

（2）将结果集存放在 Map<String,Integer> 中。代码如下：

```
ps = conn.prepareStatement(sql);
rs = ps.executeQuery();
while (rs.next()) {
    // 将统计结果存入 Map（key 为出版社、value 为数量）中
    map.put(rs.getString(1), rs.getInt(2));
}
```

5. 编写测试类 BookChartTest

BookChartTest 类封装方法 createDataSet() 和 createChart() 以及 main()。createDataSet() 方法用于创建数据集；createChart() 方法用于创建 JFreeChart 对象，将查询结果显示在 JFreeChart 上。

（1）编写创建数据集的方法 createDataSet()。代码如下：

```
public static CategoryDataset createDataSet() {
    // 实例化 DefaultCategoryDataset 对象
    DefaultCategoryDataset dataSet = new DefaultCategoryDataset();

    BookInfoDAO dao=new BookInfoDAO();
    Map<String, Integer> map=new HashMap<String,Integer>();
    // 获取查询数据
    map=dao.statisticAmountByPublisher();
    for(String s:map.keySet()){
        // 向数据集中添加数据
        dataSet.addValue(map.get(s), s, s);
    }
    return dataSet;
}
```

此段代码中，首先获取查询数据并返回给 map，然后将 map 中的数据添加到 dataSet 中。这里重点是 map.get(s)，map 的映射关系是 key 为出版社，value 为数量。对每个 key，获取其 value 值即数量，然后添加到 dataSet 中。

（2）编写方法 createChart()。首先通过 ChartFactory 创建 JFreeChart，然后设置其格式，其中数据集是通过 createDataSet() 获得的。代码如下：

```
public static JFreeChart createChart() {
    StandardChartTheme standardChartTheme = new StandardChartTheme("CN"); // 创建主题样式
    standardChartTheme.setExtraLargeFont(new Font(" 隶书 ", Font.BOLD, 20)); // 设置标题字体
    standardChartTheme.setRegularFont(new Font(" 宋体 ", Font.PLAIN, 15)); // 设置图例的字体
    standardChartTheme.setLargeFont(new Font(" 宋体 ", Font.PLAIN, 15)); // 设置轴向的字体
    ChartFactory.setChartTheme(standardChartTheme);// 设置主题样式
    // 通过 ChartFactory 创建 JFreeChart
    JFreeChart chart = ChartFactory.createBarChart3D(
            " 图书库存统计 ", // 图表标题
            " 出版社 ", // 横轴标题
            " 库存量（本）",// 纵轴标题
            createDataSet(),// 数据集
            PlotOrientation.VERTICAL, // 图表方向
            false,// 是否显示图例
            false,// 是否生成热点工具
            false// 是否生成 URL
    );
    return chart;
}
```

（3）编写 main() 方法。创建呈现媒介 ChartFrame，并将 chart 装入媒介，代码如下：

```
public static void main(String[] args) {
    ChartFrame cf = new ChartFrame(" 图书库存统计 ", createChart());
    cf.pack();
    cf.setVisible(true);
    }
```

五、实验结果

运行程序后得到的运行结果如图 8-17 所示。

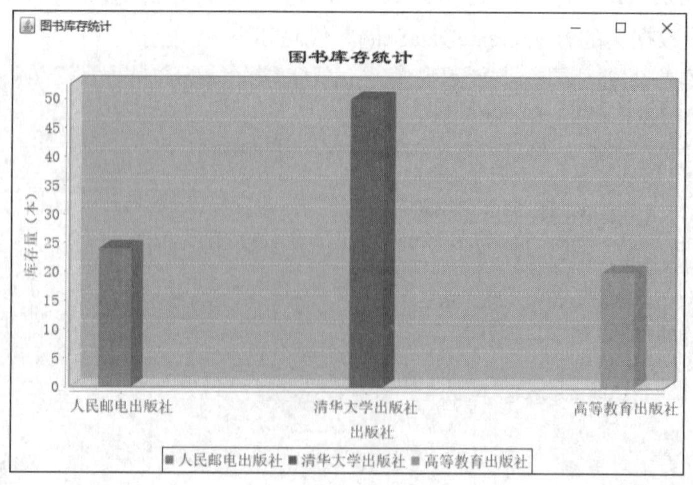

图 8-17　运行结果

六、实验小结

1. 数据可视化是指根据数据的特性，如时间信息和空间信息等，以合适的可视化方式，例如图表、图和地图等，将数据直观地展现出来，以帮助人们理解数据。

2. JFreechart 核心类主要有：JFreeChart 图表对象，任何类型的图表的最终表现形式都是在该对象上进行一些属性的定制后实现的；DataSet 数据集对象，用于提供显示图表所用的数据，不同类型的图表对应着不同类型的数据集对象类。

3. 使用 ChartFactory 工厂类来创建一个 JFreeChart 实例，用于传递数据集、设置图形显示的属性。

微课

使用 Java 代码实现数据库的备份和恢复

8.6.2 使用 Java 代码实现数据库的备份和恢复

一、实验描述

数据库是数据存储的仓库。在日常生活中，数据库意外停机或数据丢失在一些行业（如银行、证券、电信等）中所造成的损失会十分惨重，因此数据库备份和恢复显得格外重要。我们知道，一些常见的数据库管理工具可以实现线下备份和恢复，如 SQL Server 的企业管理器、Navicat for MySQL 等。

本实验是利用 Java 代码来实现 MySQL 数据库的备份和恢复。

二、实验目的

熟练编写 Java 代码实现数据库的备份和恢复。

三、分析设计

通常 MySQL 数据库的备份和恢复是调用 MySQL 安装路径下面的 bin 目录下面的 msqldump.exe 和 mysql.exe 来完成的。因此，采用 Runtime.getRuntime().exec(String command)，该方法返回一个 Process 类对象。

实现思路如下。

在 Java 代码中，通过 Runtime.getRuntime().exec(String args) 调用 mysqldump.exe 和 mysql.exe 来完成备份和恢复的工作。

四、实验步骤

1. 准备工作

创建数据库、创建多个表，并添加一些记录。

2. 创建数据库管理类 DBMSManager

在数据库管理类 DBMSManager 中封装数据库备份方法 backup() 和数据库恢复方法 restore()。

（1）编写数据库备份方法 backup()。代码如下：

```
    public static boolean backup(String hostIP, String userName, String password, String savePath, String
fileName,String databaseName) throws InterruptedException {
        File saveFile = new File(savePath);
        if (!saveFile.exists()) {// 如果目录不存在
```

```
                saveFile.mkdirs();// 创建文件夹
        }
        if (!savePath.endsWith(File.separator)) {
                savePath = savePath + File.separator;
        }

        BufferedWriter bw = null;
        BufferedReader bufferedReader = null;
        try {
                // 调用 MySQL 的 mysqldump 命令执行数据库备份
                // 获得与当前应用程序关联的 Runtime 对象，在独立进程中执行数据库备份命令
                Process process = Runtime.getRuntime().exec(" mysqldump -h" + hostIP + " -u" + userName +
" -p" + password
                                + " --set-charset=UTF8 " + databaseName);
                // 建立输入流。获得连接到子进程的正常输出的输入流，该输入流从该 Process 对象表示的
                // 进程的标准输出中获取数据
                // 设置输入流编码为 UTF-8。这里必须是 UTF-8，否则从流中读入的是乱码
                // InputStreamReader 是从字节流到字符流的桥梁：它读取字节，并使用指定的编码将其解
                // 码为字符
                InputStreamReader inputStreamReader = new InputStreamReader(process.getInputStream(), "utf8");
                //BufferedReader 从字符输入流读取文本，缓冲字符，提供字符、数组和行的高效读取
                bufferedReader = new BufferedReader(inputStreamReader);
                String line;
                // 建立输出流。从输入流中读取信息并写入文件中
                // 创建文件输出流
                // OutputStreamWriter 是从字符流到字节流的桥梁，它使用指定的编码将写入的字符编码为字节
                // BufferedWriter 将文本写入字符输出流，缓冲字符，以提供单个字符、数组和字符串的高效写入
                bw = new BufferedWriter(new OutputStreamWriter(new FileOutputStream(savePath + fileName), "utf8"));
                while ((line = bufferedReader.readLine()) != null) {
                        bw.write(line);
                }
                bw.flush();
                if (process.waitFor() == 0) {// 0 表示线程正常终止
                        return true;
                }
        } catch (IOException e) {
                e.printStackTrace();
        } finally {
                try {
                        if (bufferedReader != null) {
                                bufferedReader.close();
                        }
                        if (bw != null) {
                                bw.close();
                        }
                } catch (IOException e) {
                        e.printStackTrace();
                }
        }
        return false;
    }
```

此段代码中，首先根据传入的文件路径和文件名，创建要保存的文件路径和文件名。然后建立输入流。执行 process 进程，把数据库读入输入流中。再建立输出流，从输入流中读取信息写入文件中。最后关闭资源。

（2）编写数据库恢复方法 restore()。代码如下：

```
    public static boolean restore(String url, String user, String password, String databaseName, String path) throws
IOException {
        OutputStream os = null;
        FileInputStream fis = null;
        InputStreamReader isr = null;
        BufferedReader br = null;
        OutputStreamWriter writer = null;
        try {
                // 1. 建立输入流。从数据库备份文件中读取信息到字符串 str 中
                fis = new FileInputStream(path);
                isr = new InputStreamReader(fis, "utf-8");
                br = new BufferedReader(isr);
                String str = null;
                StringBuffer sb = new StringBuffer();
                while ((str = br.readLine()) != null) {
                        sb.append(str + "\r\n");
                }
                str = sb.toString();

                // 2. 建立输出流。执行 process 进程，把字符串写入输出流中
                // 调用 MySQL 的 mysql -h 命令执行数据库恢复操作
                Process process = Runtime.getRuntime().exec("mysql -h" + url + " -u" + user + " -p" + password
                                + " --default-character-set=utf8 " + databaseName);
                os = process.getOutputStream();
                writer = new OutputStreamWriter(os, "utf-8");
                writer.write(str);
                writer.flush();
        } catch (Exception e) {
                e.printStackTrace();
                return false;
        } finally {
                if (writer != null) {
                        writer.close();
                }

                if (br != null) {
                        br.close();
                }
                if (isr != null) {
                        isr.close();
                }
                if (fis != null) {
                        fis.close();
                }
                if (os != null) {
                        os.close();
                }
        }
        return true;
    }
```

此段代码中，首先建立输入流，从数据库备份文件中读取信息到 SQL 脚本（str 字符串）中。然后建立输出流，创建 process 对象，通过执行数据库的恢复命令 mysql -h 获得输出流，将 str 写入输出流，从而通过 process 对象执行数据库恢复命令。最后关闭资源。

3. 编写测试类

（1）测试数据库备份方法。代码如下：

```
try {
    if(DBMSManager.backup("localhost", "root", "123456", "C:\\ying", "test.sql","test")){
        System.out.println(" 数据库备份成功！ ");
        }else {
            System.out.println(" 数据库备份失败！ ");
        }
    } catch (InterruptedException e) {
        // TODO Auto-generated catch block
        e.printStackTrace();
    }
```

（2）测试数据库恢复方法。代码如下：

```
try {
    if(DBMSManager.restore("localhost", "root", "123456", "test", "c:\\ying\\test.sql")){
        System.out.println(" 数据库恢复成功！ ");
    }else {
        System.out.println(" 数据库恢复失败！ ");
    }
} catch (IOException e) {
        // TODO Auto-generated catch block
        e.printStackTrace();
}
```

五、实验结果

（1）执行数据库备份操作。运行程序后能够输出 SQL 脚本。运行成功，如图 8-18 所示。

图 8-18　数据库备份成功

（2）执行数据库恢复操作。在 SQL 脚本中修改记录，再运行恢复方法，运行成功，从控制台、SQL 脚本、数据库等查看运行结果，如图 8-19、图 8-20、图 8-21 所示。

图 8-19　数据库恢复成功（控制台）

```
C:\ying\test.sql - Notepad++
File Edit Search View Encoding Language Settings Tools Macro Run Plugins Window ?
test.sql
83    `id` int(10) NOT NULL AUTO_INCREMENT,
84    `name` varchar(20) DEFAULT NULL,
85    `sex` varchar(2) DEFAULT NULL,
86    `birthday` date DEFAULT NULL,
87    `role_id` int(10) DEFAULT NULL,
88    PRIMARY KEY (`id`),
89    KEY `role_id` (`role_id`),
90    CONSTRAINT `user_ibfk_1` FOREIGN KEY (`role_id`) REFERENCES `role` (`role_id`) ON DELETE CASCADE ON UPDATE CASCADE
91  ) ENGINE=InnoDB AUTO_INCREMENT=7 DEFAULT CHARSET=utf8;
92  /*!40101 SET character_set_client = @saved_cs_client */;
93
94  --
95  -- Dumping data for table `user`
96  --
97
98  LOCK TABLES `user` WRITE;
99  /*!40000 ALTER TABLE `user` DISABLE KEYS */;
100 INSERT INTO `user` VALUES (1,'张四','女','2017-12-25',1),(2,'李四','女','2017-12-26',1),(5,'王六','男','2018-12-26',2);
101 /*!40000 ALTER TABLE `user` ENABLE KEYS */;
102 UNLOCK TABLES;
```

图 8-20　数据库恢复成功（SQL 脚本）

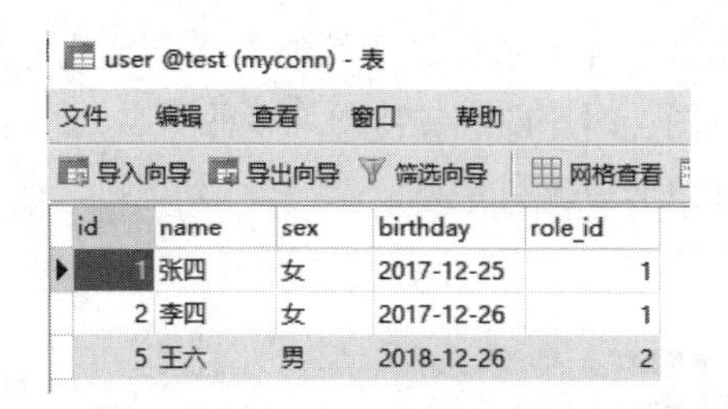

图 8-21 数据库恢复成功（数据库）

六、实验小结

（1）通常数据库备份和恢复操作是在 CMD 窗口中执行的。

（2）在 Java 代码中使用 Runtime.getRuntime().exec(String args) 方法调用外部软件的可执行命令。

（3）Process 类的 getOutputStream()、getInputStream() 用于获得输出流、输入流，可完成文件的读写操作。

8.7 课后小结

1. JDBC

JDBC 是一种用于执行 SQL 语句的 Java API，可以为多种关系数据库提供统一访问，它由一组用 Java 语言编写的类和接口组成。

JDBC 访问数据库的步骤通常包括加载驱动程序、建立连接、创建会话、发送 SQL、处理结果集及关闭数据库连接。

CRUD 是对数据库处理的增加（Create）、检索（Retrieve）、更新（Update）和删除（Delete）这几个操作的英文单词的首字母缩写。CRUD 操作亦称为增删改查操作。

2. 第三方组件

第三方组件一般是自定义组件或者用户组件，它们继承自 Java 中的某些基类，重写或者扩展了一些方法和属性，从而能实现某些新的功能。同时它们有较大的可定制性，可以根据使用者的需要设置不同的特性，从而完全满足特定项目的需求。

使用第三方组件的方法一般包括下载第三方组件相应的 JAR 包文件、将 JAR 包导入 Java 工程项目中以及引用 JAR 包的类、方法等编写应用程序。

3. 常用第三方组件

DBCP 数据库连接池负责分配、管理和释放数据库连接，它允许应用程序重复使用一个现有的数据库连接，而不是重新建立一个。

JSON 是一种轻量级的数据交换格式。Gson 提供了 toJson() 方法将 Java 对象转换成 JSON 字符串。Gson 提供了 fromJson() 方法来实现 JSON 字符串转换为 Java 对象。

JFreeChart 是 Java 平台上的一个开放的图表绘制类库，使用它可以生成多种通用性的报表，也可生成饼图、柱状图、散点图、时序图、甘特图等多种图表，并且可以产生 PNG 和 JPEG 格式的输出，还可以与 PDF 文件和 Excel 文件关联。

8.8 课后习题

一、填空题

1. URL 定义了连接数据库时的协议、________和数据库标识。
2. JDBC API 提供的连接和操作数据库的类和接口位于________包中。
3. ResultSet 对象的________方法表示将游标从当前位置移向下一行。
4. 一个 Statement 对象，可以在执行多个 SQL 语句以后，批量更新。这些语句可以是________等或兼有。
5. Java 数据库操作基本流程：加载数据库驱动程序、取得数据库连接、________、处理执行结果、释放数据库连接。
6. 接口 Statement 中定义的 execute() 方法的返回类型是________。
7. executeQuery() 方法的返回类型是________。
8. executeUpdate() 的返回类型是________。
9. JDBC 的全称是________________________________。
10. DAO 的全称是________________________________。

二、选择题

1. 下面是一组对 JDBC 的描述，正确的说法是（　　）。
   A. JDBC 是一个数据库管理系统　　B. JDBC 是一个由类和接口组成的 API
   C. JDBC 是一个驱动查询程序　　D. JDBC 是一组命令
2. 创建数据库连接的目的是（　　）。
   A. 建立一条通往某个数据库的通道　　B. 加载数据库驱动程序
   C. 清空数据库　　D. 为数据库增加记录
3. 要为数据库增加记录，应调用 Statement 对象的（　　）方法。
   A. addRecord()　　B. executeQuery()
   C. executeUpdate()　　D. executeAdd()
4. PreparedStatement 对象的(　　)方法执行包含参数的动态 INSERT、UPDATE、DELETE 语句。
   A. query()　　B. execute()
   C. executeUpdate()　　D. executeQuery()
5. ResultSetMetaData 对象的（　　）方法返回指定序号的列的列名。
   A. getColumnName()　　B. getColumnCount()
   C. getColumnLabel()　　D. getColumnType()

三、简答题

1. 简述 java.sql 包中主要类的作用。
2. 简单描述使用 JDBC 访问数据库的基本步骤。
3. 常用的数据库操作对象有哪些？这些对象分别用来做什么？
4. ResultSet 对象的作用是什么？该对象的常用方法有哪些？
5. CRUD 操作的 SQL 语法是什么？其对应的 Statement 方法又是什么？

知识领域9 Java设计模式

知识目标

1. 了解 Java 设计模式的概念、常见设计模式及其应用场景。
2. 理解 Java 建造者设计模式的概念及其适用场合。
3. 理解 Java 建造者设计模式的结构及其主要角色。
4. 掌握 Java 建造者设计模式的实现过程。
5. 理解 Java 抽象工厂设计模式的概念及其适用场合。
6. 理解 Java 抽象工厂设计模式的结构及其主要角色。
7. 掌握 Java 抽象工厂设计模式的实现过程。

能力目标

1. 熟练使用 Java 建造者设计模式编写应用程序。
2. 熟练使用 Java 抽象工厂设计模式编写应用程序。

素质目标

1. 培养学生查阅科技文档和撰写分析文档的能力。
2. 培养学生自主、开放的学习能力。
3. 培养学生逻辑思维能力和实际动手能力。
4. 培养学生诚实、守信、坚韧不拔的性格。

9.1 应用场景

在生活中有这样的例子，计算机是由 CPU、主板、内存、硬盘、显卡、机箱、显示器、键盘、鼠标等部件组装而成的，采购员不会自己去组装计算机，而是将计算机的配置要求告诉计算机销售公司，计算机销售公司安排技术人员去组装计算机，然后将计算机交给要买计算机的采购员。建造者设计模式可以很好地描述计算机这类产品的创建。建造者设计模式适用于对象结构复杂、对象构造和表示分离的情况。

在很多软件系统中都可以更换界面主题，如果要求界面中的按钮、文本框、背景色等一起发生改变，可以使用抽象工厂设计模式进行设计。当系统所提供的工厂设计所需生产的具体产品并不是一个简单的对象，而是多个位于不同产品等级结构中的不同类型的具体产品时，需要使用抽象工厂设计模式。

9.2 相关知识

9.2.1 Java 设计模式

1995 年，GoF（Gang of Four，四人组）合作出版了《设计模式：可复用面向对象软件的基础》一书，共收录了 23 种设计模式，从此树立了软件设计模式领域的里程碑，人称“GoF 设计模式”。23 种 Java 设计模式如表 9-1 所示。

表9-1 GoF的23种设计模式

范围\目的	创建型设计模式	结构型设计模式	行为型设计模式
类模式	工厂方法	适配器	模板方法 解释器
对象模式	单例 原型 抽象工厂 建造者	代理 桥接 装饰 外观 享元 组合	策略 命令 职责链 状态 观察者 中介者 迭代器 访问者 备忘录

Java 软件设计模式（Software Design Pattern），又称 Java 设计模式，是一套被反复使用的、被多数人知晓的、经过分类编目的、蕴含代码设计经验的总结。它描述了在软件设计过程中的一些不断重复发生的问题，以及该问题的解决方案。也就是说，它是解决特定问题的一系列方法，具有一定的普遍性，可以反复使用。其目的是提高代码的可重用性、代码的可读性和代码的可靠性。

设计模式的本质是面向对象程序设计原则的实际运用，是对类的封装性、继承性和多态性以及类的关联关系和组合关系的充分理解。正确使用设计模式具有以下优点。

- 可以提高程序员的思维能力、编程能力和设计能力。
- 使程序设计更加标准化、代码编制更加工程化，使软件开发效率大大提高，从而缩短软件的开发周期。
- 使设计的代码可重用性高、可读性高、可靠性高、灵活性好、可维护性强。

当然，设计模式只是引导，在实际的软件开发中，开发者必须根据具体的需求来选择。对于简单的程序，可能写一个简单的算法要比引入某种设计模式更加合适。对于大型项目开发或者框架设计，用设计模式来组织代码显然更好。

微课

建造者设计模式的使用

9.2.2 Java 建造者设计模式

1. 建造者设计模式的概念

建造者设计模式（Builder Design Pattern）将一个复杂对象的构建与它的表示分离，使得同样的构建过程可以创建不同的表示。建造者设计模式是一种对象创建型设计模式。

任何一种软件设计模式的最终目标都是实现软件的高内聚、低耦合、易扩展、易维护。建造者设计模式的实质是解耦组装过程和创建具体部件的过程，开发者不用去关心每个部件是如何组装的，只需要知道各个部件是干什么的（实现什么功能）。建造者设计模式使产品内部的结构表现可以独立变化，开发者不需要知道产品内部结构的组成细节。

2. 建造者设计模式的适用场合

在以下场合可以使用建造者设计模式。

（1）需要生成的产品对象有复杂的内部结构，这些产品对象通常包含多个成员属性。

（2）需要生成的产品对象的属性相互依赖，需要指定其生成顺序。

（3）对象的创建过程独立于创建该对象的类。在建造者设计模式中引入了指挥者类，将创建过程封装在指挥者类中，而不在建造者类和客户类中。

（4）隔离复杂对象的创建和使用，并使得相同的创建过程可以创建不同的产品。

3. 建造者设计模式的结构

建造者设计模式的类图如图 9-1 所示。

建造者设计模式主要包括以下 4 个角色。

（1）产品（Product）：它是包含多个组成部件的复杂对象，由具体建造者来创建其各个部件。

（2）抽象建造者（Builder）：它是一个包含创建产品各个部件的抽象方法的接口，通常还包含一个返回复杂产品的方法 getResult()。

（3）具体建造者（ConcreteBuilder×）：实现 Builder 接口，完成复杂产品的各个部件的具体创建方法。

（4）指挥者（Director）：它调用建造者对象中的部件构造与装配方法完成复杂对象的创建，在指挥者中不涉及具体产品的信息。

建造者设计模式包含两个很重要的部分：Builder 接口和 Director。Builder 定义了如何构建各个部件，也就是知道每个部件功能如何实现，以及如何装配这些部件到产品中去；Director 指导通过组合来构建产品，也就是说 Director 负责整体的构建算法，而且通常分步骤地执行。不管如何变化，建造者设计模式都存在这两个部分，建造者设计模式的重心在于分离构建算法和具体的构造实现，从而使构建算法可以重用。

4. 建造者设计模式的编程实现过程

建造者设计模式的关键过程是，Client 创建 Director 对象并配置它所需要的 Builder 对象；

Director 负责通知 Builder 建造 Product 的部件；Builder 处理 Director 的请求，构造 Product 的部件并返回给 Director；Client 从 Director 处获得 Product。因此，建造者设计模式的编程实现过程如下。

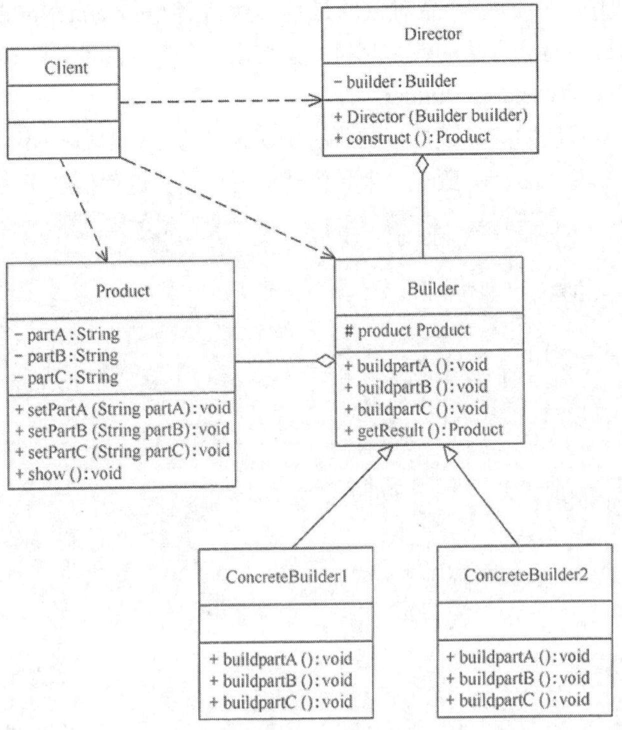

图 9-1　建造者设计模式的类图

（1）定义产品类 Product。

一般一个较为复杂的产品对象是由一系列部件组成的。在图 9-1 中，产品类是一个具体的类。其关键代码如下：

```
//Product 类，由多个部件组成。
public class Product {
    private String partA; // 可以是任意类型
    private String partB;
    private String partC;
    //partA 的 getter 方法和 setter 方法省略
    //partB 的 getter 方法和 setter 方法省略
    //partC 的 getter 方法和 setter 方法省略
}
```

（2）定义抽象建造者 Builder。

Builder 角色在这里使用接口 Builder 实现，一般而言，此接口独立于应用程序的商业逻辑。其关键代码如下：

```
public interface Builder {
  public void buildPartA();
public void buildPartB();
public void buildPartC();

public Product getResult() ;
}
```

引入抽象建造者的目的是将建造的具体过程交于它的子类或实现类来实现，这样更容易扩展。其有两个抽象方法，一个用来建造产品（buildPart×()），一个是用来返回产品（getResult()）。

建造者设计模式中直接创建产品对象的是具体建造者（ConcreteBuilder）角色。一般来说，产品所包含的部件数目与建造方法的数目相符。换言之，有多少部件，就有多少相应的建造方法。

（3）定义具体建造者 ConcreteBuilder。

ConcreteBulider 类实现抽象类或接口的所有未实现的方法，具体来说一般完成两项任务，即组建产品和返回组建好的产品，一般有多个具体建造者。其关键代码如下：

```
public class ConcreteBuilder1 implements Builder{

    private Product product=new Product();
    @Override
    public void buildPartA() {

    }

    @Override
    public void buildPartB() {

    }

@Override
    public void buildPartC() {

    }

    @Override
    public Product getResult() {

            return product;
    }

}
```


（4）定义指挥者类 Director。

指挥者类 Director 的作用主要有两个：一方面它隔离了客户端与生产过程；另一方面它负责控制产品的生成过程。其典型代码如下：

```
public class Director
{
      private Builder builder;
      //1 . 以调用构造方法的方式注入 builder 对象
      public Director(Builder builder)
      {
            this.builder=builder;
      }
      //2 . 以调用 setter 方法的方式注入 builder 对象
      public void setBuilder(Builder builder)
      {
            this.builder=builer;
      }
```

```
        public Product construct()
        {
            builder.buildPartA();
            builder.buildPartB();
            builder.buildPartC();
            return builder.getResult();
        }
    }
```

指挥者是与客户端打交道的角色，它将客户端创建产品的请求划分为对各个部件的建造请求，再将这些请求委派给具体建造者角色。指挥者类一般不与产品类形成依赖关系，与指挥者类直接交互的是建造者类，需要注入 builder 对象，有两种注入方式：构造注入和 set 注入。指挥者还有一个方法 construct()，用于建造产品，指挥者将建造请求委派给具体建造者角色，即通过 builder 的 buildPartA() 等方法来完成建造。其控制构建各部分组件的顺序。

（5）定义客户端 Client。

客户端需要的具体要求产品交给 Director，Director 类注入 Builder，由 Director 的 construct() 方法将产品返回给客户。具体建造产品的是 construct() 方法，其通过调用 ConcreteBuilder 的 buildPartA() 等方法来建造产品。客户端不需要知道具体的建造过程。其关键代码如下：

```
public class Client {

    // 客户端不需要知道具体的建造过程
    public static void main(String[] args) {
        // TODO 自动生成的方法存根

        Director director=new Director();

        Builder builder=new ConcreteBuilder1();
        // 指挥者调用 ConcreteBuilder 的方法来建造产品
        director.setBuilder(builder);
        Product p1= director.construct();
        p1.show();

        Builder builder2=new ConcreteBuilder2();
        director.setBuilder(builder2);
        Product p2= director.construct();
        p2.show();
        System.out.println("==========");
    }
}
```

9.2.3 Java 抽象工厂设计模式

微课

抽象工厂设计模式的使用

1. 抽象工厂设计模式的概念

抽象工厂设计模式（Abstract Factory Design Pattern），提供一个创建一系列相关或相互依赖的对象的接口，而无须指定它们具体的类。该设计模式属于创建型设计模式。

为了更清晰地理解抽象工厂设计模式，需要先引入两个概念。

- 产品等级结构：即产品的继承结构。如一个抽象类是电视机，其子类有海尔电视机、海信电视机、TCL 电视机，则抽象电视机与具体品牌的电视机之间构成了一个产品等级结构。
- 产品族：指由同一个工厂生产的，位于不同产品等级结构中的一组产品。如海尔电器工厂生产的海尔电视机、海尔电冰箱。

使用抽象工厂设计模式一般要满足以下条件。

- 系统中有多个产品族，每个具体工厂创建属于同一族但属于不同产品等级结构的产品。
- 系统一次只可能消费其中某一族产品，即同族的产品一起使用。

2. 抽象工厂设计模式的适用场合

在以下场合可以使用抽象工厂设计模式。

（1）一个系统不应当依赖于产品类实例如何被创建、组合和表达等的细节，这对于所有类型的工厂设计模式都是重要的。

（2）系统中有多于一个的产品族，而每次只使用其中某一产品族。

（3）属于同一个产品族的产品将在一起使用，这一约束必须在系统的设计中体现出来。

（4）系统提供一个产品类的库，所有的产品以同样的接口出现，从而使客户端不依赖于具体实现。

3. 抽象工厂设计模式的结构

抽象工厂设计模式的类图如图 9-2 所示。

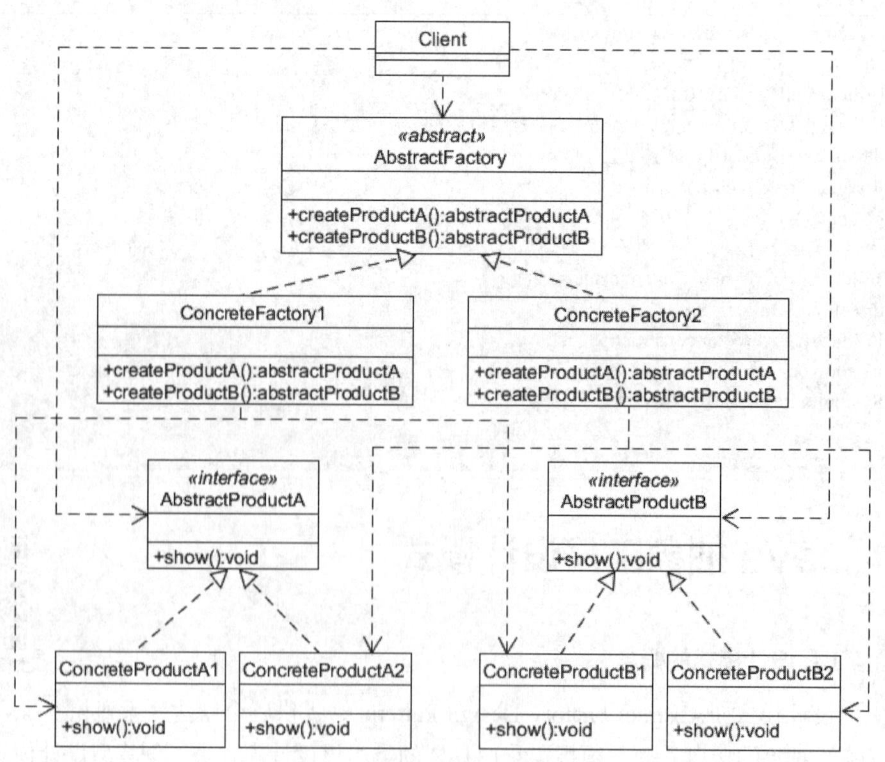

图 9-2 抽象工厂设计模式的类图

抽象工厂设计模式主要包含以下 4 个角色。

（1）抽象工厂（AbstractFactory）：提供了创建产品的接口，它包含多个创建产品的方法，可以创建多个不同等级的产品。

（2）具体工厂（ConcreteFactory×）：主要实现抽象工厂中的多个抽象方法，完成具体产品的创建，有多个具体工厂。

（3）抽象产品（AbstractProduct×）：定义了产品的规范，描述了产品的主要特性和功能，抽象工厂设计模式有多个抽象产品。

（4）具体产品（ConcreteProduct××）：实现了抽象产品角色所定义的接口，由具体工厂来创建，它同具体工厂有多对一的关系。

4. 抽象工厂设计模式的实现过程

抽象工厂设计模式的实现过程如下。

（1）抽象工厂：提供了产品的生成方法。

```
interface AbstractFactory {
    public AbstractProductA createProductA();
    public AbstractProductB createProductB();
}
```

（2）具体工厂：实现了产品的生成方法。

```
class ConcreteFactory1 implements AbstractFactory {
    public AbstractProductA createProductA1() {
        System.out.println(" 具体工厂 1 生成→具体产品 A1...");
        return new ConcreteProductA1();
    }
    public AbstractProductB createProductB1() {
        System.out.println(" 具体工厂 1 生成→具体产品 B1...");
        return new ConcreteProductB1();
    }
}
```

```
class ConcreteFactory2 implements AbstractFactory {
    public AbstractProductA createProductA2() {
        System.out.println(" 具体工厂 2 生成→具体产品 A2...");
        return new ConcreteProductA2();
    }
    public AbstractProductB createProductB2() {
        System.out.println(" 具体工厂 2 生成→具体产品 B2...");
        return new ConcreteProductB2();
    }
}
```

（3）抽象产品。

```
public interface AbstractProductA {
    public void show();
}
```

```
public interface AbstractProductB {
    public void show();
}
```

（4）具体产品。

```
public class ConcreteProductA1 implements AbstractProductA {
    public void show(){}
}
```

```
public class ConcreteProductA2 implements AbstractProductA {
    public void show(){}
}
```

```
public class ConcreteProductB1 implements AbstractProductB {
    public void show(){}
}
```



```
public class ConcreteProductB2 implements AbstractProductB {
    public void show(){}
}
```

（5）客户端类。

```
public static void main(String[] args) {
// TODO Auto-generated method stub
AbstractFactory af1, af2;
AbstratcProductA pa1, pa2;
AbstractProductB pb1, pb2;

af1 = new ConcreteFactory1 ();
af2 = new ConcreteFactory2 ();

// 具体工厂生产不同种类、不同等级的产品
// 具体工厂 1 生产产品
pa1 = af1. createProductA1();
pb1 = af1. createProductB1();

System.out.println(" 具体工厂 1 生产 ：");
pa1.show();
pb1.show();

System.out.println("----------");
// 具体工厂 2 生产产品
pa2 = af2. createProductA2();
pb2 = af2. createProductA2();
System.out.println(" 具体工厂 2 生产 ：");
pa2.show();
pb2.show();
}
```

9.3 使用实例

微课

Java 建造者设计模式使用实例

9.3.1 Java 建造者设计模式使用实例

1. 任务描述

使用 Java 建造者设计模式编写应用程序。

任务需求如下。

- 模拟影视作品、动漫作品、文学作品等的生产过程。
- 使用 Java 建造者设计模式。

2. 任务分析、设计

影视作品、动漫作品、文学作品等的生产过程一般包括：人员招募、写剧本 / 书、筹集资金、出版、发行、宣传、上映等过程。适合使用建造者设计模式，涉及的主要类如下。

（1）抽象产品类 Product。

（2）具体产品类，包括：文学作品类 LiteraryWorks、影视作品类 FilmWorks、动漫作品类 AnimationWorks。

（3）建造者接口 Builder。

（4）产品的具体建造者类，包括：影视作品建造者类 FilmWorksBuilder、文学作品建造者类 LiteraryWorksBuilder、动漫作品建造者类 AnimationWorksBuilder 等。

（5）指挥者类 Director。

（6）客户端类 Client。

建造者设计模式使用实例类图如图 9-3 所示。

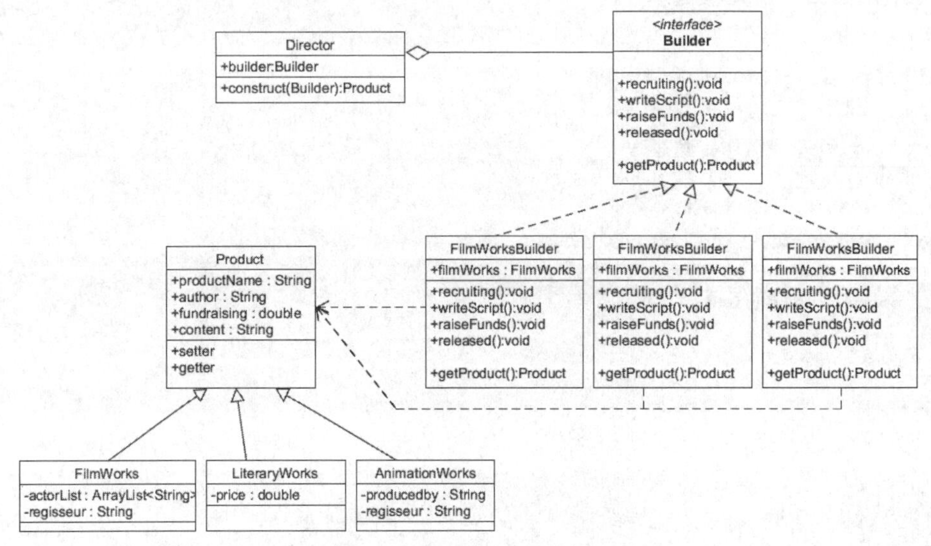

图 9-3　建造者设计模式使用实例类图

3. 任务实施

使用建造者设计模式进行代码实现，创建各个类。

（1）定义抽象产品类。

```
public abstract class Product {

    public String productName;// 作品名称
    public String author;// 作者
    public double fundraising = 0.0;// 耗资
    public String content;// 故事情节
    // 省略 getter 和 setter 方法
}
```

（2）定义各个具体产品类。

```
/**
 *
 * @Description: 影视作品类
 * @author 戴远泉
 */
public class FilmWorks extends Product {
   private ArrayList<String>  actorList=new ArrayList<>();  // 影视演员列表
   private String  regisseur;                                 // 影视导演

   // 省略 getter 和 setter 方法
}
```

```
/**
 *
 * @Description: 文学作品类
 * @author 戴远泉
 */
public class LiteraryWorks extends Product {
   private double price=0.0;  // 书籍价格

   // 省略 getter 和 setter 方法
}
```

```
/**
 *
 * @Description: 动漫作品类
 * @author 戴远泉
 */
public class AnimationWorks extends Product {
      private String producedby; // 动漫制作人
      private String regisseur;  // 动漫导演

   // 省略 getter 和 setter 方法
}
```

（3）定义建造者接口。

```
/**
 * 对象的构建逻辑，描述文学作品、影视作品、动漫作品等的创建步骤
 *
```

```
 * @author 戴远泉
 *
 */
public interface Builder {
    public void recruiting();// 人员招募

    public void writeScript();// 写剧本 / 书

    public void raiseFunds();// 筹集资金

    public void released();// 出版、发行、宣传、上映

    public Product getProduct();// 构造作品
}
```

（4）定义各个产品的具体建造者类。

```
public class FilmWorksBuilder implements Builder {
    public FilmWorks filmWorks = new FilmWorks();

    @Override
    public Product getProduct() {
        // TODO Auto-generated method stub
        return filmWorks;
    }
}
```

FilmWorksBuilder 类实现 Builder 接口，其中新建一个 FilmWorks 的对象，重写 Builder 中声明的建造产品部件的方法。

重写 recruiting() 方法。该方法用于指定导演、招募演员等。

```
@Override
    public void recruiting() {
    // TODO Auto-generated method stub
    filmWorks.setRegisseur(" 张导演 ");
    ArrayList<String> list = new ArrayList<>();
    list.add(" 演员 1");
    list.add(" 演员 2");
    list.add(" 演员 3");
    list.add(" 演员 4");
    list.add(" 演员 5");
    filmWorks.setActor(list);
}
```

重写 writeScript() 方法。

```
@Override
public void writeScript() {
    // TODO Auto-generated method stub
    filmWorks.setProductName(" 战狼 ");
    filmWorks.setAuthor(" 王作家 ");
    filmWorks.setContent(" 讲述的是小人物成长为拯救国家和民族命运的孤胆英雄的传奇故事。");
}
```

重写 raiseFunds() 方法。

```
    @Override
    public void raiseFunds() {
        // TODO Auto-generated method stub
        System.out.println(" 筹资中 ...");
    }
```

重写 released() 方法。

```
    @Override
    public void released() {
        // TODO Auto-generated method stub
        filmWorks.setFundraising(10000000.00);
    }
```

重写 getProduct() 方法，返回产品。

```
    @Override
    public Product getProduct() {
        // TODO Auto-generated method stub
        return filmWorks;
    }
```


同样地，定义其他的具体建造者类，LiteraryWorksBuilder、AnimationWorksBuilder，它们都实现 Builder 接口，并重写接口的方法。

（5）定义指挥者类。

```
/**
 *
 * @Description: 指挥者角色，通过建造者构建产品
 * @author 戴远泉
 */
public class Director {
    /**
     * 通过建造者构建产品
     *
     * @param builder
     * @return
     */
    public Product construct(Builder builder) {
        builder.recruiting();// 人员招募
        builder.raiseFunds();// 筹集资金
        builder.writeScript();// 写剧本 / 书
        builder.released();// 出版、发行、宣传、上映
        return builder.getProduct();
    }
}
```

（6）定义客户端类。

```
public static void main(String[] args) {
    // 创建指挥者
    Director director = new Director();

    // 一部电影作品的产生
    Builder filmWorksBuilder = new FilmWorksBuilder();
    Product filmWorks = director.construct(filmWorksBuilder);
```

```
        System.out.println(filmWorks.toString());

        // 一部文学作品的产生
        LiteraryWorksBuilder literaryWorksBuilder = new LiteraryWorksBuilder();
        Product literaryWorks = director.construct(literaryWorksBuilder);
        System.out.println(literaryWorks.toString());

    }
```

4. 运行结果

运行程序后得到图 9-4 所示的结果。

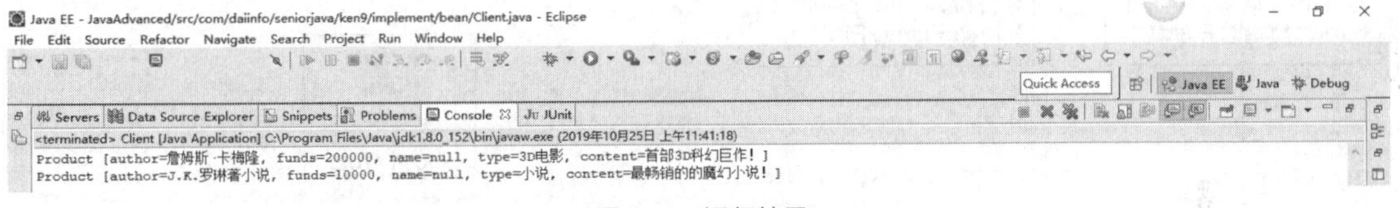

图 9-4　运行结果

9.3.2　Java 抽象工厂设计模式使用实例

微课

Java 抽象工厂设计模式使用实例

1. 任务描述

使用 Java 抽象工厂设计模式编写应用程序。

任务需求如下。

- 一个农场既可养殖动物，又可种植植物，即农场的产品有不同的产品族、不同的产品等级结构。
- 用抽象工厂设计模式设计农场类。

2. 任务分析、设计

一个农场既可以养殖动物，如养马、养牛等，又可以种植植物，如种菜、种水果等。马、牛是同一个产品等级结构的产品，蔬菜、水果是同一个产品等级结构的产品；马和水果是不同产品等级结构的产品，但由同一个农场生产，是同一个产品族。这里适合用抽象工厂设计模式来实现。

实现思路如下。

按抽象工厂设计模式的结构，设计如下 4 个角色类及 1 个客户端类。

（1）抽象工厂类，抽象农场 Farm。

（2）具体工厂类，两个农场，WuhanFarm 和 JiujiangFarm。

（3）抽象产品类，两种抽象产品 Animal 和 Plant。

（4）具体产品类，牛（Cattle）、马（Horse）、蔬菜（Vegetables）以及水果（Fruitage）。

（5）客户端类，Client。

抽象 IT 设计模式使用示例类图如图 9-5 所示。

首先有一个抽象农场接口，农场 1 和农场 2 实现抽象农场接口，农场 1 生产牛和蔬菜，农场 2 生产马和水果，牛和马又实现动物接口，蔬菜和水果实现植物接口。

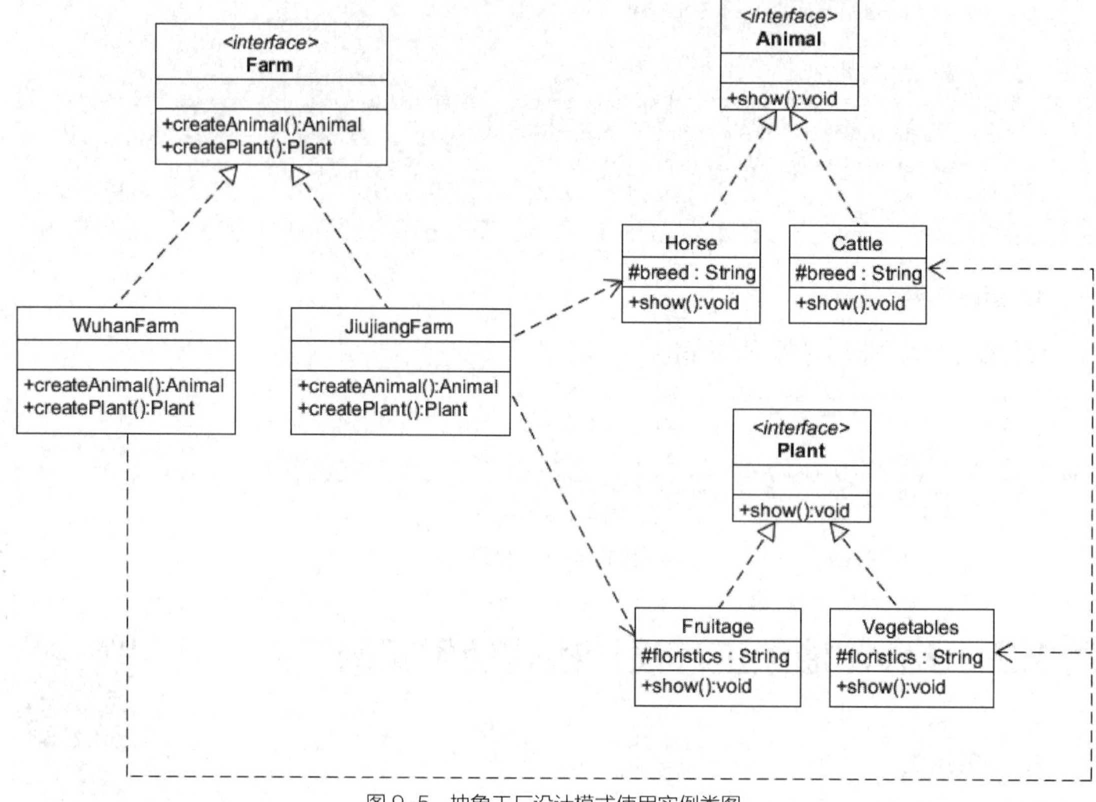

图 9-5　抽象工厂设计模式使用实例类图

3. 任务实施

按照典型抽象工厂设计模式的编程实现创建各个类，抽象工厂设计模式中方法对应产品等级结构，具体工厂对应产品族。

（1）定义抽象工厂类。

定义抽象农场接口，可以养殖动物和种植植物，代码如下：

```
public interface Farm {
    public Animal createAnimal(); // 养殖动物
    public Plant createPlant();  // 种植植物
}
```

（2）定义具体工厂类。

武汉农场养牛、种蔬菜，代码如下：

```
public class WuhanFarm implements Farm {

    @Override
    public Animal createAnimal() {
        // TODO Auto-generated method stub
        System.out.println(" 新牛出生！ ");
        return new Cattle();
    }

    @Override
```

```
    public Plant createPlant() {
        // TODO Auto-generated method stub
        System.out.println(" 蔬菜长成！ ");
        return new Vegetables();
    }
}
```

九江农场养马、种水果，代码如下：

```
public class JiujiangFarm implements Farm{

    @Override
    public Animal createAnimal() {
        // TODO Auto-generated method stub
        System.out.println(" 新马出生！ ");
        return new Horse();
    }

    @Override
    public Plant createPlant() {
        // TODO Auto-generated method stub
        System.out.println(" 水果长成！ ");
        return new Fruitage();
    }
}
```

（3）定义抽象产品类。

定义抽象产品接口，Animal 和 Plant，代码如下：

```
public interface Animal {
    public void show();
}
```

```
public interface Plant {
    public void show();
}
```

（4）定义具体产品类。

牛（Cattle）类，代码如下：

```
public class Cattle implements Animal{
    String breed=null;// 动物品种

    public Cattle() {
        // TODO Auto-generated constructor stub
        breed=" 牛 ";
    }

    @Override
    public void show() {
        // TODO Auto-generated method stub
        System.out.println(" 驯养 ......"+breed);
    }
}
```

马（Horse）类，代码如下：

```
public class Horse implements Animal {
    String breed = null;// 动物品种

    public Horse() {
        // TODO Auto-generated constructor stub
        breed = " 马 ";
    }

    @Override
    public void show() {
        // TODO Auto-generated method stub
        System.out.println(" 驯养 ..." + breed);
    }
}
```

水果（Fruitage）类，代码如下：

```
public class Fruitage implements Plant {
    String floristics;// 植物种类

    public Fruitage() {
        // TODO Auto-generated constructor stub
        floristics = " 水果 ";
    }

    @Override
    public void show() {
        // TODO Auto-generated method stub
        System.out.println(" 种植 ..." + floristics);
    }
}
```

蔬菜（Vegetables）类，代码如下：

```
public class Vegetables implements Plant {
    String floristics;// 植物种类

    public Vegetables() {
        // TODO Auto-generated constructor stub
        floristics = " 蔬菜 ";
    }

    @Override
    public void show() {
        // TODO Auto-generated method stub
        System.out.println(" 种植 ..." + floristics);
    }
}
```

（5）定义客户端类。代码如下：

```
public static void main(String[] args) {
    // TODO Auto-generated method stub
    Farm f1, f2;// 两个农场
    Animal a1, a2;// 两种动物
    Plant p1, p2;// 两种植物

    f1 = new WuhanFarm(); // 武汉农场
    f2 = new JiujiangFarm(); // 九江农场

    // 武汉农场养牛、种蔬菜
    a1 = f1.createAnimal();
    p1 = f1.createPlant();

    System.out.println(" 武汉农场：");
    a1.show();
    p1.show();

    System.out.println("----------");
    // 九江农场养马、种植水果
    a2 = f2.createAnimal();
    p2 = f2.createPlant();
    System.out.println(" 九江农场：");
    a2.show();
    p2.show();
    }
}
```

武汉农场既可养牛又可种蔬菜，通过 f1 的 createAnimal() 方法和 createPlant() 方法来生产产品族。

九江农场既可养马又可种水果，通过 f2 的 createAnimal() 方法和 createPlant() 方法来生产产品族。

4. 运行结果

运行结果如图 9-6 所示。

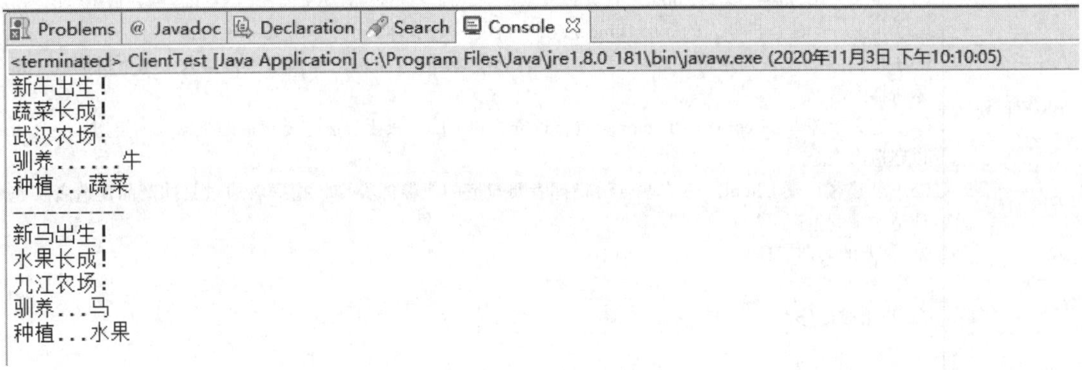

```
Problems  @ Javadoc  Declaration  Search  Console
<terminated> ClientTest [Java Application] C:\Program Files\Java\jre1.8.0_181\bin\javaw.exe (2020年11月3日 下午10:10:05)
新牛出生!
蔬菜长成!
武汉农场:
驯养......牛
种植...蔬菜
----------
新马出生!
水果长成!
九江农场:
驯养...马
种植...水果
```

图 9-6　运行结果

9.4 实训项目

9.4.1 使用 Java 建造者设计模式编写应用程序

实训任务工单　使用Java建造者设计模式编写应用程序

任务名称	使用 Java 建造者设计模式编写应用程序	学时		班级	
姓名		学号		任务成绩	
实训设备		实训场地		日期	
实训任务	根据如下要求，编写应用程序。 1. 模拟建造机器人的过程，编写应用程序 2. 机器人包括服务机器人、水下机器人、娱乐机器人等 3. 使用建造者设计模式				
实训目的	1. 了解 Java 设计模式的概念、常见设计模式及其应用场景 2. 理解 Java 建造者设计模式的概念及其适用场合 3. 理解 Java 建造者设计模式的结构及其主要角色 4. 掌握 Java 建造者设计模式的实现过程 5. 熟练使用 Java 建造者设计模式编写应用程序				
相关知识	1. Java 设计模式的概念、常见设计模式及其应用场景 2. Java 建造者设计模式的概念及其适用场合 3. Java 建造者设计模式的结构及其主要角色 4. Java 建造者设计模式的实现过程				
决策计划	根据任务要求，提出分析方案，确定所需要的设备、工具，并对小组成员进行合理分工，制订详细的工作计划。 1. 分析方案 机器人产品对象结构复杂，产品内部的结构表现可以独立变化，客户端不需要知道产品内部结构的组成细节。基于这些特点，应用程序适合用建造者设计模式进行设计。 设计步骤如下。 （1）定义一个机器人模型 Robot，有头、身体、手、脚。各种机器人都是基于这个模型建造出来的。 （2）定义一个建造机器人的标准 Builder，即一个把头、身体、手、脚造出来的标准。 （3）机器人的模型和建造标准都有了，接着实现具体的机器人，包括服务机器人、水下机器人、娱乐机器人等。 （4）定义指挥者 Director，Director 负责管理资源和工厂。只要告诉它要建造的机器人的类型，它就可以建造出来。 （5）创建客户端 Client。客户端告诉指挥者要建造的机器的类型，指挥者通过具体产品建造者实施建造，最后生产出产品。 2. 需要的实训工具 3. 小组成员分工 4. 工作计划				

续表

实施	1. 任务 2. 实施主要事项 3. 实施步骤
评估	1. 请根据自己的任务完成情况，对自己的工作进行评估，并提出改进意见 （1） （2） （3） 2. 教师对学生工作情况进行评估，并进行点评 （1） （2） （3） 3. 总结 （1） （2） （3）

实训阶段过程记录表

序号	错误信息	问题现象	分析原因	解决办法	是否解决

实训阶段综合考评表

考评项目		自我评估	组长评估	教师评估	备注
素质考评（40分）	劳动纪律（10分）				
	工作态度（10分）				
	查阅资料（10分）				
	团队协作（10分）				
工单考评（10分）	完整性（10分）				
实操考评（50分）	工具使用（5分）				
	任务方案（10分）				
	实施过程（30分）				
	完成情况（5分）				
小计	100分				
总计					

9.4.2 使用 Java 抽象工厂设计模式编写应用程序

实训工单　使用Java抽象工厂设计模式编写应用程序

<table>
<tr><td>任务名称</td><td>使用Java抽象工厂设计模式编写应用程序</td><td>学时</td><td></td><td>班级</td><td></td></tr>
<tr><td>姓名</td><td></td><td>学号</td><td></td><td>任务成绩</td><td></td></tr>
<tr><td>实训设备</td><td></td><td>实训场地</td><td></td><td>日期</td><td></td></tr>
<tr><td>实训任务</td><td colspan="5">根据如下要求，编写应用程序。
1. 模拟工厂的生产过程，编写应用程序
2. 机器人包括服务机器人、水下机器人、娱乐机器人等
3. 智能家电包括电视、电脑、空调、洗衣机、冰箱等
4. 有两个工厂，既可生产机器人，又可生产智能家电
5. 使用抽象工厂设计模式</td></tr>
<tr><td>实训目的</td><td colspan="5">1. 理解 Java 设计模式的概念、常见设计模式及其应用场景
2. 理解 Java 抽象工厂设计模式的概念及其适用场合
3. 掌握 Java 抽象工厂设计模式的结构及其主要角色
4. 掌握 Java 抽象工厂设计模式的实现过程
5. 熟练使用 Java 抽象工厂设计模式编写应用程序</td></tr>
<tr><td>相关知识</td><td colspan="5">1. Java 设计模式的概念、常见设计模式及其应用场景
2. Java 抽象工厂设计模式的概念及其适用场合
3. Java 抽象工厂设计模式的结构及其主要角色
4. Java 抽象工厂设计模式的实现过程</td></tr>
<tr><td>决策计划</td><td colspan="5">根据任务要求，提出分析方案，确定所需要的设备、工具，并对小组成员进行合理分工，制订详细的工作计划。
1. 分析方案
2. 需要的实训工具
3. 小组成员分工
4. 工作计划</td></tr>
<tr><td>实施</td><td colspan="5">1. 任务
2. 实施主要事项
3. 实施步骤</td></tr>
</table>

续表

评估	1. 请根据自己的任务完成情况，对自己的工作进行评估，并提出改进意见 （1） （2） （3） 2. 教师对学生工作情况进行评估，并进行点评 （1） （2） （3） 3. 总结 （1） （2） （3）

实训阶段过程记录表

序号	错误信息	问题现象	分析原因	解决办法	是否解决

实训阶段综合考评表

考评项目		自我评估	组长评估	教师评估	备注
素质考评（40 分）	劳动纪律（10 分）				
	工作态度（10 分）				
	查阅资料（10 分）				
	团队协作（10 分）				
工单考评（10 分）	完整性（10 分）				
实操考评（50 分）	工具使用（5 分）				
	任务方案（10 分）				
	实施过程（30 分）				
	完成情况（5 分）				
小计	100 分				
总计					

9.5 拓展知识

9.5.1 面向接口编程

大多数设计模式都使用了接口，这就需要开发者进一步理解“面向接口编程”。

在面向对象编程语言中，接口是由几个没有主体代码的方法定义组成的集合体，可以被类或其他接口所实现（也可以说为继承）。接口的本质可以从以下两个视角考虑。

- 接口是一组规则的集合，它规定了实现本接口的类或接口必须拥有的一组规则。
- 接口是在一定粒度视图上同类事物的抽象表示，通过抽象类建立行为模型。

在系统分析和架构设计中，通常采用分层的思想，每个层次不是直接向其上层提供服务（不是直接实例化在上层中），而是通过定义一组接口，仅向上层暴露其接口功能，上层对于下层仅仅有接口依赖，而不依赖具体类。这就是面向接口编程。面向接口编程有很多好处：

- 易于实现多态性；
- 增强系统的可扩展性；
- 提高软件的可维护性。

面向接口编程和面向对象编程并不是平级的，它不是比面向对象编程更先进的独立的编程思想,而是附属于面向对象编程体系的编程思想。或者说,它是面向对象编程体系中的思想精髓之一。

9.5.2 Java 观察者设计模式

Java 设计模式有 23 种之多，观察者设计模式（Observe Design Pattern）是使用最为频繁的设计模式之一，在很多地方都有用到，比如各种编程语言的 GUI（Graphical User Interface，图形用户界面）事件处理实现、如 EventBus、RxJava 以及 MVC 等框架的实现。

观察者设计模式定义对象之间的一对多依赖关系，使得每当一个对象状态发生改变时，其相关依赖对象皆得到通知并自动更新。

观察者设计模式主要有 4 个角色：

- Subject（目标或主题）;
- ConcreteSubject（具体目标）;
- Observer（抽象观察者）;
- ConcreteObserver（具体观察者）。

例如发布 / 订阅模式就采用观察者设计模式。如果订阅者订阅了某系列杂志，当杂志有了新的状态，比如更新了，那么此时会给所有的订阅者发送一条消息，所有的订阅者都会收到此消息，然后做出购买或不购买的选择。

9.6 拓展训练

微课

Java 面向接口编程的使用方法

9.6.1 Java 面向接口编程的使用方法

一、实验描述

假如要开发一个应用，模拟移动存储设备的读写，即计算机与 U 盘、MP3、移动硬盘等设备进行数据交换。程序的设计要符合“开放 - 关闭原则”（对扩展开放，对修改关闭），即扩展性好。

本实验使用 Java 面向接口编程思想编写应用程序。

二、实验目的

1. 理解面向接口编程的思想。
2. 熟练使用 Java 面向接口编程思想编写应用程序。

三、分析设计

在该问题域中，U 盘、MP3、移动硬盘都具备可读和可写特性，抽象出“可读”和“可写”抽象类。它们都是移动设备，因此抽象出“移动设备”抽象类。U 盘和移动硬盘具有读写功能，MP3 具备读写功能外，还有播放功能。

使用面向接口的编程思想来分析类，将抽象类设计成接口，实现定义与实现分离。定义接口 IReadable 和 IWritable，分别声明 read() 和 write() 方法，定义接口 IMobileStorage 继承自 IReadable 和 IWritable，FlashDisk、MobileHardDisk、MP3Player 实现 IMobileStorage 接口，MP3Player 接口还有自己的 playMusic() 方法，Computer 通过依赖接口 IMobileStorage 实现多态性。其类图如图 9-7 所示。

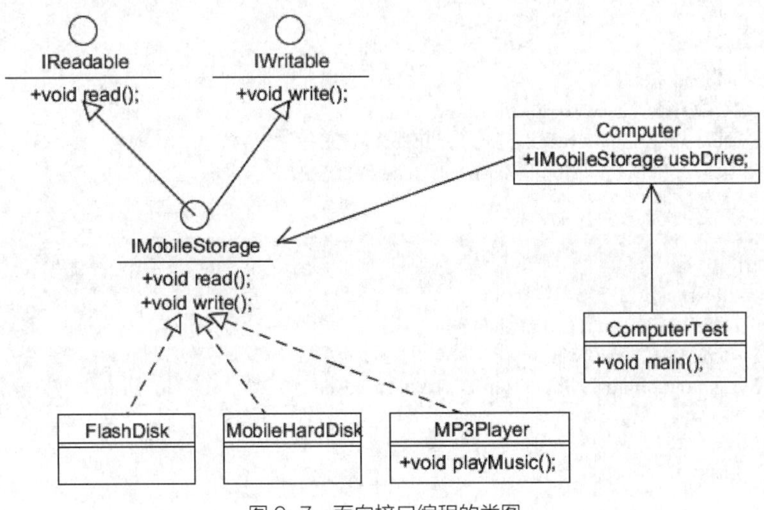

图 9-7　面向接口编程的类图

四、实验步骤

按照图 9-7 所示的类和接口去定义类和接口，步骤如下。

（1）编写接口。

```
public interface IReadable {
    void read();// 从自身读数据
}
```

```
public interface IWritable {
    void write();// 将数据写入自身
}
```

```
public interface IMobileStorage extends IReadable ,IWritable{

}
```

（2）编写实现类。


```
public class FlashDisk implements IMobileStorage{

    @Override
    public void read() {
        // TODO Auto-generated method stub
        System.out.println("Reading from FlashDisk…");
        System.out.println("FlashDisk Read finished!");
    }

    @Override
    public void write() {
        // TODO Auto-generated method stub
        System.out.println("Writing to FlashDisk…");
        System.out.println("FlashDisk Write finished!");
    }

}
```

```
public class MobileHardDisk implements IMobileStorage{

    @Override
    public void read() {
        // TODO Auto-generated method stub
        System.out.println("Reading from MobileHardDisk…");
        System.out.println("MobileHardDisk Read finished!");
    }

    @Override
    public void write() {
        // TODO Auto-generated method stub
        System.out.println("Writing to MobileHardDisk…");
        System.out.println("MobileHardDisk Write finished!");
    }

}
```

```
public class MP3Player implements IMobileStorage {

    @Override
    public void read() {
        // TODO Auto-generated method stub
        System.out.println("Reading from MP3Player…");
        System.out.println("MP3Player Read finished!");
    }

    @Override
    public void write() {
        // TODO Auto-generated method stub
        System.out.println("Writing to MP3Player…");
        System.out.println("MP3Player Write finished!");
    }

    public void playMusic() {
        System.out.println("Music is playing…");
    }

}
```

（3）编写 Computer 类。

```
public class Computer {
    IMobileStorage usbDrive;

    public Computer() {
    }

    public Computer(IMobileStorage usbDrive) {
        this.setUsbDrive(usbDrive);
    }

    public void ReadData() {
        this.getUsbDrive().read();
    }

    public void WriteData() {
        this.getUsbDrive().write();
    }

    public IMobileStorage getUsbDrive() {
        return usbDrive;
    }

    public void setUsbDrive(IMobileStorage usbDrive) {
        this.usbDrive = usbDrive;
    }
}
```

（4）编写测试主类。

```
public static void main(String[] args) {
    // TODO Auto-generated method stub
    Computer computer = new Computer();
```

```
IMobileStorage mp3Player = new MP3Player();
IMobileStorage flashDisk = new FlashDisk();
IMobileStorage mobileHardDisk = new MobileHardDisk();

System.out.println("--------------------");
System.out.println("I inserted my MP3 Player into my computer and copy some music to it:");
computer.setUsbDrive(mp3Player);
computer.WriteData();
computer.ReadData();

System.out.println("--------------------");
System.out.println("Well,I also want to copy a great movie to my computer from a mobile hard disk:");
computer.setUsbDrive(mobileHardDisk);
computer.WriteData();
computer.ReadData();

System.out.println("--------------------");
System.out.println("OK!I have to read some files from my flash disk and copy another file to it:");
computer.setUsbDrive(flashDisk);
computer.ReadData();
computer.WriteData();

/**
 * 新的设备，如光盘，只读不能写
 */
/*
System.out.println("OK!I have to read-only  disk");
computer.setUsbDrive(disk);
computer.ReadData();
*/

}
```


五、运行结果

面向接口编程的运行结果图 9-8 所示。

```
Problems  @ Javadoc  Declaration  Search  Console
<terminated> TestComputer [Java Application] C:\Program Files\Java\jre1.8.0_181\bin\javaw.exe (2020年8月22日 上午11:43:17)
--------------------
I inserted my MP3 Player into my computer and copy some music to it:
Writing to MP3Player……
MP3Player Write finished!
Reading from MP3Player……
MP3Player Read finished!
--------------------
Well,I also want to copy a great movie to my computer from a mobile hard disk:
Writing to MobileHardDisk……
MobileHardDisk Write finished!
Reading from MobileHardDisk……
MobileHardDisk Read finished!
--------------------
OK!I have to read some files from my flash disk and copy another file to it:
Reading from FlashDisk……
FlashDisk Read finished!
Writing to FlashDisk……
FlashDisk Write finished!
```

图 9-8　面向接口编程的运行结果

六、实验小结

（1）面向接口编程和面向对象编程并不是平级的，它不是比面向对象编程更先进的独立的编程思想，而是附属于面向对象编程体系的编程思想。或者说，它是面向对象编程体系中的思想精髓之一。

（2）接口是一组规则的集合，它规定了实现本接口的类或接口必须拥有的一组规则。

（3）在系统分析和架构中，通过定义一组接口，实现定义和实现分离，增强系统灵活性，不同部件或层次的开发人员可以并行工作。

微课

Java 观察者设计模式的使用方法

9.6.2 Java 观察者设计模式的使用方法

一、实验描述

在“信息发布 / 订阅”场景中，发布者发布信息；订阅者获取信息，订阅了就能收到信息，没订阅就收不到信息。在这个场景中，可使用 Java 观察者设计模式。

本实验通过模拟主题 - 订阅者过程讲述 Java 观察者设计模式的使用方法。

二、实验目的

（1）理解 Java 观察者设计模式。

（2）熟练使用 Java 观察者设计模式编写应用程序。

三、分析设计

该问题域涉及典型的观察者设计模式，可以使用观察者设计模式去分析、设计类。其类图如图 9-9 所示。

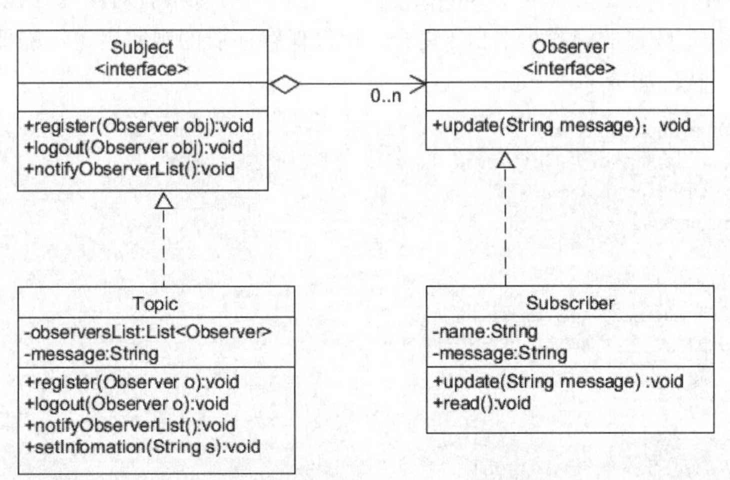

图 9-9　观察者设计模式类图

实现思路是按照观察者设计模式定义接口和类，步骤如下。

- 创建抽象被观察者角色。
- 创建具体被观察者角色。
- 创建抽象观察者角色。
- 创建具体观察者角色。

- 创建测试主类。

四、实验步骤

（1）创建抽象被观察者角色。

抽象被观察者，即抽象主题，是一个接口，其中声明注册观察者、注销观察者、通知所有观察者等方法。代码如下：

```
/**
 * Title: Subject
 * Description: 抽象主题，即抽象被观察者，声明了注册观察者、注销观察者、通知所有观察者等方法
 * @author 戴远泉
 * @date 2020 年 8 月 24 日 下午 11:21:07
 * @version V1.0
 */
public interface Subject {

    // 注册观察者
    public void register(Observer obj);

    // 注销观察者
    public void logout(Observer obj);

    // 通知所有观察者
    public void notifyObserverList();

}
```


（2）创建具体被观察者角色。

具体被观察者，即主题，实现了 Subject 接口，它把所有观察者对象保存在一个集合中，每个主题都可以有任意数量的观察者。List 集合，用以保存注册的观察者，等需要通知观察者时，遍历该集合即可。代码如下：

```
public class Topic implements Subject {
    // List 集合的泛型参数为 Observer 接口，设计原则：面向接口编程
  private List<Observer> observersList;
  private String message;

  public   Topic() {
       // TODO Auto-generated constructor stub
       observersList = new ArrayList<Observer>();
    }

    @Override
    public void register(Observer o) {
          // TODO Auto-generated method stub
          observersList.add(o);
    }

    @Override
    public void logout(Observer o) {
            // TODO Auto-generated method stub
            if(!observersList.isEmpty())
```

```
            observersList.remove(o);
    }

    @Override
    public void notifyObserverList() {
        // TODO Auto-generated method stub
        for(int i = 0; i < observersList.size(); i++) {
            Observer observer = observersList.get(i);
            observer.update(message);
        }
    }

    public void setInfomation(String s) {
            this.message = s;
            System.out.println(" 此主题服务更新消息 ：" + s);
            // 消息更新，通知所有观察者
            notifyObserverList();
    }

}
```

（3）创建抽象观察者角色。

抽象观察者，是一种接口，其中定义了 update() 方法，当被观察者调用 notifyObserverList() 方法时，观察者的 update() 方法会被回调。代码如下：

```
/**
 * Title: Observer
 * Description: 抽象观察者，定义了一个 update() 方法，当被观察者调用 notifyObserverList() 方法时，观察者的 update() 方法会被回调
 * @author 戴远泉
 * @date 2020 年 8 月 24 日 下午 11:29:59
 * @version V1.0
 */
public interface Observer {
    // method to update the observer, used by subject
    public void update(String message);
}
```

（4）创建具体观察者角色。

具体观察者，实现抽象观察者角色接口，并重写 update() 方法，以便使具体观察者本身的状态与系统的状态相协调。代码如下：

```
public class Subscriber implements Observer {
    private String name;
    private String message;

    public Subscriber(String name) {
        // TODO Auto-generated constructor stub
        this.name = name;
    }

    @Override
    public void update(String message) {
        // TODO Auto-generated method stub
```

```
            this.message = message;
            read();
        }

        public void read() {
            System.out.println(name + " 收到推送消息 ：" + message);
        }
    }
```

（5）创建测试主类。

首先注册了 3 个订阅者，张三、李四、王五。主题发布了一条消息“今天有雨！”，3 个订阅者都收到了消息。若张三不想看到天气预报推送的消息，于是取消订阅，这时主题又推送了一条消息“明天晴天！”，此时张三已经收不到消息，其他订阅者能正常收到推送消息。代码如下：

```
    public static void main(String[] args) {
        // TODO Auto-generated method stub
        // 1. 首先创建一个主题，注册多个用户。该主题发布一条消息，每个用户都收到消息
        // 创建主题
        Topic topic = new Topic();

        // 创建观察者（订阅者）
        Observer user1 = new Subscriber(" 张三 ");
        Observer user2 = new Subscriber(" 李四 ");
        Observer user3 = new Subscriber(" 王五 ");

        // 该主题注册观察者
        topic.register(user1);
        topic.register(user2);
        topic.register(user3);

        // 该主题更新消息
        topic.setInfomation(" 今天有雨！ ");

        // 2. 该主题注销某个订阅者，如张三，之后发布消息，
        // 此时张三已经收不到消息，其他订阅者能正常收到推送消息
        System.out.println("------------------------------------------");
        // 该主题注销 user1
        topic.logout(user1);
        // 该主题更新消息
        topic.setInfomation(" 明天晴天！ ");
        }
```


五、实验结果

运行程序，得到图 9-10 所示的运行结果。

六、实验小结

（1）观察者设计模式定义了对象之间一对多的关系。当某些事件发生时，一个对象需要自动地通知其他多个对象。

（2）观察者设计模式定义了一对多的依赖关系，一个被观察者可以拥有多个观察者，并且通过接口对观察者与被观察者进行逻辑解耦，降低二者的直接耦合。

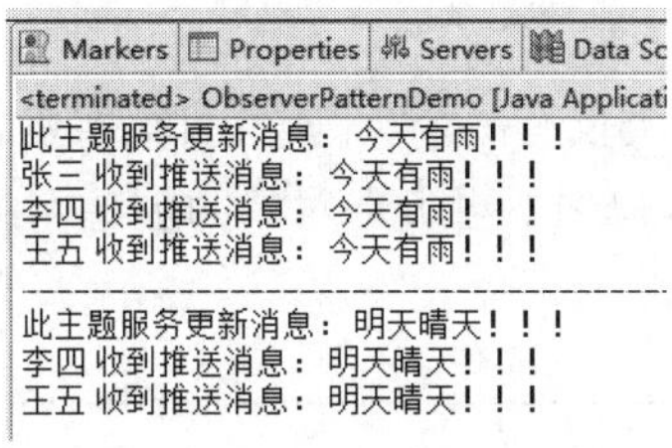

```
Markers | Properties | Servers | Data Sc
<terminated> ObserverPatternDemo [Java Applicati
此主题服务更新消息：今天有雨！！！
张三 收到推送消息：今天有雨！！！
李四 收到推送消息：今天有雨！！！
王五 收到推送消息：今天有雨！！！
--------------------------------------------
此主题服务更新消息：明天晴天！！！
李四 收到推送消息：明天晴天！！！
王五 收到推送消息：明天晴天！！！
```

图 9-10　运行结果

（3）观察者设计模式包含 4 个角色，抽象被观察者角色、抽象观察者角色、具体被观察者角色、具体观察者角色。

（4）观察者设计模式可用于实现订阅功能。

9.7 课后小结

1. Java 设计模式

Java 设计模式是一套被反复使用的、被多数人知晓的、经过分类编目的、蕴含代码设计经验的总结。其目的是提高代码的可重用性、代码的可读性和代码的可靠性。

2. 建造者设计模式

建造者设计模式适用于对象结构复杂、对象构造和表示分离的情况。

建造者设计模式有 4 种角色，即产品、抽象建造者、具体建造者和指挥者。

3. 抽象工厂设计模式

抽象工厂设计模式适用于系统中有多个产品族、每个具体工厂创建属于同一族但属于不同产品等级结构的产品的情况。

抽象工厂设计模式有 4 种角色，即抽象工厂、具体工厂、抽象产品和具体产品。

9.8 课后习题

一、填空题

1. 面向对象的 6 条基本原则包括：开放 - 关闭原则、里式代换原则、合成聚合原则、________、________、________。

2. 设计模式的基本要素有名称、意图、问题、解决方案、参与者与协作者、实现、________。

3. 设计模式是________基本原则的宏观运用。

4. 设计模式是一套被反复使用的、被多数人知晓的、经过分类编目的、蕴含________经验的总结。

5. ________模式确保某一个类仅有一个实例，并自行实例化，然后向整个系统提供这个实例。

6. 在建造者设计模式中，客户端不再负责对象的创建与组装，而是把这个对象创建的责任交给具体的________。

7. 单一职责原则是指____。

8. 建造者设计模式是指____。

9. 设计模式中应优先使用______________，而不是类继承。

10. 使用设计模式是为了________、让代码更容易被他人理解、保证代码可靠性。

二、单选题

1. 设计模式的两大主题是（　　）。

A. 系统的维护与开发　　B. 对象组合与类的继承

C. 系统架构与系统开发　　D. 系统复用与系统扩展

2. 构造者的退化模式是通过合并（　　）角色完成退化的。

A. 抽象产品　　B. 产品　　C. 创建者　　D. 使用者

3. 关于继承表述错误的是（　　）。

A. 继承是一种通过扩展一个已有对象的实现，从而获得新功能的复用方法

B. 泛化类（超类）可以显式地捕获那些公共的属性和方法。特殊类（子类）则通过附加属性 和方法来进行实现的扩展。

C. 破坏了封装性，因为这会将父类的实现细节暴露给子类。

D. 继承本质上是“白盒复用”，对父类的修改，不会影响到子类。

4. 设计模式一般用来解决什么样的问题？（　　）

A. 同一问题的不同表相　　B. 不同问题的同一表相

C. 不同问题的不同表相　　D. 以上都不是

5. 下列属于面向对象基本原则的是（　　）。

A. 继承　　B. 封装　　C. 里氏代换　　D. 都不是

6. 当我们想创建一个具体的对象而又不希望指定具体的类时，可以使用（　　）设模式。

A. 创建型　　B. 结构型　　C. 行为型　　D. 以上都可以

7. “开放 - 关闭”原则的含义是一个软件实体（　　）。

A. 应当对扩展开放，对修改关闭　　B. 应当对修改开放，对扩展关闭

C. 应当对继承开放，对修改关闭　　D. 以上都不对

三、简答题

1. 什么是 Java 设计模式？

2. 请列举出你了解的设计模式。

3. 什么是建造者设计模式？

4. 什么是抽象工厂设计模式？

5. 简述建造者设计模式的编程步骤。

6. 简述抽象工厂设计模式的编程步骤。

知识领域10 综合实训——基于C/S架构的餐饮管理系统的设计与实现

10

 知识目标

1. 掌握餐饮管理系统的功能设计。
2. 掌握数据库设计。
3. 掌握分析类的方法。
4. 掌握 Java GUI 设计。
5. 掌握 Java 中的事件处理。
6. 掌握对数据库的 CRUD 操作。

能力目标

1. 熟练使用软件工程的思想进行系统分析与设计。
2. 熟练 Java 编程并进行调试与测试。

素质目标

1. 培养学生查阅科技文档和撰写分析文档的能力。
2. 培养学生团队合作精神和人际交往能力。
3. 培养学生分析问题、解决问题的能力。
4. 培养学生按时、守时的软件交付观念。

10.1 项目背景描述

随着我国市场经济的快速发展，各行业都呈现出生机勃勃的发展景象，其中餐饮业尤为突出。随着餐饮企业规模的不断扩大和数量的不断增长，手动管理模式无论是在工作效率、人员成本方面还是提供决策信息方面都难以满足现代化经营管理的要求，甚至制约了整个餐饮业的规模化发展和整体服务水平的提升。随着社会各领域信息化建设的不断普及，餐饮业也开始不断注入信息化元素，在餐饮业务中融入计算机管理，既可节省人力资源，也可提高管理效率和工作效率，餐

饮业被提升到一个新的阶段。

根据餐饮系统的流程，完成从用户登录、开台点菜、结账收银，到统计一条线的信息化管理。使用计算机对餐饮企业信息进行管理，具有手动管理所无法比拟的优点。例如：检索迅速、查找方便、可靠性高、存储量大、保密性好、使用寿命长、成本低等。因此本项目的研发内容就是通过开发一套餐饮管理系统，实现餐饮业务的信息化。

10.2 系统需求分析

根据餐饮行业的特点和餐饮企业的实际情况，本餐饮管理系统以餐饮业务为基础，突出管理，从专业角度出发，提供科学有效的管理模式。系统需求如下。

- 能够针对中餐多样化的菜品和特色化的服务提供标准化的管理。
- 能够提供符合餐饮企业自身要求的较科学的标准化、流程化管理，解决餐饮行业专业人才欠缺的问题。
- 能够针对订餐、点菜、结账等环节的繁重化、复杂化问题，实现强化管理、降低成本、堵漏节流等。
- 能够针对企业的经营现状做出科学的分析，使企业对市场的应变能力得到提高。

本餐饮管理系统采用 Java 语言进行开发，JDK 采用 8.0 版本，开发工具使用 Eclipse，数据库使用 MySql 5.7 及以上版本。

10.3 系统总体设计

根据餐饮企业的具体情况，系统主要功能有六大部分，分别为员工管理、客户管理、餐台管理、菜品管理、点菜管理、结账管理、统计报表。如图 10-1 所示。

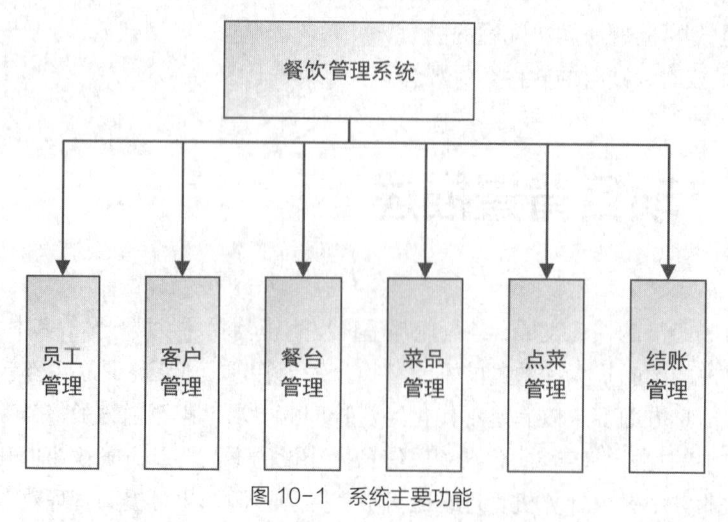

图 10-1　系统主要功能

（1）员工管理：对员工实现 CRUD 操作。

（2）客户管理：对客户实现 CRUD 操作。

（3）餐台管理：对餐台实现 CRUD 操作。

（4）菜品管理：对菜品分类、菜品实现 CRUD 操作。

（5）业务管理：服务员为某客户对某一空闲餐台进行开台；同时实现点菜，将餐台号与所点的菜品相对应，分别显示出来，并记录开台时间。

（6）结账管理：收银员对某一餐台通过统计消费的菜品清单统计出消费金额；通过手动输入实收金额进行找零的计算，并显示找零金额，完成结账的操作，并记录统计数据。

10.4　系统数据库设计

本系统的数据库设计 E-R 图（Entity-relationship Diagram，实体 - 联系图）如图 10-2 所示，其中各信息表如表 10-1 ～表 10-8 所示。

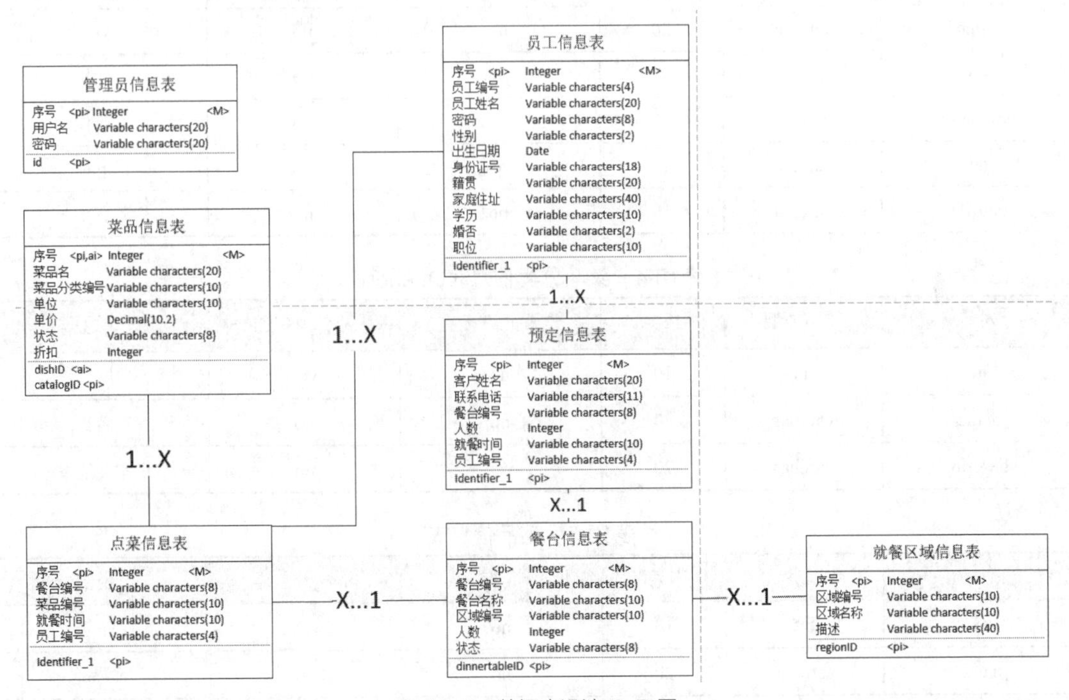

图 10-2　数据库设计 E-R 图

表10-1　管理员信息表user

列名	数据类型	长度	是否允许为空	是否为主键	说明
id	Int	10	no	yes	序号
username	varchar	20	no	no	用户名
password	varchar	20	no	no	密码

表10-2　员工信息表

列名	数据类型	长度	是否允许为空	是否为主键	说明
id	Int	10	no	yes	序号
name	varchar	20	no	no	用户名
sex	varchar	2	yes	no	性别
birthday	datatime	8	yes	no	出生日期
identityID	varchar	18	yes	no	身份证号
address	varchar	40	yes	no	家庭住址
tel	varchar	11	yes	no	电话
position	varchar	4	no	no	职位
freeze	varchar	4	no	no	是否在职

表10-3　客户信息表customer

列名	数据类型	长度	是否允许为空	是否为主键	说明
id	Int	10	no	yes	序号
name	varchar	20	no	no	用户名
sex	varchar	4	yes	no	性别
company	varchar	20	yes	no	单位
tel	varchar	11	yes	no	电话
cardID	varchar	10	no	no	贵宾卡号

表10-4　菜品分类信息表category

列名	数据类型	长度	是否允许为空	是否为主键	说明
id	Int	10	no	yes	序号
name	varchar	20	no	no	名称
describ	varchar	20	yes	no	描述

表10-5　菜品信息表

列名	数据类型	长度	是否允许为空	是否为主键	说明
id	Int	10	no	yes	序号
name	varchar	20	no	no	菜品名
categoryId	Int	10	no	no	类别编号
pic	Blob	50	no	no	图片
code	varchar	8	no	no	菜品代码
unit	varchar	4	yes	no	单位
price	datatime	6	yes	no	价格
status	varchar	4	yes	no	状态

表10-6　餐台信息表desk

列名	数据类型	长度	是否允许为空	是否为主键	说明
id	Int	10	no	yes	序号
no	varchar	8	no	yes	餐台编号
seating	Int	4	no	no	座位数
status	varchar	10	no	no	状态为：已预订、就餐中、已结账

表10-7　订单信息表order

列名	数据类型	长度	是否允许为空	是否为主键	说明
id	Int	10	no	yes	序号
orderNo	varchar	20	no	yes	订单编号（当前日期时间 +4 位随机数）
deskId	Int	10	no	no	餐台号，外键
createtime	Date	40	no	no	就餐日期时间
money	double	6	no	no	金额
customerId	Int	10	no	no	客户编号
status	varchar	4	no	no	状态为：已支付、未支付
number	Int	4	no	no	就餐人数

表10-8　订单明细信息表orderitem

列名	数据类型	长度	是否允许为空	是否为主键	说明
id	Int	10	no	yes	序号
orderId	Int	10	no	no	订单编号，外键
dishId	Int	10	no	no	菜品序号，外键
amount	double	4	no	no	菜品数量

10.5　系统界面分析与设计

（1）登录界面，如图 10-3 所示。

（2）系统主界面，如图 10-4 所示。

（3）餐台管理界面，如图 10-5 所示。

（4）点菜管理界面，如图 10-6 所示。

（5）菜品管理界面，如图 10-7 所示。

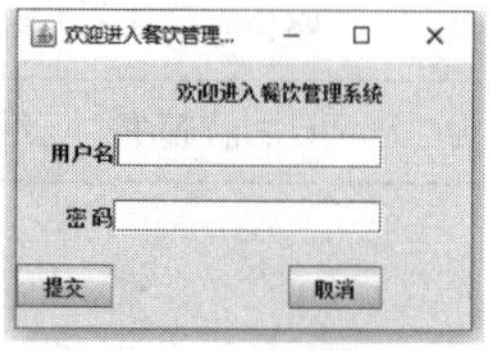

图 10-3　登录界面

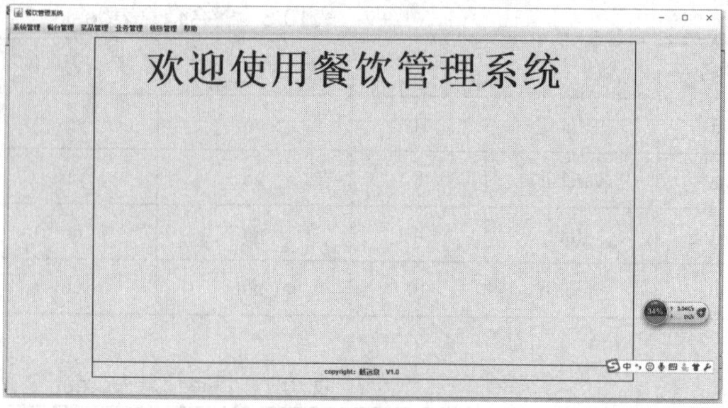

图 10-4　系统主界面

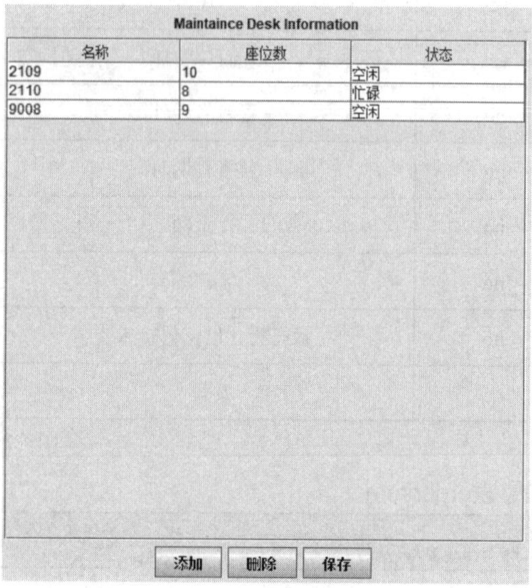

图 10-5　餐台管理界面

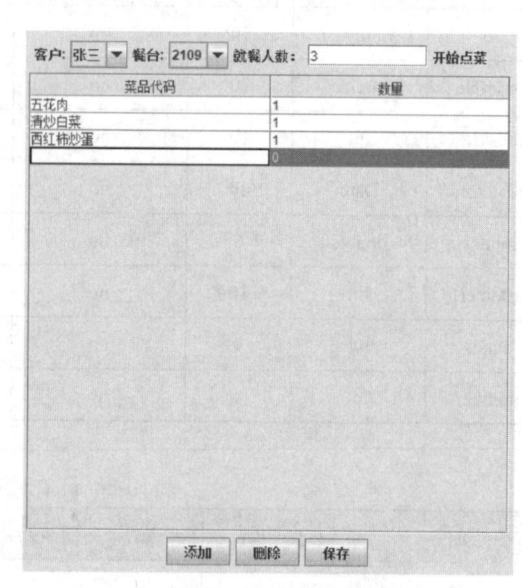

图 10-6　点菜管理界面

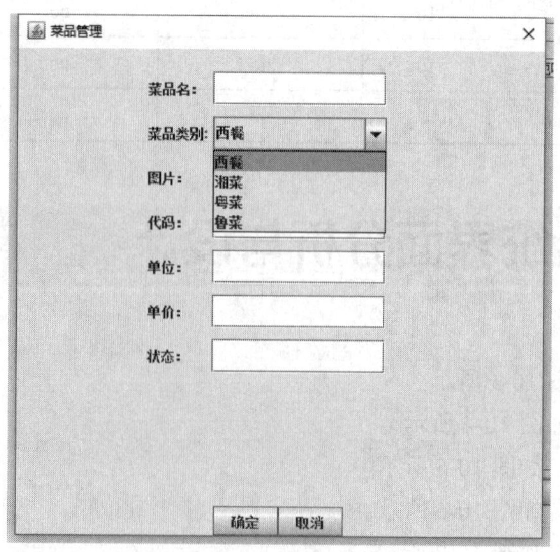

图 10-7　菜品管理界面

（6）菜品分类管理界面，如图 10-8 所示。

Maintaince Category Information

名称	描述
西餐	湿度
湘菜	湖南菜系
粤菜	广东潮州菜
鲁菜	山东济南

添加　删除　保存

图 10-8　菜品分类管理界面

（7）结账管理相关界面如图 10-9 和图 10-10 所示。

Maintaince Order Information

订单编号	餐台编号	创建日期	总金额	客户编号	状态	就餐人数
20180506	2110	20180506	457.0	李	未支付	10
18051270	2110	1805127	0.0	李	未支付	5
2018051...	2109	2018051...	0.0	张三	未支付	1
2018051...	2109	2018051...	0.0	张三	未支付	6
2018051...	2109	2018051...	0.0	张三	未支付	5

图 10-9　查询未支付订单界面

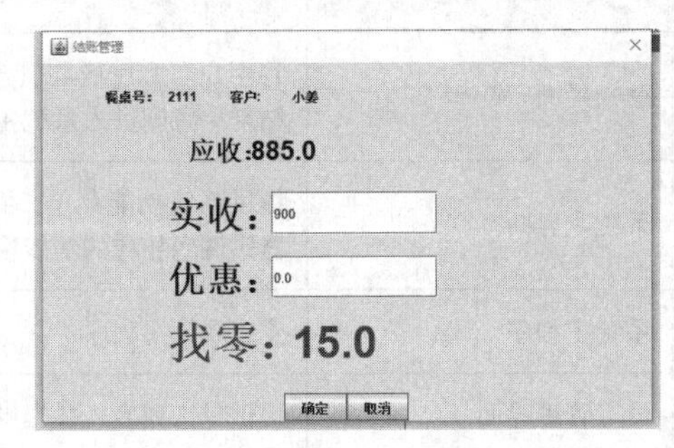

图 10-10　找零界面

10.6 系统类分析与设计

10.6.1 实体类

实体类分析与设计如表 10-9 所示。

表10-9 实体类分析与设计

类名	功能描述	设计要点
User.java	定义管理员信息	和管理员信息表中的信息一一对应
Employee.java	定义员工信息	和员工信息表中的信息一一对应
Customer.java	定义客户信息	和客户信息表中的信息一一对应
Desk.java	定义餐台信息	和餐台信息表中的信息一一对应
Category.java	定义菜品分类信息	和菜品分类信息表的信息一一对应
Dish.java	定义菜品信息	和菜品信息表中的信息一一对应
Order.java	定义订单信息	和订单信息表中的信息一一对应
OrderItem.java	定义订单明细信息	和订单明细信息表中的信息一一对应

10.6.2 边界类

边界类分析与设计如表 10-10 所示。

表10-10 边界类分析与设计

类名	功能描述	设计要点
LoginFrame.java	登录界面	将用户名和密码与管理员信息表中的内容对比，对比结果一致则进入系统主界面，否则提示错误信息
MainFrame.java	系统主界面	提供系统功能菜单，并通过为各子菜单增加事件监听器以调用相应的功能模块
MainCatering.java	系统主程序	生成系统主程序
EmployeeManagePane2.java	员工管理界面	提供员工列表，并提供 CRUD 操作入口按钮

续表

类名	功能描述	设计要点
CustomerManagePane2.java	客户管理界面	提供客户列表，并提供 CRUD 操作入口按钮
DeskManagePane2.java	餐台管理界面	提供餐台列表，并提供 CRUD 操作入口按钮
CategoryManagePane2.java	菜品分类管理界面	提供菜品分类列表，并提供 CRUD 操作入口按钮
DishManagePane2.java	菜品管理界面	提供菜品列表，并提供 CRUD 操作入口按钮
DishesAddDialog.java	增加菜品界面	添加菜品对话框，保存记录时要检查数据的有效性，要求编号唯一、数据准确
OrderesManagePane2.java	开台管理界面	提供空餐台列表，用于选择客户、餐台，并生成订单
DishesOrderesManagePane2.java	点菜管理界面	提供全部菜品供客户挑选
ShowDishesDialog.java	显示该餐台所点菜品界面	显示菜品清单及总金额，并提供修改、增加和删除操作
DishesOrderesManagePane2.java	结账界面	显示菜品清单及总金额
GiveChangeDialog.java	找零界面	显示总金额、预付及找零

10.6.3 控制类

控制类分析与设计如表 10-11 所示。

表10-11 控制类分析与设计

类名	功能描述	设计要点
JDBCConnection.java	数据库操作	主要用于数据库的连接、关闭
IBaseDAO.java	定义泛型接口	用于对实体类进行 CRUD 操作
UserDAOImpl.java	定义对管理员进行的操作	继承 IBaseDAO，对管理员信息表进行 CRUD 操作
EmployeeDAOImpl.java	定义对员工进行的操作	继承 IBaseDAO，对员工信息表进行 CRUD 操作
CustomerDAOImpl.java	定义对就餐区域进行的操作	继承 IBaseDAO，对就餐区域信息表进行 CRUD 操作
DeskDAOImpl.java	定义对餐台进行的操作	继承 IBaseDAO，对餐台信息表进行 CRUD 操作
CategoryDAOImpl.java	定义对菜品分类进行的操作	
DishDAOImpl.java	定义对菜品进行的操作	继承 IBaseDAO，对菜品信息表进行 CRUD 操作
OrderDAOImpl.java	定义对预订餐台进行的操作	继承 IBaseDAO，对开台信息表进行 CRUD 操作
OrderItemDAOImpl.java	定义对点菜进行的操作	继承 IBaseDAO，对点菜信息表进行 CRUD 操作

10.6.4 其他类

系统中还涉及其他功能类，如图 10-11 所示。

```
com.daiinfo.catering.util
  CategoryDaoFactory.java
  CategoryTableModel.java
  ChangeCategoryEvent.java
  ChangeCustomerEvent.java
  Changed.java
  ChangeDeskEvent.java
  ChangeDishesOrderesEvent.java
  ChangeDishEvent.java
  ChangeEmployeeEvent.java
  ChangeOrderEvent.java
  CustomerDaoFactory.java
  CustomerTableModel.java
  DeskDaoFactory.java
  DeskTableModel.java
  DishDaoFactory.java
  DishesOrderesTableModel.java
  DishTableModel.java
  EmployeeDaoFactory.java
  EmployeeTableModel.java
  JDBConnection.java
  OrderDaoFactory.java
  OrderItemDaoFactory.java
  OrderItemTableModel.java
  OrderTableModel.java
```

图 10-11 功能类

附录

附录一　Java 语言编码规范

Document number 文档编号	Confidentiality level 密级
	内部公开
Document version 文档版本	Total 227 pages 共 227 页
V1.00	

Java 语言编码规范

Prepared by 拟制		Date 日期	yyyy-mm-dd
Reviewed by 评审人		Date 日期	yyyy-mm-dd
Approved by 批准		Date 日期	yyyy-mm-dd

Revision Record 修订记录

Date 日期	Revision Version 修订版本	Sec No. 修改章节	Change Description 修改描述	Author 作者
yyyy-mm-dd	Vx.xx			

Table of Contents 目录

1 范围

本规范规定了使用 Java 语言编程时排版、注释、命名、编码和 JTEST 的规则和建议。

本规范适用于使用 Java 语言编程的产品和项目。

2 规范性引用文件

下列文件中的条款通过本规范的引用而成为本规范的条款。凡是注日期的引用文件，其随后所有的修改单（不包括勘误的内容）或修订版均不适用于本规范，然而，鼓励根据本规范达成协议的各方研究是否可使用这些文件的最新版本。凡是不注日期的引用文件，其最新版本适用于本规范。

序号	编号	名称
1	公司 - DKBA1040-2001.12	《Java 语言编程规范》

3 术语和定义

规则：编程时强制必须遵守的原则。

建议：编程时必须加以考虑的原则。

格式：对此规范格式的说明。

说明：对此规范或建议进行必要的解释。

示例：对此规范或建议从正、反两个方面给出例子。

4 排版规范

4.1 规则

*4.1.1 程序块要采用缩进风格编写，缩进的空格数为 4 个。

说明：对于由开发工具自动生成的代码可以有不一致。

*4.1.2 分界符（如大括号{和}）应各独占一行并且位于同一列，同时与引用它们的语句左对齐。在函数体的开始、类和接口的定义，以及 if、for、do、while、switch、case 语句中的程序都要采用如上的缩进方式。

示例：如下例子不符合规范。

```
for (…) {
    … // program code
}
if (…)
    {
    … // program code
    }

void example_fun( void )
    {
    … // program code
    }
```

应如下书写：

```
for (…)
{
    … // program code
}
if (…)
{
```

```
    … // program code
}

void example_fun( void )
{
    … // program code
}
```

*4.1.3　较长的语句、表达式或参数（>80 字符）要分成多行书写，长表达式要在低优先级操作符处划分新行，操作符放在新行之首，划分出的新行要进行适当的缩进，使排版整齐，语句可读。

示例：

```
if (filename != null
    && new File(logPath + filename).length() < LogConfig.getFileSize())
{
    … // program code
}

public static LogIterator read(String logType, Date startTime, Date endTime,
                               int logLevel, String userName, int bufferNum)
```


*4.1.4　不允许把多个短语句写在一行中，即一行只写一条语句

示例：如下例子不符合规范。

```
LogFilename now = null;        LogFilename that = null;
```

应如下书写：

```
LogFilename now = null;
LogFilename that = null;
```

*4.1.5　if、for、do、while、case、switch、default 等语句自占一行，且 if、for、do、while 等语句的执行语句无论多少都要加括号 {}。

示例：如下例子不符合规范。

```
if(writeToFile)          writeFileThread.interrupt();
```

应如下书写：

```
if(writeToFile)
{
    writeFileThread.interrupt();
}
```

*4.1.6　相对独立的程序块之间、变量说明之后必须加空行。

示例：如下例子不符合规范。

```
if(log.getLevel() < LogConfig.getRecordLevel())
{
    return;
}
```

```
LogWriter writer;
```

应如下书写：

```
if(log.getLevel() < LogConfig.getRecordLevel())
{
    return;
}
LogWriter writer;
int index;
```

*4.1.7　对齐只使用空格键，不使用 Tab 键。

说明：以免用不同的编辑器阅读程序时，因 Tab 键所设置的空格数目不同而造成程序布局不整齐。JBuilder、UltraEdit 等编辑环境，支持行首 TAB 替换成空格，应将该选项打开。

*4.1.8　对两个以上的关键字、变量、常量进行对等操作时，它们之间的操作符之前、之后或者前后要加空格；进行非对等操作时，如果是关系密切的立即操作符（如 .），后不应加空格。

说明：采用这种松散方式编写代码的目的是使代码更加清晰。

由于留空格所产生的清晰性是相对的，所以，在已经非常清晰的语句中没有必要再留空格，如果语句已足够清晰，则括号内侧（即左括号后面和右括号前面）不需要加空格。多重括号间不必加空格，因为在 Java 语言中括号已经是最清晰的标志了。

在长语句中，如果需要加的空格非常多，那么应该保持整体清晰，而在局部不加空格。给操作符留空格时不要连续留两个以上空格。

示例：

（1）逗号、分号只在后面加空格。

```
int a, b, c;
```

（2）比较操作符，赋值操作符“=”“+=”，算术操作符“+”“%”，逻辑操作符“&&”“&”，位域操作符“<<”“^”等双目操作符的前后加空格。

```
if (current_time >= MAX_TIME_VALUE)
a = b + c;
a *= 2;
a = b ^ 2;
```

（3）“!”“~”“++”“--”“&”（地址运算符）等单目操作符前后不加空格。

```
flag = !isEmpty; // 非操作“!”与内容之间不加空格
i++;             // “++”，“--”与内容之间不加空格
```

（4）“.”前后不加空格。

```
p.id = pid;      // “.”前后不加空格
```

（5）if、for、while、switch 等与后面的括号间应加空格，使 if 等关键字更为突出、明显。

```
if (a >= b && c > d)
```

4.2 建议

类属性和类方法不要交叉放置，不同存取范围的属性或者方法也尽量不要交叉放置。

格式：

```
类定义
{
    类的公有属性定义
    类的保护属性定义
    类的私有属性定义
    类的公有方法定义
    类的保护方法定义
    类的私有方法定义
}
```


5 注释规范

5.1 规则

5.1.1 一般情况下，源程序有效注释量必须在30%以上。

说明：注释的原则是有助于对程序的阅读理解，在该加的地方都加了，注释不宜太多也不能太少，注释语言必须准确、易懂、简洁。可以用注释统计工具来统计。

5.1.2 包的注释：写入一个名为package.html的HTML格式说明文件放入当前路径，作为包注释。

说明：方便JavaDoc收集。

示例：

```
com/huawei/msg/relay/comm/package.html
```

5.1.3 包的注释内容：简述本包的作用，详细描述本包的内容、产品模块名称和版本、公司版权。

说明：在详细描述中应该说明这个包的作用以及在整个项目中的位置。

格式：

```
<html>
<body>
<p>一句话简述
<p>详细描述
<p>产品模块名称和版本
<br>公司版权信息
</body>
```

```
</html>
```

示例：

```
<html>
<body>
<P>为 Relay 提供通信类，上层业务使用本包的通信类与SP进行通信
<p>详细描述
<p>MMSC V100R002 Relay
<br>(C) 版权所有 2012-2019 文思创新技术有限公司
</body>
</html>
```

5.1.4 文件注释：文件注释写入文件头部、包名之前的位置。

说明：注意以 /* 开始，避免被 JavaDoc 收集。

示例：

```
/*
 * 注释内容
 */
package com.huawei.msg.relay.comm;
```

5.1.5 文件注释内容：版权说明、描述信息、生成日期、修改历史。

说明：文件名可选。

格式：

```
/*
 * 文件名：[文件名]
 * 版权：〈版权〉
 * 描述：〈描述〉
 * 修改人：〈修改人〉
 * 修改时间：YYYY-MM-DD
 * 修改单号：〈修改单号〉
 * 修改内容：〈修改内容〉
 */
```

说明：每次修改后在文件头部写明修改信息，CheckIn 的时候可以直接把蓝色字体信息粘贴到 VSS 的注释上。在代码受控之前可以免去。

示例：

```
/*
 * 文件名：LogManager.java
 * 版权：Copyright 2012-2019 Huawei Tech. Co. Ltd. All Rights Reserved.
 * 描述： MMSC V100R002 Relay 通用日志系统
 * 修改人： 张三
 * 修改时间：2018-02-16
 * 修改内容：新增
 * 修改人： 李四
 * 修改时间：2018-02-26
 * 修改单号：WSS368
 * 修改内容：……
 * 修改人： 王五
```

```
 * 修改时间：2018-03-25
 * 修改单号：WSS498
 * 修改内容：……
 */
```

5.1.6　类和接口的注释：该注释放在 package 关键字之后，class 或者 interface 关键字之前。

说明：方便 JavaDoc 收集。

示例：

```
package com.huawei.msg.relay.comm;
/**
 * 注释内容
 */
public class CommManager
```

5.1.7　类和接口的注释内容：类的注释主要是一句话功能简述、功能详细描述。

说明：可根据需要列出版本号、生成日期、作者、内容、功能、与其他类的关系等。如果一个类存在 BUG（漏洞），请如实说明这些 BUG。

格式：

```
/**
 * 〈一句话功能简述〉
 * 〈功能详细描述〉
 * @author     [作者]
 * @version    [版本号, YYYY-MM-DD]
 * @see        [相关类/方法]
 * @since      [产品/模块版本]
 * @deprecated
 */
```

说明：描述部分说明该类或者接口的功能、作用、使用方法和注意事项，每次修改后增加作者和更新版本号和日期，@since 表示从此版本开始就有这个类或者接口，@deprecated 表示不建议使用该类或者接口。

示例：

```
/**
 * LogManager 类集中控制对日志读写的操作
 * 全部为静态变量和静态方法，对外提供统一接口。分配对应日志类型的读写器，
 * 读取或写入符合条件的日志记录
 * @author      张三，李四，王五
 * @version     1.2, 2018-03-25
 * @see          LogIteraotor
 * @see          BasicLog
 * @since        CommonLog 1.0
 */
```

5.1.8　类属性、公有和保护方法注释：写在类属性、公有和保护方法上面。

示例：

```
/**
 * 注释内容
 */
private String logType;
/**
 * 注释内容
 */
public void write()
```

5.1.9　成员变量注释内容：成员变量的意义、目的、功能，可能被用到的地方。

5.1.10　公有和保护方法注释内容：列出方法的一句话功能简述、功能详细描述、输入参数、输出参数、返回值、违例等。

格式：

```
/**
 * 〈一句话功能简述〉
 * 〈功能详细描述〉
 * @param  [参数1]    [参数1说明]
 * @param  [参数2]    [参数2说明]
 * @return [返回类型说明]
 * @exception/throws [违例类型] [违例说明]
 * @see            [类、类#方法、类#成员]
 * @deprecated
 */
```

说明：@since 表示从此版本开始就有这个方法；@exception 或 throws 列出可能仍出的异常；@deprecated 表示不建议使用该方法。

示例：

```
/**
 * 根据日志类型和时间读取日志。
 * 分配对应日志类型的LogReader，指定类型、查询时间段、条件和反复器缓冲数
 * 读取日志记录。查询条件为null或0表示无限制，反复器缓冲数为0读不到日志
 * 查询时间为左包含原则，即 [startTime, endTime)
 * @param logTypeName  日志类型名（在配置文件中定义的）
 * @param startTime    查询日志的开始时间
 * @param endTime      查询日志的结束时间
 * @param logLevel     查询日志的级别
 * @param userName     查询该用户的日志
 * @param bufferNum    日志反复器缓冲记录数
 * @return  结果集，日志反复器
 * @since  CommonLog1.0
 */
public static LogIterator read(String logType, Date startTime, Date endTime,
                               int logLevel, String userName, int bufferNum)
```

5.1.11　对于方法内部用 throw 语句抛出的异常，必须在方法的注释中标明，对于所调用的其他方法所抛出的异常，选择主要的在注释中说明。对于非 RuntimeException，即 throws 子句声

明会抛出的异常，必须在方法的注释中标明。

说明：异常注释用 @exception 或 @throws 表示，在 JavaDoc 中两者等价，但推荐用 @exception 标注 Runtime 异常，@throws 标注非 Runtime 异常。异常的注释必须说明该异常的含义及什么条件下抛出该异常。

*5.1.12 注释应与其描述的代码相近，对代码的注释应放在其上方或右方（对单条语句的注释）相邻位置，不可放在下面，如放于上方则需与其上面的代码用空行隔开。

*5.1.13 注释与所描述内容进行同样的缩排。

说明：可使程序排版整齐，并方便注释的阅读与理解。

示例：如下例子，排版不整齐，阅读稍感不方便。

```
public void example( )
{
// 注释
    CodeBlock One

        // 注释
    CodeBlock Two
}
```


应改为如下布局：

```
public vid example()
{
    //注释
    CodeBlock one
    //注释
    CodeBlock two
}
```

*5.1.14 将注释与其上面的代码用空行隔开。

示例：如下例子，显得代码过于紧凑。

```
//注释
program code one
//注释
program code two
```

应如下书写：

```
//注释
program code one

//注释
program code two
```

*5.1.15 对变量的定义和分支语句（条件分支、循环语句等）必须编写注释。

说明：这些语句往往是程序实现某一特定功能的关键，对于维护人员来说，良好的注释可帮助其更好地理解程序，有时甚至优于看设计文档。

*5.1.16　对于 switch 语句下的 case 语句，如果因为特殊情况需要处理完一个 case 后进入下一个 case 处理，必须在该 case 语句处理完、下一个 case 语句前加上明确的注释。

说明：这样比较清楚程序编写者的意图，有效防止无故遗漏 break 语句。

*5.1.17　边写代码边注释，修改代码的同时修改相应的注释，以保证注释与代码的一致性。不再有用的注释要删除。

*5.1.18　注释的内容要清楚、明了，含义准确，防止注释二义性。

说明：错误的注释不但无益反而有害。

*5.1.19　避免在注释中使用缩写，特别是不常用缩写。

说明：在使用缩写时或之前，应对缩写进行必要的说明。

5.2　建议

*5.2.1　避免在一行代码或表达式的中间插入注释。

说明：除非必要，不应在代码或表达中间插入注释，否则容易使代码可理解性变差。

*5.2.2　通过对函数或过程、变量、结构等正确地命名以及合理地组织代码的结构，使代码成为自注释的。

说明：清晰准确的函数、变量等的命名，可增加代码的可读性，并减少不必要的注释。

*5.2.3　在代码的功能、意图层次上进行注释，提供有用、额外的信息。

说明：注释的目的是解释代码的目的、功能和采用的方法，提供代码以外的信息，帮助读者理解代码，防止没必要的重复注释信息。

示例：如下注释意义不大。

```
// 如果 receiveFlag 为真
if (receiveFlag)
```

而如下的注释则给出了额外有用的信息。

```
// 如果从连结收到消息
if (receiveFlag)
```

*5.2.4　在程序块的结束行右方加注释标记，以表明某程序块的结束。

说明：当代码段较长，特别是多重嵌套时，这样做可以使代码更清晰，更便于阅读。

示例：参见如下例子。

```
if (…)
{
    program code1

    while (index < MAX_INDEX)
```

```
    {
        program code2
    } // end of while (index < MAX_INDEX) // 指明该条while语句结束
} // end of  if (…) // 指明是哪条if语句结束
```

*5.2.5　注释应考虑程序易读及外观排版的因素，使用的语言若是中、英兼有的，建议多使用中文，除非能用非常流利准确的英文表达。

说明：注释语言不统一，影响程序易读性和外观排版，出于维护的考虑，建议使用中文。

5.2.6　方法内的单行注释使用 //。

说明：调试程序的时候可以方便地使用 /* …*/ 注释掉一长段程序。

5.2.7　注释尽量使用中文注释和中文标点。方法和类描述的第一句话尽量使用简洁明了的语句概括一下功能，然后加句号。接下来的部分可以详细描述。

说明：JavaDoc 工具收集简介的时候会选取第一句话。

5.2.8　顺序实现流程的说明使用 1、2、3、4 在每个实现步骤部分的代码前面进行注释。

示例：如下是对设置属性的流程注释

```
//① 判断输入参数是否有效。
…
// ②设置本地变量。
…
```

5.2.9　一些复杂的代码需要说明。

示例：这里主要是对闰年算法的说明。

```
//① 如果能被4整除，是闰年；
//② 如果能被100整除，不是闰年；
//③ 如果能被400整除，是闰年。
```

6　命名规范

6.1　规则

6.1.1　包名采用域后缀倒置加上自定义的包名，使用小写字母。在部门内部应该规划好包名的范围，防止产生冲突。部门内部产品使用部门的名称加上模块名称。产品线的产品使用产品的名称加上模块的名称。

格式：

```
com.huawei.产品名.模块名称
com.huawei.部门名称. 项目名称
```

示例：

```
Relay模块包名   com.huawei.msg.relay
通用日志模块包名 com.huawei.msg.log
```

6.1.2　类名和接口使用类意义完整的英文描述：每个英文单词的首字母使用大写、其余字母使用小写的大小写混合法。

```
示例：OrderInformation, CustomerList, LogManager, LogConfig
```

6.1.3　方法名使用类意义完整的英文描述：第一个单词的字母使用小写、剩余单词首字母大写其余字母小写的大小写混合法。

示例：

```
private void calculateRate();
public void addNewOrder();
```

6.1.4　方法中，存取属性的方法采用 setter 和 getter 方法，动作方法采用动词和动宾结构。

格式：

```
get + 非布尔属性名()
is + 布尔属性名()
set + 属性名()
动词()
动词 + 宾语()
```

示例：

```
public String getType();
public boolean isFinished();
public void setVisible(boolean);
public void show();
public void addKeyListener(Listener);
```

6.1.5　属性名使用意义完整的英文描述：第一个单词的字母使用小写、剩余单词首字母大写其余字母小写的大小写混合法。属性名不能与方法名相同。

示例：

```
private customerName;
private orderNumber;
private smpSession;
```

6.1.6　常量名使用全大写的英文描述，英文单词之间用下划线分隔开，并且使用 final static 修饰。

示例：

```
public final static int MAX_VALUE = 1000;
public final static String DEFAULT_START_DATE = "2001-12-08";
```

6.1.7　属性名可以和公有方法参数相同，不能和局部变量相同，引用非静态成员变量时使用 this 引用，引用静态成员变量时使用类名引用。

示例：

```
public class Person
{
    private String name;
    private static List properties;

    public void setName (String name)
    {
        this.name = name;
    }

    public void setProperties (List properties)
    {
        Person.properties = properties;
    }
}
```


6.2 建议

6.2.1 常用组件类的命名以组件名加上组件类型名结尾。

示例：

```
Application 类型的，命名以App 结尾——MainApp
Frame 类型的，命名以Frame 结尾——TopoFrame
Panel 类型的，建议命名以Panel 结尾——CreateCircuitPanel
Bean 类型的，建议命名以Bean 结尾——DataAccessBean
EJB 类型的，建议命名以EJB 结尾——DBProxyEJB
Applet 类型的，建议命名以Applet 结尾——PictureShowApplet
```

6.2.2 如果函数名超过 15 个字母，可采用以去掉元音字母的方法或者以行业内约定俗成的缩写方式缩写函数名。

示例：

```
getCustomerInformation()  改为  getCustomerInfo()
```

6.2.3 准确地确定成员函数的存取控制符号，不是必须使用 public 属性的，请使用 protected，不是必须使用 protected 的，请使用 private。

示例：

```
protected void setUserName(), private void  calculateRate()
```

6.2.4 含有集合意义的属性命名，尽量包含其复数的意义。

示例：

```
customers,  orderItems
```

7 编码规范

7.1 规则

*7.1.1 明确方法功能，精确（而不是近似）地实现方法设计。一个函数仅完成一件功能，即使简单功能也应该编写方法实现。

说明：虽然为仅用一两行就可完成的功能去编方法好像没有必要，但用方法可使功能明确化，增加程序可读性，亦可方便维护、测试。

7.1.2 应明确规定对接口方法参数的合法性检查应由方法的调用者负责还是由接口方法本身负责，缺省是由方法调用者负责。

说明：对于模块间接口方法的参数的合法性检查这一问题，往往有两个极端现象，即：要么是调用者和被调用者对参数均不做合法性检查，结果就遗漏了合法性检查这一必要的处理过程，造成问题隐患；要么就是调用者和被调用者均对参数进行合法性检查，这种情况虽不会造成问题，但产生了冗余代码，降低了效率。

7.1.3 明确类的功能，精确（而非近似）地实现类的设计。一个类仅实现一组相近的功能。

说明：划分类的时候，应该尽量把逻辑处理、数据和显示分离，实现类功能的单一性。

示例：

```
数据类不能包含数据处理的逻辑。
通信类不能包含显示处理的逻辑。
```

7.1.4 所有的数据类必须重载 toString() 方法，返回该类有意义的内容。

说明：父类如果实现了比较合理的 toString()，子类可以继承不必再重写。

示例：

```
public TopoNode
{
    private String nodeName;
    public String toString()
    {
        return "NodeName : " + nodeName;
    }
}
```

7.1.5 数据库操作、IO 操作等需要使用结束 close() 的对象必须在 try -catch-finally 的 finally 中 close()。

示例：

```
try
{
    //……
}
```

```
catch(IOException ioe)
{
    //……
}
finally
{
    try
    {
        out.close();
    }
    catch (IOException ioe)
    {
        //……
    }
}
```

7.1.6　异常捕获后，如果不对该异常进行处理，则应该记录日志或者 ex.printStackTrace() 。

说明：若有特殊原因，必须用注释加以说明。

示例：

```
try
{
    //……
}
catch (IOException ioe)
{
    ioe.printStackTrace ();
}
```

7.1.7　自己抛出的异常必须要填写详细的描述信息。

说明：便于问题定位。

示例：

```
throw new IOException("Writing data error! Data: " + data.toString());
```

7.1.8　运行期异常使用 RuntimeException 的子类来表示，不用在可能抛出异常的方法声明上加 throws 子句。非运行期异常是从 Exception 继承而来，必须在方法声明上加 throws 子句。

说明：

非运行期异常是由外界运行环境决定异常抛出条件的异常，例如文件操作，可能受权限、磁盘空间大小的影响而失败，这种异常是程序本身无法避免的，需要调用者明确考虑该异常出现时该如何处理方法，因此非运行期异常必须由 throws 子句标出，不标出或者调用者不捕获该类型异常都会导致编译失败，从而防止程序员本身疏忽。

运行期异常是程序在运行过程中本身考虑不周导致的异常，例如传入错误的参数等。抛出运行期异常的目的是防止异常扩散，导致定位困难。因此在做异常体系设计时要根据错误的性质合理选择自定义异常的继承关系。

还有一种异常是 Error 继承而来的，这种异常由虚拟机自己维护，表示发生了致命错误，程序无法继续运行（例如内存不足）。我们自己的程序不应该捕获这种异常，并且也不应该创建该种类型的异常。

7.1.9　在程序中使用异常处理还是使用错误返回码处理，根据是否有利于程序结构来确定，并且异常和错误码不应该混合使用，推荐使用异常。

说明：

一个系统或者模块应该统一规划异常类型和返回码的含义。

但是不能用异常来作为一般流程处理的方式，不要过多地使用异常，异常的处理效率比条件分支低，而且异常的跳转流程难以预测。

*7.1.10　注意运算符的优先级，并用括号明确表达式的操作顺序，避免使用默认优先级。

说明：防止阅读程序时产生误解，防止因默认的优先级与设计思想不符而导致程序出错。

示例：

下列语句中的表达式：

```
word = (high << 8) | low      ①
if ((a | b) && (a & c))       ②
if ((a | b) < (c & d))        ③
```

如果书写为：

```
high << 8 | low
a | b && a & c
a | b < c & d
```

①和②虽然不会出错，但语句不易理解；③造成了判断条件出错。

*7.1.11　避免使用不易理解的数字，用有意义的标识来替代。涉及物理状态或者含有物理意义的常量，不应直接使用数字，必须用有意义的静态变量来代替。

示例：如下的程序可读性差。

```
if (state == 0)
{
    state = 1;
    …// program code
}
```

应改为如下形式：

```
private final static int TRUNK_IDLE = 0;
private final static int TRUNK_BUSY = 1;
private final static int TRUNK_UNKNOWN = -1;

if (state == TRUNK_IDLE)
{
    state = TRUNK_BUSY;
    … // program code
}
```

7.1.12　数组声明的时候使用 int[] index，而不要使用 int index[]。

说明：使用 int index[] 格式使程序的可读性较差。

示例：

如下程序可读性差：

```
public int getIndex()[]
{
```

```
    …
}
```

如下程序可读性好：

```
public int[] getIndex()
{
    …
}
```

7.1.13 调试代码的时候，不要使用 System.out 和 System.err 进行打印，应该使用一个包含统一开关的测试类进行统一打印。

说明：代码发布的时候可以统一关闭调试代码，定位问题的时候又可以打开开关。

7.1.14 用调测开关来切换软件的 DEBUG 版和正式版，而不要同时存在正式版本和 DEBUG 版本的不同源文件，以减少维护的难度。

7.2 建议

7.2.1 记录异常不要保存 exception.getMessage()，而要记录 exception.toString()。

示例：

```
NullPointException抛出时常常描述为空，这样往往看不出是出了什么错。
```

7.2.2 一个方法不应抛出太多类型的异常。

说明：如果程序中需要分类处理，则将异常根据分类组织成继承关系。如果确实有很多异常类型，首先考虑用异常描述来区别，throws/exception 子句标明的异常最好不要超过 3 个。

7.2.3 异常捕获尽量不要直接用 catch (Exception ex)，应该把异常细分处理。

*7.2.4 如果多段代码重复做同一件事情，那么在方法的划分上可能存在问题。

说明：若此段代码各语句之间有实质性关联并且是完成同一件功能的，那么可考虑把此段代码构造成一个新的方法。

7.2.5 对于创建的主要的类，最好置入 main() 函数，包含用于测试那个类的代码。

说明：主要类包括以下几项。

（1）能完成独立功能的类，如通信。

（2）具有完整界面的类，如一个对话框、一个窗口、一个帧等。

（3）JavaBean 类。

示例：

```
public static void main(String[] arguments)
{
    CreateCircuitDialog circuitDialog1 = new CreateCircuitDialog (null,
                                                     "Ciruit",  false);
    circuitDialog1.setVisible(true);
}
```

7.2.6　集合中的数据如果不使用了应该及时释放，尤其是可重复使用的集合。

说明：由于集合保存了对象的句柄，虚拟机的垃圾收集器就不会回收。

*7.2.7　源程序中关系较为紧密的代码应尽可能相邻。

说明：便于程序阅读和查找。

示例：矩形的长与宽关系较密切，应放在一起。

```
rect.length = 10;
rect.width = 5;
```

*7.2.8　不要使用难懂的技巧性很高的语句，除非很有必要时。

说明：高技巧语句不等于高效率的程序，实际上程序的效率关键在于算法。

8　JTEST 规范

8.1　规则

1. 在 switch 中每个 case 语句都应该包含 break 或者 return。
2. 不要使用空的 for、if、while 语句。
3. 在运算中不要减小数据的精度。
4. switch 语句中的 case 关键字要和后面的常量保持一个空格，switch 语句中不要定义 case 之外的无用标签。
5. 不要在 if 语句中使用等号 = 进行赋值操作。
6. 静态成员或者方法使用类名访问，不使用句柄访问。
7. 方法重载的时候，一定要注意方法名相同，避免类中使用两个非常相似的方法名。
8. 不要在 ComponentListener.componentResized() 方法中调用 serResize() 方法。
9. 不要覆盖父类的静态方法和私有方法。
10. 不要覆盖父类的属性。
11. 不要使用两级以上的内部类。
12. 把内部类定义成私有类。
13. 去掉接口中多余的定义（不使用 public、abstract、static、final 等，这是接口中默认的）。
14. 不要定义不会被用到的局部变量、类私有属性、类私有方法和方法参数。
15. 显式初始化所有的静态属性。
16. 不要使用 System.getenv() 方法。
17. 不要硬编码“\n”和“\r”作为换行符号。
18. 不要直接使用 Java.awt.peer.* 里面的接口。
19. 使用 System.arraycopy()，不使用循环来复制数组。

20. 避免不必要的 instanceof 比较运算和类造型运算。
21. 不要在 finalize() 方法中删除监听器（Listeners）。
22. 在 finalize() 方法中一定要调用 super.finalize() 方法。
23. 在 finalize() 方法中的 finally 中调用 super.finalize() 方法。
24. 进行字符转换的时候应该尽可能地减少临时变量。
25. 使用 ObjectStream 的方法后，调用 reset()，释放对象。
26. 线程同步中，在循环里面使用条件测试（使用 while(isWait) wait() 代替 if(isWait) wait()）。
27. 不掉用 Thread 类的 resume()、suspend()、stop() 方法。
28. 减小单个方法的复杂度，使用的 if、while、for、switch 语句要在 10 个以内。
29. 在 Servlets 中，重用 JDBC 连接的数据源。
30. 减少在 Sevlets 中使用的同步方法。
31. 不定义在包中没有被用到的友好属性、方法和类。
32. 没有子类的友好类应该定义成 final。
33. 没有被覆盖的友好方法应该定义成 final。

8.2 建议

1. 为 switch 语句提供一个 default 选项。
2. 不要在 for 循环体中对计数器赋值。
3. 不要给非公有类定义 public 构建器。
4. 不要对浮点数进行比较运算，尤其是不要进行 == 和 != 运算，减少 > 和 < 运算。
5. 实现 equals() 方法时，先用 getClass() 或 instanceof 进行类型比较，通过后才能继续比较。
6. 不要重载 main() 方法用作除入口以外的其他用途。
7. 方法的参数名不要和类中的方法名相同。
8. 除了构建器外，不要使用和类名相同的方法名。
9. 不要定义 Error 和 RuntimeException 的子类，可以定义 Exception 的子类。
10. 线程中需要实现 run() 方法。
11. 使用 equals() 比较两个类的值是否相同。
12. 字符串和数字运算结果相连接的时候，应该把数字运算部分用小括号括起来。
13. 类中不要使用非私有（公有、保护和友好）的非静态属性。
14. 在类中对于没有实现的接口，应该定义成抽象方法，类应该定义成抽象类（5 级）。
15. 不要显式导入 Java.lang.* 包。
16. 初始化时不要使用类的非静态属性。
17. 显式初始化所有的局部变量。
18. 按照方法名把方法排序放置，同名和同类型的方法应该放在一起。
19. 不要使用嵌套赋值，即在一个表达式中使用多个 =。
20. 不要在抽象类的构建器中调用抽象方法。
21. 重载 equals() 方法的同时，也应该重载 hashCode() 方法。

22. 工具类（Utility）不要定义构建器，包括私有构建器。

23. 不要在 switch 中使用 10 个以上的 case 语句。

24. 把 main() 方法放在类的最后。

25. 声明方法违例的时候不要使用 Exception，应该使用它的子类。

26. 不要直接扔出一个 Error，应该扔出它的子类。

27. 在进行比较的时候，总是把常量放在同一边（都放在左边或者都放在右边）。

28. 在可能的情况下，总是为类定义一个缺省的构建器。

29. 在捕获违例的时候，不使用 Exception、RuntimeException、Throwable，尽可能使用它们的子类。

30. 在接口或者工具类中定义常量（5 级）。

31. 使用大写“L”表示 long 常量（5 级）。

32. main() 方法必须是 public static void main(String[])（5 级）。

33. 对返回类型为 boolean 的方法使用 is 开头，其他类型的不能使用。

34. 对非 boolean 类型取值方法（getter）使用 get 开头，其他类型的不能使用。

35. 对于设置值的方法（setter）使用 set 开头，其他类型的不能使用。

36. 方法需要有同样数量参数的注释 @param。

37. 不要在注释中使用不支持的标记，如：@unsupported。

38. 不要使用 Runtime.exec() 方法。

39. 不要自定义本地方法（native method）。

40. 使用尽量简洁的运算符号。

41. 使用集合时设置初始容量。

42. 单个首字符的比较使用 charAt() 而不用 startsWith()。

43. 对于被除数或者被乘数为 2 的 n 次方的乘除运算使用移位运算符 >> 及 <<。

44. 一个字符的连接使用 ' ' 而不使用 " "，如：String a = b + 'c'。

45. 不要在循环体内调用同步方法和使用 try-catch 块。

46. 不要使用不必要的布尔值比较，如：if (a.equals(b))，而不是 if (a.equals(b)==true)。

47. 常量字符串使用 String，非常量字符串使用 StringBuffer。

48. 在循环条件判断的时候不要使用复杂的表达式。

49. 对于“if (condition) do1; else do2;”语句使用条件操作符“if (condition)?do1:do2;”。

50. 不要在循环体内定义变量。

51. 使用 StringBuffer 的时候设置初始容量。

52. 尽可能地使用局部变量进行运算。

53. 尽可能少地使用“!”操作符（5 级）。

54. 尽可能地对接口进行 instanceof 运算（5 级）。

55. 不要使用 Date[] 而要使用 long[] 替代。

56. 不要显式调用 finalize() 。

57. 不要使用静态集合，其内存占用增长没有边界。

58. 不要重复调用一个方法获取对象，使用局部变量重用对象。

59. 线程同步中，使用 notifyAll() 代替 notify()。
60. 避免在同步方法中调用另一个同步方法造成的死锁。
61. 非同步方法中不能调用 wait() 和 notify() 方法。
62. 使用 wait() 和 notify() 代替 while()、sleep()。
63. 不要使用同步方法，使用同步块（5 级）。
64. 把所有的公有方法定义为同步方法（5 级）。
65. 实现的 Runnable.run() 方法必须是同步方法（5 级）。
66. 一个只有 abstract 方法、final static 属性的类应该定义成接口。
67. 在 clone() 方法中应该而且必须使用 super.clone() 而不是 new。
68. 常量必须定义为 final。
69. 在 for 循环中提供终止条件。
70. 在 for，while 循环中使用增量计数。
71. 使用 StringTokenizer 代替 indexOf() 和 substring()。
72. 不要在构建器中使用非 final 方法。
73. 不要对参数进行赋值操作（5 级）。
74. 不要通过名字比较两个对象的类，应该使用 getClass()。
75. 安全：尽量不要使用内部类。
76. 安全：尽量不要使类可以克隆。
77. 安全：尽量不要使接口可以序列化。
78. 安全：尽量不要使用友好方法、属性和类。
79. Servlet：不要使用 Java.beans.Beans.instantiate() 方法。
80. Servlet：不再使用 HttpSession 时，应该尽早使用 invalidate() 方法释放。
81. Servlet：不再使用 JDBC 资源时，应该尽早使用 close() 方法释放。
82. Servlet：不要使用 Servlet 的 SingleThreadModel，会消耗大量资源。
83. 国际化：不要使用一个字符进行逻辑操作，使用 Characater。
84. 国际化：不要进行字符串连接操作，使用 MessageFormat。
85. 国际化：不要使用 Date.toString() 和 Time.toString() 方法。
86. 国际化：字符和字符串常量应该放在资源文件中。
87. 国际化：不要使用数字的 toString() 方法。
88. 国际化：不要使用 StringBuffer 和 StringTokenizer 类。
89. 国际化：不要使用 String 类的 compareTo() 及 equals() 方法。
90. 复杂度：建议的最大规模如下。

```
继承层次        5层
类的行数        1000行（包含{}）
类的属性        10个
类的方法        20个
类友好方法      10个
类私有方法      15个
类保护方法      10个
```

```
类公有方法          10个
类调用方法          20个
方法参数            5个
return语句          1个
方法行数            30行
方法代码            20行
注释比率            30%~50%
```

附录二　Java 注释模板设置

设置注释模板的入口：Window → Preference → Java → Code Style → Code Template，然后展开 Comments 节点就是所有需设置注释的元素了。现就每一个元素逐一介绍。

文件（Files）注释标签

```
/**
 * @Title: ${file_name}
 * @Package ${package_name}
 * @Description: ${todo}(用一句话描述该文件做什么)
 * @author JoJo
 * @date ${date} ${time}
 * @version V1.0
 */
```


类型（Types）注释标签（类的注释）

```
/**
 * @ClassName: ${type_name}
 * @Description: ${todo}(这里用一句话描述这个类的作用)
 * @author JoJo
 * @date ${date} ${time}
 *
 * ${tags}
 */
```

字段（Fields）注释标签

```
/**
 * @Fields ${field} : ${todo}(用一句话描述这个变量表示什么)
 */
```

构造方法（Constructor）标签

```
/**
 * <p>Title: </p>
 * <p>Description: </p>
 * ${tags}
 */
```

方法（Methods）标签

```
/**
 * @Title: ${enclosing_method}
 * @Description: ${todo}(这里用一句话描述这个方法的作用)
```

```
 * @param ${tags}     设定文件
 * @return ${return_type}     返回类型
 * @throws
 */
```

覆盖方法（Overriding Methods）标签

```
/* (非 javadoc)
 * <p>Title: ${enclosing_method}</p>
 * <p>Description: </p>
 * ${tags}
 * ${see_to_overridden}
 */
```

代表方法（Delegate Methods）标签

```
/**
 * ${tags}
 * ${see_to_target}
 */
```

getter 方法标签

```
/**
 * @return the ${bare_field_name}
 */
```

setter 方法标签

```
/**
 * @param ${param} the ${bare_field_name} to set
 */
```

附录三　常用 Java 正则表达式

一、校验数字的表达式

1. 数字：^[0-9]*$
2. n 位的数字：^\d{n}$
3. 至少 n 位的数字：^\d{n,}$
4. m ~ n 位的数字：^\d{m,n}$
5. 零和非零开头的数字：^(0|[1-9][0-9]*)$
6. 非零开头的最多带两位小数的数字：^([1-9][0-9]*)+(.[0-9]{1,2})?$
7. 带 1 ~ 2 位小数的正数或负数：^(\-)?\d+(\.\d{1,2})?$
8. 正数、负数和小数：^(\-|\+)?\d+(\.\d+)?$
9. 有两位小数的正实数：^[0-9]+(.[0-9]{2})?$
10. 有 1 ~ 3 位小数的正实数：^[0-9]+(.[0-9]{1,3})?$
11. 非零的正整数：^[1-9]\d*$ 或 ^([1-9][0-9]*){1,3}$ 或 ^\+?[1-9][0-9]*$
12. 非零的负整数：^\-[1-9][]0-9"*$ 或 ^-[1-9]\d*$
13. 非负整数：^\d+$ 或 ^[1-9]\d*|0$
14. 非正整数：^-[1-9]\d*|0$ 或 ^((-\d+)|(0+))$
15. 非负浮点数：^\d+(\.\d+)?$ 或 ^[1-9]\d*\.\d*|0\.\d*[1-9]\d*|0?\.0+|0$
16. 非正浮点数：^((-\d+(\.\d+)?)|(0+(\.0+)?))$ 或 ^(-([1-9]\d*\.\d*|0\.\d*[1-9]\d*))|0?\.0+|0$
17. 正浮点数：^[1-9]\d*\.\d*|0\.\d*[1-9]\d*$ 或 ^(([0-9]+\.[0-9]*[1-9][0-9]*)|([0-9]*[1-9][0-9]*\.[0-9]+)|([0-9]*[1-9][0-9]*))$
18. 负浮点数：^-([1-9]\d*\.\d*|0\.\d*[1-9]\d*)$ 或 ^(-(([0-9]+\.[0-9]*[1-9][0-9]*)|([0-9]*[1-9][0-9]*\.[0-9]+)|([0-9]*[1-9][0-9]*)))$
19. 浮点数：^(-?\d+)(\.\d+)?$ 或 ^-?([1-9]\d*\.\d*|0\.\d*[1-9]\d*|0?\.0+|0)$

二、校验字符的表达式

1. 汉字：^[\u4e00-\u9fa5]{0,}$
2. 英文和数字：^[A-Za-z0-9]+$ 或 ^[A-Za-z0-9]{4,40}$
3. 长度为 3 ~ 20 的所有字符：^.{3,20}$
4. 由 26 个英文字母组成的字符串：^[A-Za-z]+$
5. 由 26 个大写英文字母组成的字符串：^[A-Z]+$
6. 由 26 个小写英文字母组成的字符串：^[a-z]+$
7. 由数字和 26 个英文字母组成的字符串：^[A-Za-z0-9]+$
8. 由数字、26 个英文字母或者下划线组成的字符串：^\w+$ 或 ^\w{3,20}$

9. 中文、英文、数字包括下划线：^[\u4E00-\u9FA5A-Za-z0-9_]+$

10. 中文、英文、数字但不包括下划线等符号：^[\u4E00-\u9FA5A-Za-z0-9]+$ 或 ^[\u4E00-\u9FA5A-Za-z0-9]{2,20}$

11. 可以输入含有 ^%&',;=?$\" 等字符：[^%&',;=?$\x22]+

12. 禁止输入含有 ~ 的字符：[^~\x22]+

三、特殊需求表达式

1. Email 地址：^\w+([-+.]\w+)*@\w+([-.]\w+)*\.\w+([-.]\w+)*$

2. 域名：[a-zA-Z0-9][-a-zA-Z0-9]{0,62}(/.[a-zA-Z0-9][-a-zA-Z0-9]{0,62})+/.?

3. InternetURL：[a-zA-z]+://[^\s]* 或 ^http://([\w-]+\.)+[\w-]+(/[\w-./?%&=]*)?$

4. 手机号码：^(13[0-9]|14[5|7]|15[0|1|2|3|5|6|7|8|9]|18[0|1|2|3|5|6|7|8|9])\d{8}$

5. 电话号码（×××-××××××××、××××-××××××××、×××-×××××××、××××××××××-××、××××××××和×××××××××）：^(\(\d{3,4}-)|\d{3.4}-)?\d{7,8}$

6. 国内电话号码（0511-4405222、021-87888822）：\d{3}-\d{8}|\d{4}-\d{7}

7. 身份证号（15 位、18 位数字）：^\d{15}|\d{18}$

8. 短身份证号码（数字、字母 x 结尾）：^([0-9]){7,18}(x|X)?$ 或 ^\d{8,18}|[0-9x]{8,18}|[0-9X]{8,18}?$

9. 账号是否合法（字母开头，允许 5 ~ 16 字节，允许字母、数字和下画线）：^[a-zA-Z][a-zA-Z0-9_]{4,15}$

10. 密码（以字母开头，长度在 6 ~ 18 之间，只能包含字母、数字和下画线）：^[a-zA-Z]\w{5,17}$

11. 强密码（必须包含大小写字母和数字的组合，不能使用特殊字符，长度在 8 ~ 10 之间）：^(?=.*\d)(?=.*[a-z])(?=.*[A-Z]).{8,10}$

12. 日期格式：^\d{4}-\d{1,2}-\d{1,2}

13. 一年的 12 个月（01 ~ 09 和 1 ~ 12）：^(0?[1-9]|1[0-2])$

14. 一个月的 31 天（01 ~ 09 和 1 ~ 31）：^((0?[1-9])|((1|2)[0-9])|30|31)$

15. 钱的输入格式如下。

① 有 4 种钱的表示形式我们可以接受：10000.00 和 10,000.00，和没有"分"的 10000 和 10,000：^[1-9][0-9]*$

② 这表示任意一个不以 0 开头的数字，但是，这也意味着一个字符"0"不通过，所以我们采用下面的形式：^(0|[1-9][0-9]*)$

③ 一个 0 或者一个不以 0 开头的数字。我们还可以允许开头有一个负号：^(0|-?[1-9][0-9]*)$

④ 这表示一个 0 或者一个可能为负的开头不为 0 的数字。让用户以 0 开头好了，把负号的也去掉，因为钱总不能是负的吧。下面我们要加的是说明可能的小数部分：^[0-9]+(.[0-9]+)?$

⑤ 必须说明的是，小数点后面至少应该有 1 位数，所以"10."是不通过的，但是"10"和"10.2"是通过的：^[0-9]+(.[0-9]{2})?$

⑥ 这样我们规定小数点后面必须有两位，如果你认为太苛刻了，可以这样：^[0-9]+(.[0-9]{1,2})?$

⑦ 这样就允许用户只写一位小数。下面我们该考虑数字中的逗号了，我们可以这样：^[0-9]

{1,3}(,[0-9]{3})*(.[0-9]{1,2})?$

⑧ 1 到 3 个数字，后面跟着任意个 逗号 +3 个数字，逗号成为可选，而不是必须：^([0-9]+|[0-9]{1,3}(,[0-9]{3})*)(.[0-9]{1,2})?$

备注：这就是最终结果了，别忘了“+”可以用“*”替代。如果你觉得空字符串也可以接受的话（奇怪，为什么？）最后，别忘了在用函数时去掉那个反斜杠，一般的错误都在这里。

16. XML 文件：^([a-zA-Z]+-?)+[a-zA-Z0-9]+\\.[x|X][m|M][l|L]$

17. 中文字符的正则表达式：[\u4e00-\u9fa5]

18. 双字节字符：[^\x00-\xff] [包括汉字在内，可以用来计算字符串的长度（一个双字节字符长度计 2，ASCII 字符计 1）]

19. 空白行的正则表达式：\n\s*\r（可以用来删除空白行）

20. HTML 标记的正则表达式：<(\S*?)[^>]*>.*?</\1>|<.*? />（网上流传的版本太糟糕，上面这个也仅仅能表示部分，对于复杂的嵌套标记依旧无能为力）

21. 首尾空白字符的正则表达式：^\s*|\s*$ 或 (^\s*)|(\s*$) [可以用来删除行首行尾的空白字符（包括空格、制表符、换页符等等），非常有用的表达式]

22. 腾讯 QQ 号：[1-9][0-9]{4,}（腾讯 QQ 号从 10000 开始）

23. 中国邮政编码：[1-9]\d{5}(?!\d)（中国邮政编码为 6 位数字）

24. IP 地址：\d+\.\d+\.\d+\.\d+（提取 IP 地址时有用）

25. IP 地址：((?:(?:25[0-5]|2[0-4]\\d|[01]?\\d?\\d)\\.){3}(?:25[0-5]|2[0-4]\\d|[01]?\\d?\\d))